中国通信学会普及与教育工作委员会推荐教材

高职高专电子信息类“十三五”规划教材

PTN与IPRAN技术

杨一荔 主编

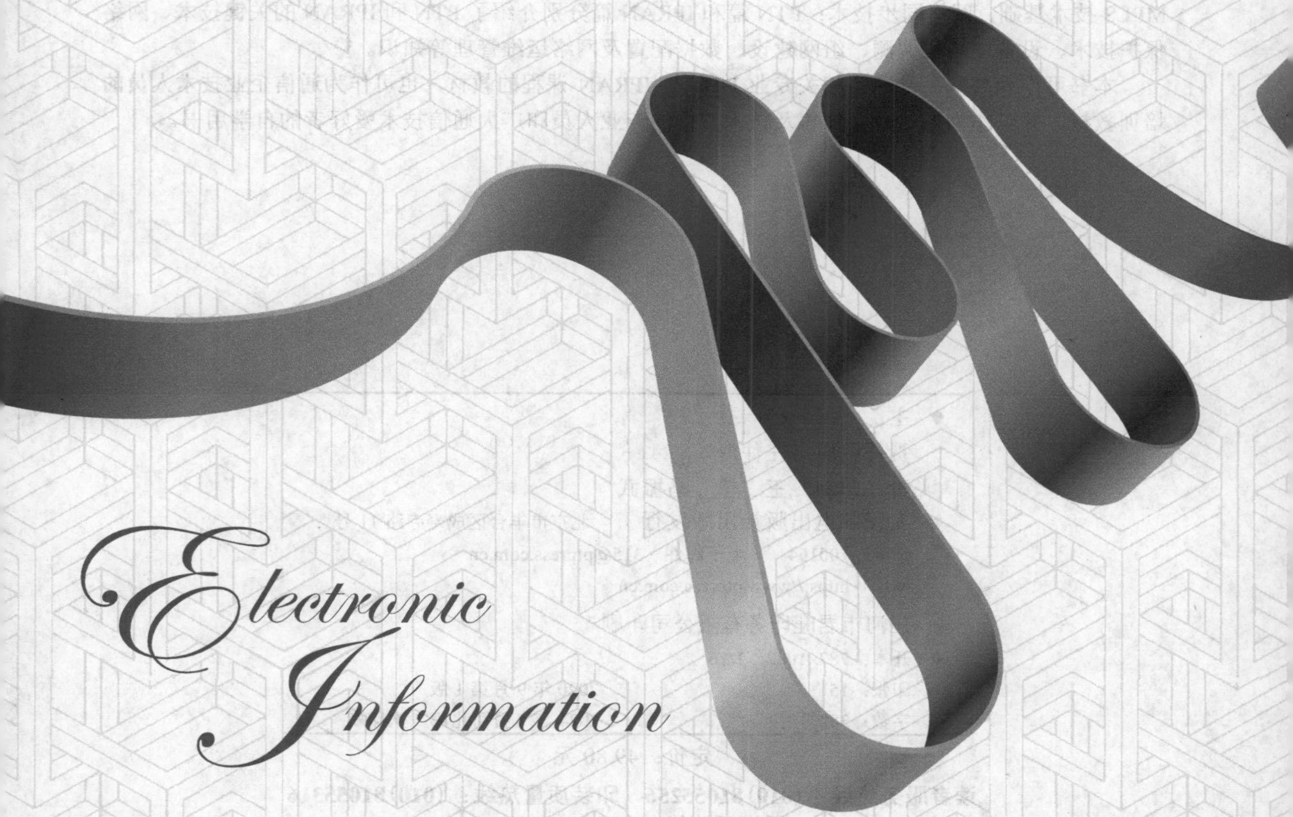

Electronic Information

人民邮电出版社
北京

图书在版编目（CIP）数据

PTN与IPRAN技术 / 杨一荔主编. -- 北京 : 人民邮电出版社, 2020.9 (2024.1重印)
高职高专电子信息类“十三五”规划教材
ISBN 978-7-115-52203-0

Ⅰ. ①P… Ⅱ. ①杨… Ⅲ. ①光传输技术－高等职业教育－教材 Ⅳ. ①TN818

中国版本图书馆CIP数据核字(2019)第223928号

内 容 提 要

本书较为全面地介绍了 PTN 与 IPRAN 技术架构、网络组建、设备运行维护等相关知识。全书分为基础篇、PTN 篇和 IPRAN 篇，共 14 章。基础篇介绍了 PTN 与 IPRAN 技术的发展背景及应用、MPLS 技术基础、网络同步技术；PTN 篇和 IPRAN 篇分别介绍了 PTN 和 IPRAN 的关键技术、网络保护技术、设备安装与调测、组网建设、数据配置及网络运维管理等知识。

本书可作为高职高专通信相关专业 PTN 与 IPRAN 课程的教材，也可作为通信企业技术人员的培训教材，并可作为通信设备销售及技术支持的专业人员和广大通信技术爱好者的自学用书。

◆ 主　　编　杨一荔
　责任编辑　左仲海
　责任印制　王　郁　马振武
◆ 人民邮电出版社出版发行　　北京市丰台区成寿寺路 11 号
　邮编　100164　　电子邮件　315@ptpress.com.cn
　网址　https://www.ptpress.com.cn
　三河市君旺印务有限公司印刷
◆ 开本：787×1092　1/16
　印张：15　　　　　　　2020 年 9 月第 1 版
　字数：382 千字　　　　2024 年 1 月河北第 3 次印刷

定价：49.80 元

读者服务热线：(010) 81055256　印装质量热线：(010) 81055316
反盗版热线：(010) 81055315
广告经营许可证：京东市监广登字 20170147 号

前言

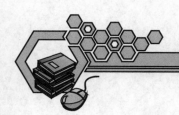

LTE 移动通信网络的飞速发展，对传输承载技术提出了全新的要求。传统的 MSTP 传输技术已经无法满足高速的基站回传需求，逐渐被 PTN 和 IPRAN 技术替代。自 2009 年以来，PTN 和 IPRAN 作为面向连接的新一代 IP 化传输承载技术，被广泛用于通信运营商承载重要集团客户业务、LTE 基站回传业务、LTE 移动通信业务、普通集团客户及家庭客户 PON 网络业务等全业务场景。传输技术的 IP 化使通信行业人员面临专业技术转型的考验，掌握 PTN 和 IPRAN 技术成为迫切的需求。本书的编写目的是提供一本具有较强系统性、完整性和实用性的 PTN 与 IPRAN 技术入门级教材。

本书首先简要介绍 PTN 和 IPRAN 技术的基础知识，让读者对相关技术的发展背景和基础形成初步认识；再按照传输网设计、建设、维护的工作环节，对 PTN 和 IPRAN 的组网原则、典型设备结构及安装调测、网络日常维护和故障处理方法进行系统的介绍。通过对本书的学习，读者既能初步了解 PTN 与 IPRAN 技术相关工作岗位的要求，又能掌握相关的工作技能。

本书由杨一荔主编，李慧敏参与策划编写。编写过程中，得到了四川电信公司及四川通信服务公司一线员工的支持和帮助，在此一并表示衷心的感谢。

由于编者水平有限，书中难免存在不足之处，敬请读者批评指正，多提宝贵意见与建议。

编　者

2020 年 5 月

目 录

基础篇

PTN 篇

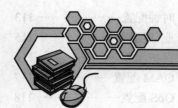

IPRAN 篇

基础篇

第 1 章 概述

【学习目标】

- 了解 PTN 和 IPRAN 技术的产生背景。
- 掌握 PTN 的定义及关键技术。
- 掌握 IPRAN 的定义及关键技术。
- 了解 PTN 与 IPRAN 的差异。

1.1 技术产生背景

移动通信技术发展进入 3G、4G 阶段后，传统的同步传输体系（SDH）传输网在承载移动互联网数据业务时，逐渐暴露出带宽利用率低下、扩展困难、配置不够灵活等弊端。业务传输的 IP 化可以有效解决这些弊端，移动通信网络运营商纷纷建设面向 IP 的传输网，以应对业务发展和竞争的压力。从 2009 年起，中国移动在本地传输网中广泛采用分组传输网（PTN）技术，中国电信和中国联通则采用 IP 化无线接入网（IPRAN）技术，传统的 SDH、多业务传输平台（MSTP）技术逐渐被淘汰。本节介绍造成传输技术变革的主要原因。

1.1.1 移动网络向 IP 化演进带来的带宽需求

当前，人们已经不满足于坐在家里或办公室里享受有线宽带网络带来的便利，而是希望能随时随地享受互联网提供的信息服务（即移动通信网络服务）；同时，手机开始从掌上移动电话向掌上移动电脑演进，移动通信网络运营商的业务已经由以传统的语音业务为主转向以数据业务为主，数据流量经营正成为运营商新的业绩增长点和未来的主营收入。这给运营商带来了无限商机，同时也对移动通信网络提出了更高的要求。

随着语音、视频、数据业务在 IP 层面的不断融合，各种业务都向 IP 化发展，各类新型业务也都是建立在 IP 基础上的，业务的 IP 化和传输的分组化已经成为目前网络演进的主线。

在 4G 时代，移动终端进行数据通信的上行理论速率达到了 50Mbit/s，下行理论速率达到了 100Mbit/s，移动互联网的带宽需求呈现爆炸式增长。移动通信网络的带宽瓶颈已经逐渐从手机与基站的空中接口之间，转移到基站与基站控制器之间，也就是移动通信网络架构中所谓的无线接入网（Radio Access Network，RAN）。在 2G 时代，RAN 是基站（Base Transceiver Station，BTS）到基站控制器（Base Station Controller，BSC）之间的网络；在 3G 时代，RAN 是指 Node B（节点 B，也就是基站）到无线网络控制器（Radio Network Controller，RNC）之间的网络；在长期演进技术（LTE）阶段，RAN 是指演进型 Node B（Evolved Node B，eNode B）到核心网（Evolved Packet Core，EPC）之间，以及基站之间的网络。

在移动通信网络架构中，RAN 可以看作是一个本地传输网，其结构可以分成接入层、汇聚层和核心层 3 层，如图 1-1 所示。小型本地传输网则可以将汇聚层与核心层合二为一，即只分为接入层和核心层两层。接入层和汇聚层主要负责从基站到基站控制器之间的接入和传输，核心层主要负责基站控制器到移动交换中心等设备功能节点业务的传输，同时提供与外部网络（如 Internet 等）连接的接口。

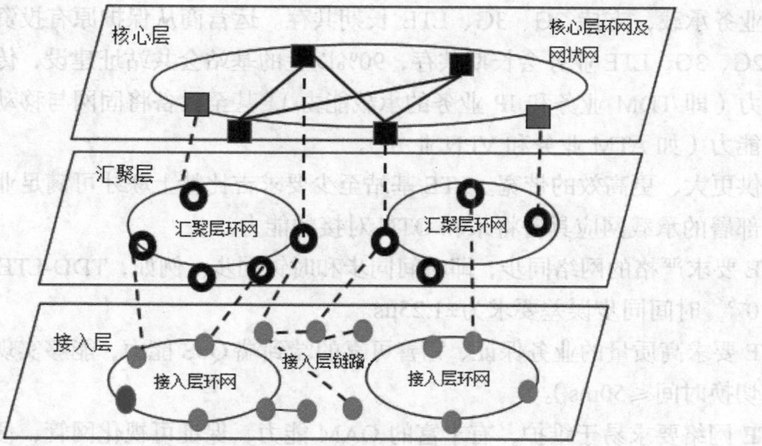

图 1-1　本地传输网分层结构

1.1.2　SDH/MSTP 承载 3G RAN 业务力不从心

在 2G 时代，RAN 主要是为满足语音业务需求而存在的，数据通信需求较低，接口主要为 E1 接口，而 SDH 就是针对语音业务传输而推出的，因此承载 2G RAN 网络得心应手。

到 3G 时代初期，除了承载语音业务之外，基站还承担数据业务，每个基站的数据带宽一般保持在 10～20Mbit/s。此时 SDH 演变为 MSTP，在传统的 SDH 的基础上增加了以太网、ATM 等二层传输功能，还能完成承载任务。此时接入层主速率提升到 622Mbit/s 以上，汇聚层速率一般为 2.5～10Gbit/s。

当进入 4G 阶段后，业务接口由 E1 向 FE 变化，业务颗粒度从 2Mbit/s 向 100Mbit/s 发展，基站带宽需求增加，MSTP 开始明显力不从心。虽然 MSTP 相比 SDH 已经在 IP 承载方面有进步，但是其 IP 化只停留在接口层面，内核依然是时分交叉连接复用，不具备分组交换中的统计时分复用能力；而且其组网是基于独享方式的刚性管道模式，不同接口之间的带宽不能共享，带宽利用率低，已经不能满足 IP 化业务呈现出的带宽突发性强、高峰均值比大的特点。另外，MSTP 的业务路径为静态机制，需要网管手动配置，不利于业务的调度和扩展，而且 MSTP 不具备服务质量（Quality of Service，QoS）能力，所以 MSTP 技术最终难以满足以 IP 为核心的移动通信网络分组数据业务爆炸式增长的承载需求。

1.1.3 3G 网络向 LTE 演进的分组化传输需求

LTE 技术充分考虑了当前和未来移动通信网络发展的需求，突出了网络的高效率、高带宽、低时延、高可靠性等要求，通过将基站和核心网之间的 S1 接口和基站之间的 X2 接口全 IP 化进行分组化的传输，并将原 RNC 的控制功能分布到移动性管理实体（Mobile Manage Entity，MME）和 eNode B（基站），以实现网络的扁平化，降低网络时延。

2013 年上半年，中国移动的 4G/LTE（长期演进）呼之欲出，电信和联通也对自己的 LTE 网络开始布局。LTE 的 RAN 传输需求成为承载技术发展的方向，对 RAN 传输技术提出了如下几点明确的要求。

（1）多业务承载，支持 2G、3G、LTE 长期共存。运营商从保护原有投资和节省建设成本的角度考虑，2G、3G、LTE 业务会长期共存，90%以上的基站会共站址建设，传输网必须具备多业务的传输能力（即 TDM 业务和 IP 业务的承载能力），甚至具备将固网与移动网融合之后大客户专线的承载能力（如 ATM 业务和 VPN 业务）。

（2）提供更大、更高效的带宽。LTE 基站至少要求吉比特上联才可满足业务流量不断增长的需要，现在部署的承载网应具备将来和 OTN 对接的能力。

（3）LTE 要求严格的网络同步，即时间同步和时钟同步。例如，TDD-LTE 时钟频率误差要求低于 0.05×10^{-6}，时间同步误差要求为±1.25μs。

（4）LTE 要求高质量的业务保证、完善可靠的端到端 QoS 能力，能够实现电信级业务保护功能（即保护切换时间≤50ms）。

（5）LTE 网络要求易于维护，有丰富的 OAM 能力，保证可视化网管，便于业务开通、日常监控和故障处理。未来的 LTE 网络基站要求花式部署，因此设备和业务的快速部署非常重要。

1.2 PTN 与 IPRAN 技术构架

在 3G 网络建设初期，为保证建设进度，降低建设成本，最大限度保护原有投资，很多运营商使用 MSTP、PON（无源光网络）、RPR（弹性分组环）等技术组网。但面对 4G/LTE 的传输技术要求，这些并非将来的网络发展需要的技术方案，由此业界提出了几种取代传统 MSTP 的承载方式来实现 IP 化无线接入，其中包括国内提出并先由中国移动主导的 PTN 方式和以思科等路由器厂商为主提出的 IPRAN 方式。

1.2.1 PTN 的技术构架

1. PTN 的定义

中国移动应用在城域网中的分组传输网（PTN），向上与移动通信系统的 BSC 或 RNC、城域网数据业务接入控制层的全业务路由器（Service Router，SR）、宽带远程接入服务器（Broadband Remote Access Server，BRAS）相连，向下与基站、各类客户相连，主要为各类移动通信网络提供无线业务的回传与调度服务，也可以为重要集团客户提供虚拟专用网（Virtual Private Network，VPN）、固定宽带等业务的传输与接入服务，还能为普通集团客户与家庭客户提供各类业务的汇聚与传输。

广义的PTN是所有IP化RAN解决方案的集合；狭义的PTN，是一种结合网间互联协议/多协议标签交换（Internet Protocol/Multi-Protocol Label Switching，IP/MPLS）和光传输网技术的优点而形成的新型传输网技术，是基于MPLS-TP（多协议标签交换传输应用）技术实现的分组传输网。

2. PTN技术的特点

PTN是以分组作为传输单位，以承载电信级以太网业务为主，兼容TDM、ATM和快速以太网（Fast Ethernet，FE）等业务的综合传输技术，既继承了MSTP的理念，又融合了以太网和MPLS的优点，是下一代分组承载传输技术。

PTN技术的特点可以用以下公式表示。

MPLS-TP = MPLS–L3的复杂性+OAM +PS

其中，MPLS具备了基于标签的转发和基于IP的转发功能。MPLS-TP是为传输网量身定做的标准，是需要面向连接的，所以PTN去掉了MPLS中无连接三层转发功能，增加了SDH网络具有的端到端的运行管理维护（Operating Administration &Maintenance，OAM）功能和网络保护倒换（Protect Switching，PS）功能。

MPLS-TP中电路连接的搭建采用PWE3（端到端的伪线仿真）的方式，而业务的保护、管理和维护等功能均参照MSTP的方式实现，除了内核由刚性变为弹性之外，其他方面与MSTP非常类似。因此，PTN就是按照SDH的思路，结合MPLS的L2VPN技术，保留MPLS的面向连接和IP的统计复用功能，其余功能都尽量学习传统SDH的技术。

从功能层次上看，PTN是针对分组业务流量的突发性和统计复用传输的要求，在IP业务和底层光传输介质之间设计的一个层面。IP/MPLS技术以分组业务为核心并支持多业务提供，具有更低的总体使用成本（Total Cost of Ownership，TCO）的优势，又保留了光传输网具有的高效的带宽管理机制和流量工程、强大的网络管理和保护功能等传统优势。

PTN 支持多种基于分组交换业务的双向点对点连接通道，具有适合各种粗细颗粒业务端到端的组网能力，提供了更加适合于IP业务特性的“柔性”传输管道；具备丰富的保护方式，当网络故障时能够实现基于50ms的电信级业务保护倒换，实现传输级别的业务保护和恢复；继承了SDH技术的OAM，具有点对点连接的完美OAM体系，可以保证网络具备保护切换、错误检测和通道监控能力；完成了与IP/MPLS多种方式的互联互通，可以无缝承载核心IP业务；网管系统可以控制连接信道的建立和设置，实现了QoS的区分和保证、灵活提供服务等级协议（Service Level Agreement，SLA）等优点。另外，PTN可利用各种底层传输通道（如SDH、Ethernet、OTN）完成信息的传输。总之，它具有完善的OAM机制、精确的故障定位和严格的业务隔离功能，可以最大限度地管理和利用光纤资源，保证了业务安全性；结合通用多协议标签交换（Generalized Multi-Protocol Label Switch，GMPLS）技术，还可以实现资源的自动配置及网状网的高生存性。

PTN与MSTP网络架构对比如表1-1所示，可以看出两者没有本质差别，核心的差别在于交换方式和交换颗粒。MSTP 与 PTN 在业务应用上有明确的定位——MSTP 定位以 TDM 业务为主，而 PTN 在分组业务占主导时才体现其优势。

表 1-1　　　PTN 与 MSTP 网络架构对比

	MSTP 组网	PTN 组网
组网模式	三层组网或二层组网	三层组网或二层组网
速率	骨干层、汇聚层采用 10Gbit/s、10Gbit/s/2.5Gbit/s 组网，接入层采用 622Mbit/s/155Mbit/s 组网	骨干层、汇聚层采用 10GE 组网，接入层采用 GE 组网
组网	环形、链形、Mesh	环形、链形、Mesh
保护	复用段保护、通道保护、SNCP 保护	环网 Wrapping/Steering 保护、1+1/1:1 LSP/线路保护
保护性能	50ms 电信级保护	50ms 电信级保护
升级能力	骨干层面可升级 ASON	可全面升级 ASON

在未来的通信网络中，占统治地位的主导业务是 IP/Ethernet 类业务，因此 PTN 网络以 MPLS-TP 技术为核心，以电信级标准高效传输以太网业务为根本。这种思路下的 PTN 网络技术具有如下特点。

（1）网络 TCO 低。采用 SDH-LIKE 设计思想，组网灵活，充分适应城域组网需求，适应网络演进需求，可充分保护原有投资。

（2）面向连接的多业务统一承载。通过 PWE3 技术支持现有以及未来的分组业务，兼容传统的时分多路复用（Time-Division Multiplexing，TDM）、异步传输模式（Asynchronous Transmission Mode，ATM）、帧中继（Frame Relay，FR）等业务。

（3）可提供端到端的区分服务，智能感知业务，提供差异化 QoS 服务。

（4）丰富的 OAM 和完善的保护机制。基于硬件机制实现层次化的 OAM，不仅解决了传统软件 OAM 因网络扩展带来的可靠性下降问题，而且提供了延时和丢包率性能在线检测；为面向连接的链形、环形、Mesh 等各种网络提供了最佳保护方式，以硬件方式实现的快速保护倒换，可以满足电信级小于 50ms 的要求。

（5）完善的时钟/时间同步解决方案。可以在分组网络上为各种移动制式提供可靠的频率和时间同步信息。

（6）端到端（End to End，E2E）管理能力。基于面向连接特性，提供 E2E 的业务、通道监控管理。

3. PTN 的关键技术

PTN 以分组交换为内核，采用 MPLS-TP 技术提供二层以太网业务。

（1）PWE3 技术

PWE3 又被称为虚拟专线（Virtual Leased Line，VLL），是一种在分组交换网络上模拟各种点到点业务的仿真机制，被模拟的业务可以通过 TDM 专线、ATM、FR 或以太网等专线传输。PWE3 技术利用分组交换网上的隧道机制模拟业务的必要属性，该隧道称为伪线（Pseudo-Wire，PW），主要是在分组网络上构建点到点的以太网虚电路。因此，PWE3 技术就是在分组交换网络上搭建一个“通道”，实现各种业务的仿真及传输。

PWE3 作为一种端到端的二层业务承载技术，通过分组交换网络为各种业务（如 FR、ATM、Ethernet、TDM SONET、SDH 等）提供传输功能，在 PTN 网络边界提供端到端的虚链路仿真。通过 PWE3 技术，传统网络与分组交换网络可以进行互联，实现资源的共用和网络的拓展。

（2）OAM 技术

OAM 功能在公众网中十分重要，它可以简化网络操作，检验网络性能，降低网络运行成本。在提供 QoS 保障的网络中，OAM 功能尤为重要。PTN 网络应能提供具有 QoS 保障的多业务功能，因此必须具备 OAM 能力。OAM 技术不仅可以预防网络故障的发生，还能对网络故障实现迅速诊断和定位，提高网络的可用性和用户服务质量。

（3）保护技术

PTN 网络级保护分为 PTN 网络内保护和 PTN 与其他网络的接入链路保护。PTN 网络内保护的方式主要是 1+1/1∶1 线性保护与环网保护。PTN 与其他网络的接入链路保护按照接入链路类型不同分为 TDM/ATM 接入链路的保护和 GE/10GE 接入链路的保护。TDM/ATM 接入链路采用 1+1/1∶1 线性 MSP 保护方式，GE/10GE 接入链路则采用 LAG（人工、静态、动态）保护方式。

（4）QoS 技术

QoS 是网络的一种能力，即在跨越多种底层网络技术（如 MSTP、FR、ATM、Ethernet、SDH 及 MPLS 等）的网络上，为特定的业务提供其所需要的服务，在丢包率、延迟、抖动和带宽等方面获得可预期的服务水平。

QoS 技术实施的目标主要是有效控制网络资源及其使用、避免并管理网络拥塞、减少报文的丢失率、调控网络的流量、为特定用户或特定业务提供专用带宽及支撑网络上的实时业务。

（5）同步技术

同步包括时间同步与时钟同步两个概念，建设同步网是为了将其时间与/或时钟频率作为定时基准信号分配给通信网中所有需要同步的网元设备与业务。PTN 作为提供各种业务统一传输的网络，同样要求能够实现网络的同步，以满足应用的需要和 QoS 的要求。

1.2.2 IPRAN 技术构架

1. IPRAN 的定义

IPRAN（IP Radio Access Network）是指用 IP 技术实现无线接入网的数据回传。IPRAN 是在已有的 IP、MPLS 等技术的基础上进行优化组合形成的，而且不同的应用场景会采用不同的组合。

PTN 和 IPRAN 都是移动回传网适应分组化要求的产物。在 3G 初期，运营商主要通过 MSTP 技术实现移动回传。但随着 3G 发展的加快，数据流量出现了飞涨，运营商必须进行移动回传网的扩容来增加带宽。同时，移动通信网络 ALL IP 的发展趋势也越来越明显。在这两方面的推动下，移动回传网分组化的趋势日益突出。为了适应分组化的要求，在借鉴传统 SDH 传输网的基础上，对 MPLS 技术进行改造，形成了 PTN；原有的数据处理设备，如路由器、交换机等，也从过去单纯承载 IP 流量逐渐进入移动回传领域，形成了 IPRAN。

2. IPRAN 的技术特点

目前 IPRAN 网络承载的业务包括互联网宽带业务、大客户专线业务、固话 NGN 业务和移动 2G、3G 业务等，既有二层业务，又有三层业务。移动通信网络演进到 LTE 后，S1 和 X2 接口的引入对于底层承载提出了三层交换的需求，业务类型丰富多样，各业务的承载网独立发展，造成承载方式多样、组网复杂低效、优化难度大等问题，因此新兴的 IPRAN 承载网需要具备以下特点。

（1）端到端的 IP 化。端到端的 IP 化可以使网络复杂度大大降低，简化网络配置，能极大地减少基站开通、割接和调整的工作量。另外，端到端 IP 可以减少网络中协议转换的次数，简化封装/解封装的过程，使得链路更加透明可控，实现网元到网元的对等协作、全程全网的 OAM 以及层次化的端到端 QoS。IP 化的网络还有助于提高网络的智能化，便于部署各类策略，发展智能管道。

（2）更高的网络资源利用率。面向连接的 SDH 或 MSTP 提供的是刚性管道，容易导致网络资源利用率低下。而基于 IP/MPLS 的 IPRAN 不再面向连接，而是采取动态寻址方式，实现承载网络内路由的自动优化，大大简化了后期网络维护和网络优化的工作量。同时与刚性管道相比，分组交换和统计复用能大大提高网络资源利用率。

（3）多业务融合承载。IPRAN 采用动态三层组网方式，可以更充分地满足综合业务的承载需求，实现多业务承载时的资源统一协调和控制层面统一管理，提升运营商的综合运营能力。

（4）成熟的标准和良好的互通性。IPRAN 技术标准主要基于 Internet 工程任务组（IETF）的 MPLS 工作组发布的 RFC 文档，已经形成百余篇成熟的标准文档。IPRAN 设备形态基于成熟的路由交换网络技术，大多是在传统路由器或交换机的基础上改进而成的，因此有着良好的互通性。

3. IPRAN 的设备形态

IPRAN 的技术解决方案是由思科提出的，因此 IPRAN 的设备形态就是一种具备多种业务（PDH、SDH、Ethernet 等）的、突出 IP/MPLS/VPN 能力的新型路由器。

路由器其实就是一台进行路由表建立和数据转发的专用计算机。例如，计算机装上两个网卡和路由软件就可以成为一台简单的路由器，只不过专业的路由器软硬件都经过了优化设计，在转发效率和可靠性方面是普通计算机无法比拟的。

4. IPRAN 的关键技术

（1）IP/MPLS 技术

IPRAN 的核心技术是 IP/MPLS 技术。在 IP/MPLS 网络中，虚拟专用局域网业务（Virtual Private Lan Service，VPLS）就是目前的二层虚拟局域网技术，L2VPN、L3VPN 都是支持基站回传的解决方案。

MPLS 在 IP 路由和控制协议的基础上提供面向连接（基于标签）的交换。这些标签可以被用来代表逐跳式或者显式路由，并指明 QoS、虚拟专网及影响一种特定类型的流量在网络上的传输方式的其他各类信息。

（2）网络保护技术

作为承载电信级业务的 IP 传输网，IPRAN 需要具备类似 SDH 的电信级保护技术，因此 IPRAN 支持多层面的网络保护技术。

① 网内保护技术。隧道保护主要采用基于流量工程等的快速重路由（Traffic Engineer Fast ReRoute，TEFRR）方式为隧道提供端到端的保护，即分别为每一条被保护 LSP 创建一条保护路径，也称为 1：1 标签交换路径（Label Switching Path，LSP）保护。业务保护包括伪线冗余（Pseudo Wire Redundancy，PW Redundancy）和 VPN FRR 等方式，前者设置不同宿点的 PW，对双归的宿点进行保护；后者利用 VPN 私网路由快速切换技术，通过预先在远端运营商网络边缘路由器（Provider Edge Router，PE）中设置主备用转发项，对双归 PE 进行保护。网关保护主要采用虚拟路由冗余协议（Virtual Router Redundancy Protocol，VRRP）方式，通过选举协议，动态地从一组 VRRP 路由器中选出一个主路由器，并关联到一个虚拟路由器，作为所连接网段的默认网关。

② 网间保护技术。VRRP 保护主要在 IP 层面提供双归保护；链路聚合组（Link Aggregation Group，LAG）保护主要在以太网链路层面提供保护；跨设备的以太链路聚合组（Multi-Chassis Link Aggregation Group，MC-LAG）保护、自动保护倒换（Auto Protection Switching，APS）保护主要在 SDH 接入链路层面实施保护。

（3）QoS 技术

IPRAN 作为本地综合承载网络，可针对各种业务应用的不同需求，提供不同的服务质量保证，包括多种 QoS 功能。

① 流分类和流标记功能。通过对业务流进行分类和优先级标识，实现不同业务之间的 QoS 区分，流分类规则可基于端口、ATM VPI/VCI、VLAN ID 或 VLAN 优先级、DSCP、IP 地址、MAC 地址、TCP 端口号或上述元素的组合。

② 流量监管与流量整形功能。通过监管对业务流进行速率限制，实现对每个业务流的带宽控制；通过整形平滑突发流量，降低下游网元的业务丢包率；应支持以太网业务带宽属性和带宽参数，包括承诺信息速率（CIR）、承诺突发尺寸（CBS）、额外速率（EIR）、额外突发长度（EBS）、联合标记（Coupling Flag）及着色模式（Color Mode）。

③ 拥塞管理功能。通过尾丢弃或加权随机早期探测算法，实现对拥塞时的报文丢弃，缓解网络拥塞。

④ 队列调度功能。对分类后的业务进行调度，缓解当报文速度大于接口处理能力时产生的拥塞。

⑤ 层次化的 QoS 功能。对业务进行逐级分层调度，通过分层实现带宽控制、流量整形和队列调度等 QoS 功能，实现复杂的组网和分层模型下对每个用户、每条业务流带宽进行精细控制的目的。

（4）OAM 技术

① Y.1731 和 IEEE 802.1ag 的以太网业务层 OAM 机制，提供以太网业务的故障管理和性能管理。

② MPLS 的 OAM 机制提供 LSP 层面的故障管理和性能管理，包括 LSP Ping 及 TraceRoute 功能、BFD 用于 MPLS LSP 的联通性检测、BFD for RSVP 和 BFD for LDP 功能等。

③ MPLS-TP 的 OAM 机制实现 LSP 和 PW 层面的故障管理和性能管理，并实现主动（Proactive）和按需（On-demand）两类 OAM 功能。

④ IEEE 802.3ah 的以太网接入链路 OAM 机制。

⑤ TDM 业务 OAM，当承载 STM-1 业务时，应支持 SDH 的告警和性能监视功能；当承载 PDH 业务时，应支持 PDH 的告警和性能监视功能。

（5）同步技术

由于需要承载 2G、3G、LTE 等移动回传业务，所以同步技术成为 IPRAN 网络的重要技术：时钟同步技术主要是同步以太网技术，提供频率同步信息；时间同步技术主要是 IEEE 1588v2 协议和支持 NTPV3 的时间协议支持时间同步。

1.2.3 PTN 与 IPRAN 技术对比

PTN 与 IPRAN 技术的优劣争论已久。下面对 PTN 和 IPRAN 的原理进行对比，两种技术的异同如表 1-2 所示。

表 1-2　PTN 与 IPRAN 技术对比

功能		PTN 方案	IPRAN 方案
接口功能	ETH	支持	支持
	POS	支持	支持
	ATM	支持	支持
	TDM	支持	支持
三层转发及路由功能	转发机制	核心汇聚节点通过升级可支持完整的 L3 功能	支持 L3 全部功能
	协议	核心汇聚节点通过升级可支持全部三层协议	支持全部三层协议
	路由	核心汇聚节点全面支持	支持
	IPv6	核心汇聚节点全面支持	支持
QoS		支持	支持
OAM		采用层次化的 MPLS-TP OAM，实现类似于 SDH 的 OAM 功能	采用 IP/MPLS OAM，主要通过 BFD 技术作为故障检测和保护倒换的触发机制
保护恢复	保护恢复方式	支持环网保护、链路保护、线性保护、链路聚合等类 SDH 的各种保护方式	支持 FRR 保护、VRRP、链路聚合
	倒换时间	50ms 电信级保护	电信集团要求在 300ms 以内
同步	时钟同步	支持	支持
	时间同步	支持，且经过现网规模验证	支持，有待现网规模验证
网络部署	规划建设	支持规模组网，规划简单	支持规模组网，规划略复杂
	业务组织	端到端 L2 业务，子网部署，在核心层启用三层功能	接入层采用 MPLS-TP 伪线承载，核心层、汇聚层采用 MPLS L3VPN 承载
	运行维护	类 SDH 运维体验，跨度小，维护较简单	接入层可实现类 SDH 运维，逐步向路由器运维过渡，减轻了运维人员的技术转型压力

从名称上看，PTN 与 IPRAN 都是基于分组交换的 IP 化承载技术，但在狭义的概念上，PTN 是采用 MPLS-TP 的分组传输网，IPRAN 是基于 IP/MPLS 技术的多业务承载网络。

在标准上，PTN 技术标准已经完善并成熟，而 IPRAN 尚无统一的清晰标准，几大标准化组织和相关运营商都发布了相关标准，但在名称、要求等方面相互不统一，存在差异。

从通信理论基础来看，传输网本质上的区别体现在 3 个层面：第一层是时分复用和分组复用的本质区别；第二层是面向连接和无连接的差别；第三层是静态寻址和动态寻址的差别。PTN 和 IPRAN 都是分组网络，两者的网络本质在第一层上是相同的；PTN 是面向连接的，而 IPRAN 是无连接的，所以在第二层面上两者不同；IPRAN 是以 IP 地址来寻址的，可以支持 OSPF（开放式最短路径优先）、IS-IS（中间系统到中间系统）等动态路由协议，同时支持静态路由配置，而 PTN 是静态配置寻址，不具备动态寻址能力，所以两者的本质差异就是连接与无连接的差异、动静结合寻址和静态寻址的差异。

从现有的技术要求上看，PTN 和 IPRAN 还有两点差异。PTN 设备无控制平面，路径控制由网管人工操作，相当于有一个站在所有设备之上的管理者根据全网的路由、带宽信息去统筹分配路径、带宽，分发标签。实际上，PTN 不存在控制平面，因为 PTN 管理平面集成了 PTN 管理和控制两个平面的功能。而 IPRAN 的控制平面是在设备上实现的，设备之间通过各种路由协议、标签分发协议相互沟通，实现路径选择、资源预留等功能，IPRAN 包含的协议要比 PTN 多很多，IPRAN 的设备承担了控制平面这一重大功能。

从业务承载来看，PTN 技术适合二层分组业务占主导的业务传输，可很好地满足整个 3G 生命周期的移动回传，也可用于 LTE 时期的移动回传，但全业务接入存在一定困难。IPRAN 技术适合 L3 业务占较大比重的业务承载，可满足 3G、LTE 时期的移动回传，可实现全业务接入。同时，IPRAN 支持全面的三层转发及路由功能，支持 L3 VPN 功能和三层多播功能，并同 PTN 一样对网管界面做了图形化的改进，可对业务实现端到端的精细化管理。

综合以上几个方面的对比和现网的应用情况来看，在国内，随着中国移动主导的 PTN 加载三层功能方案的实现，PTN 与 IPRAN 相互之间将会取长补短，逐渐融合，形成统一的基于 MPLS 的承载传输技术。

1.3 PTN 与 IPRAN 的应用

在 IP 化大趋势下，国内移动通信网络运营商各自的技术选择不尽相同：中国移动回传网络建设以 PTN 为主，中国电信以 IPRAN 为主，中国联通在大规模建设 IPRAN 的同时也部分引入了 PTN。

中国移动自 2009 年开启第一轮 PTN 集采，涉及中兴、华为、烽火、上海阿尔卡特、朗讯和爱立信等设备厂商，至今已进行多轮集采。

中国电信在 2009 年提出以 IPRAN 构建全业务电信级承载网络，2010 年在广东进行了小规模试点工作。2011 年，中国电信在杭州、金华、镇江、苏州、深圳等城市进行了 IPRAN 承载网的试点工作，并取得良好效果，证明路由器可以满足基站 IP 化承载的需求。

中国联通在 2010 年上半年完成了对分组传输技术的实验室测试，并于 2011 年在北京、上海、长沙、沈阳、常州以及珠海等多个城市进行规模化的 IPRAN 商用试点建设。2012 年，中国联通针对核心汇聚层及接入层进行了首次 IPRAN 设备的集采，涉及华为、中兴、烽火和上海贝尔等设备厂商。中国联通的 IPRAN 设备的第二轮集采涉及华为、中兴、烽火、思科等设备厂商。中国联通的 IPRAN 基于 IP/MPLS 技术，同时可选支持 MPLS-TP，也称分组承载传输网络或 UTN 综合承载传输设备。

练习与思考

1. LTE 演进的分组化传输需求对传输承载网提出了哪些要求？
2. PTN 和 IPRAN 分别由哪些运营商采用？
3. PTN 的技术特点是什么？
4. PTN 和 IPRAN 技术的主要区别有哪些？

第2章 MPLS 技术基础

【学习目标】

- 掌握 MPLS 技术的基本概念及功能层次。
- 掌握 MPLS 技术的标签结构。
- 掌握 MPLS 技术的标签交换原理。

2.1 MPLS 的定义及特点

MPLS 是一种介于二层和三层之间的技术，是将标签转发和三层路由结合在一起的标准化路由和交换技术解决方案。在 MPLS 网络边缘可进行三层路由，在其内部可进行二层交换。MPLS 的目的是将 IP 与 ATM 的高速交换技术结合起来，实现 IP 分组的快速转发。其主要特点如下。

（1）多协议：可支持任意的网络层协议（如 IPv6、IPX）和链路层协议（如异步传输模式 ATM、帧中继 FR、点对点协议（Point to Point Protocol，PPP））等。

（2）标签交换：给报文打上固定长度的标签，以标签取代 IP 转发过程。

如图 2-1 所示，在 MPLS 域中，靠近用户并与域外节点互相连接的是边缘节点，即

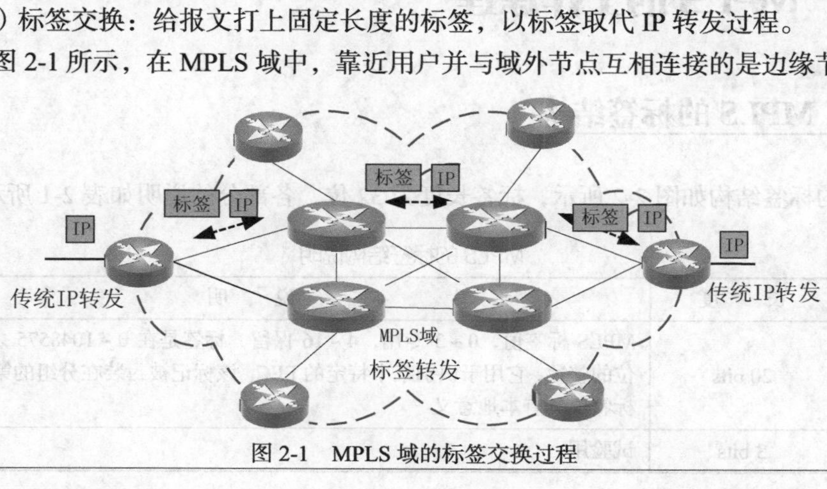

图 2-1　MPLS 域的标签交换过程

边缘标签交换路由器（LER），它具有复杂的处理功能。未与域外节点相连，处于网络内部的是内部节点，即标签交换路由器（LSR），它执行尽可能简单的标签交换转发功能。因此，MPLS 技术的实质就是在 MPLS 域外采用传统的 IP 转发技术，而在 MPLS 域内只需进行标签交换，无须查找 IP 路由。

2.2 MPLS 的基本概念和术语

1. 标签

标签（Label）是一种长度固定且比较短的标识，通常只具有局部意义。标签通常位于数据链路层的二层封装头和三层数据包之间，通过绑定过程与 FEC 实现映射。

2. 转发等价类

转发等价类（Forwarding Equivalence Class，FEC）是在转发过程中以等价方式处理的一类数据分组。可通过地址、隧道、COS 等来标识及创建 FEC。通常在一台设备上，对一个 FEC 应分配相同的标签。

3. 标签交换路径

一个 FEC 的数据流，在不同的节点被赋予确定的标签，数据转发按照这些标签进行，所以数据流所走的路径就是标签交换路径（Label Switching Path，LSP）。

4. 标签交换路由器

标签交换路由器（Label Switching Router，LSR）是 MPLS 网络核心路由器，它提供标签交换和标签分发功能。

5. 边缘标签交换路由器

在 MPLS 网络的边缘，标签交换边界路由器（Label Switching Edge Router，LER）将进入 MPLS 网络的流量分为不同的 FEC，并为这些 FEC 请求相应的标签，提供流量分类和标签的映射、移除功能。

2.3 MPLS 的工作原理

2.3.1 MPLS 的标签结构

MPLS 的标签结构如图 2-2 所示，标签长度为 32 位，各部分的说明如表 2-1 所示。

表 2-1　MPLS 的标签结构说明

名　称	长　度	说　明
标签	20 bits	MPLS 标签值，0～3 专用，4～16 保留，标签是在 0～1048575 之间的一个 20 位的整数，它用于识别某个特定的 FEC。该标记被封装在分组的第二层信头中。标签仅具有本地意义
EXP	3 bits	试验用

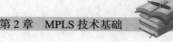

续表

名　称	长　度	说　明
S	1 bit	栈底标识，S=1 表示栈底标签，S=0 则表示其余标签
TTL	8 bits	有效生命期或寿命

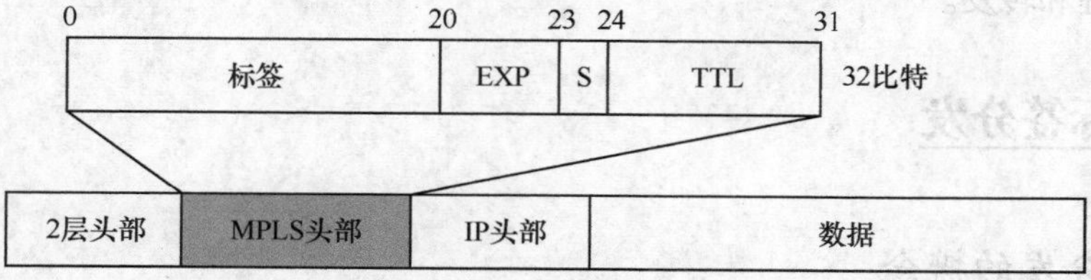

图 2-2　MPLS 的标签结构

2.3.2　MPLS 的体系结构

MPLS 的体系结构分为控制单元和转发单元两个独立的单元，特点是“控制层面无连接，转发层面有连接”，如图 2-3 所示。

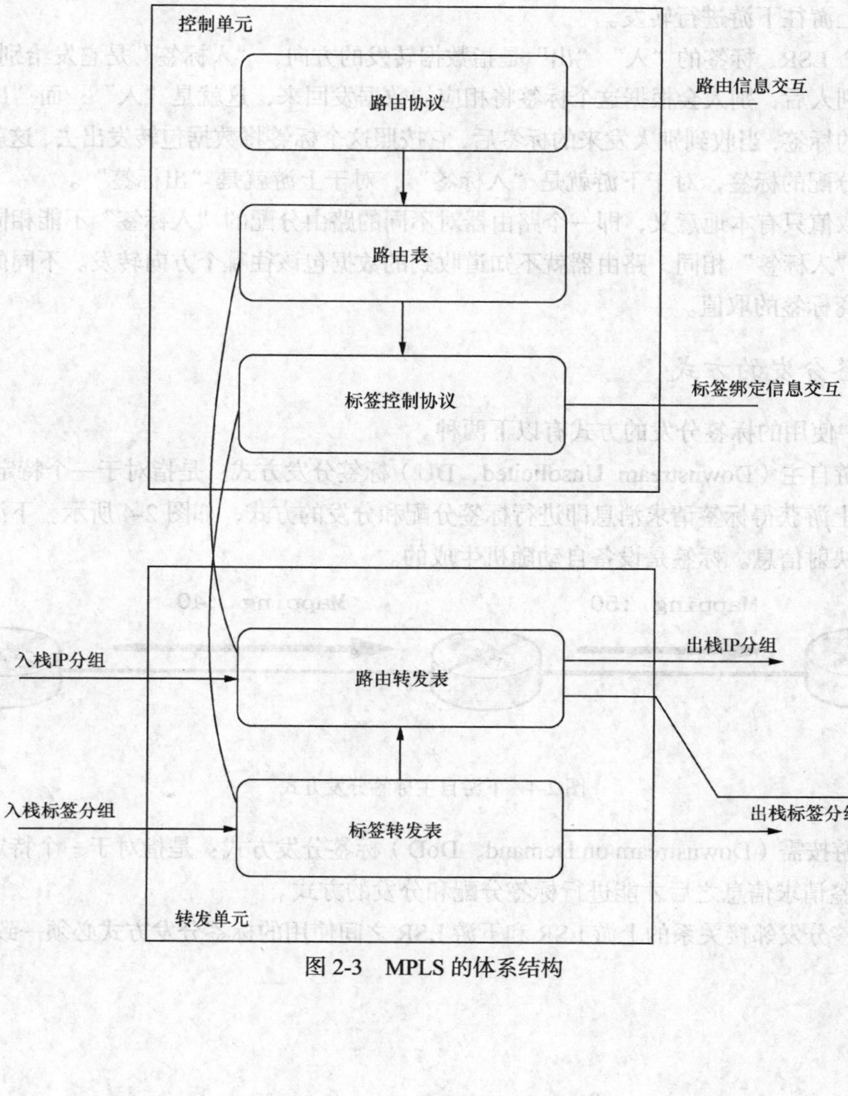

图 2-3　MPLS 的体系结构

控制单元使用标准的路由协议（如 IS-IS、OSPF、BGP4 等）同邻居交换路由信息和维护路由表，同时使用标签分发协议（如 LDP、RSVP-TE、MP-BGP 等）同互联的标签交换设备交换标签转发信息，实现标签转发表的维护和创建。

转发单元决定报文的转发处理，即根据数据报头中的信息查找标签转发表，然后根据查找结果进行标签处理和转发。

2.3.3 标签分发

1. 标签分发的概念

标签分发是指为特定 FEC 建立相应 LSP 的过程。为方便说明，一般将报文转发过程中发送端的路由器称为上游 LSR，将接收端的路由器称为下游 LSR。

在 MPLS 体系中，将特定的标签分配给特定 FEC（即标签绑定）的决定由下游 LSR 做出，由下游 LSR 通知上游 LSR（即标签由下游指定），分配的标签按照从下游到上游的方向分发。注意，分发标签的方向与数据转发方向是相反的，先由下游往上游分发标签，再将数据包打上分配到的标签从上游往下游进行转发。

对于一个 LSR，标签的“入”“出”是指数据转发的方向，“入标签”是它发给别人的标签，将标签发给别人后，别人会根据这个标签将相应的数据发回来，这就是“入”；而“出标签”是别人发给它的标签，当收到别人发来的标签后，它按照这个标签将数据包转发出去，这就是“出”。下游往上游分配的标签，对于下游就是“入标签”，对于上游就是“出标签”。

标签的取值只有本地意义，即一个路由器对不同的路由分配的“入标签”不能相同，如果对上游分配的“入标签”相同，路由器就不知道收到的数据包该往哪个方向转发。不同的路由器之间并不会协商标签的取值。

2. 标签分发的方式

MPLS 中使用的标签分发的方式有以下两种。

（1）下游自主（Downstream Unsolicited，DU）标签分发方式：是指对于一个特定的 FEC，LSR 无须从上游获得标签请求消息即进行标签分配和分发的方式，如图 2-4 所示。下游主动向上游发出标签映射信息。标签是设备自动随机生成的。

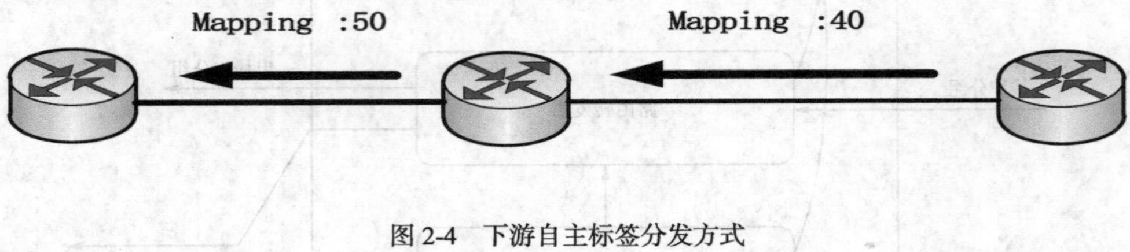

图 2-4　下游自主标签分发方式

（2）下游按需（Downstream on Demand，DoD）标签分发方式：是指对于一个特定的 FEC，LSR 获得标签请求信息之后才能进行标签分配和分发的方式。

具有标签分发邻接关系的上游 LSR 和下游 LSR 之间使用的标签分发方式必须一致，否则 LSP 无法建立。

3. 标签分配控制方式

MPLS 中使用的标签分配控制方式分为以下两种。

（1）独立（Independent）标签分配控制方式。当使用独立标签分配控制方式时，每个 LSR 都可以在任意时间向和它连接的 LSR 通告标签映射。

（2）有序（Ordered）标签分配控制方式。当使用有序标签分配控制方式时，LSR 只有当收到某一特定 FEC 下一跳的特定标签映射信息或者其是 LSP 的出口节点时，才可以向上游发送标签映射信息。MPLS 当前采用的主要是有序标签分配控制方式。

4. 标签保留方式

MPLS 中对于收到的标签有两种保留方式，即自由标签保留方式和保守标签保留方式，如图 2-5 所示。

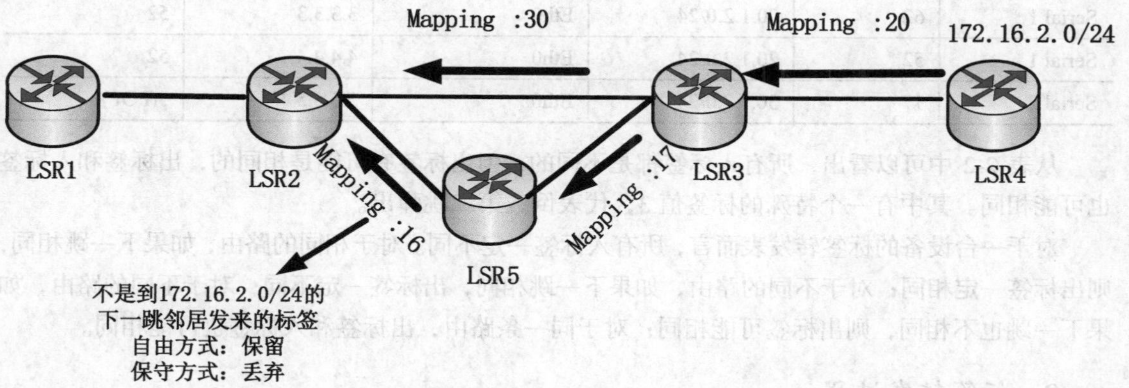

图 2-5　标签保留方式示意图

（1）保守方式（Conservative Retention Mode）：只保留来自下一跳邻居的标签，丢弃所有非下一跳邻居的标签。

（2）自由方式（Liberal Retention Mode）：保留来自邻居发送的所有标签，是当前采用的主要的标签保留方式。

5. 方式组合

标签分发、控制及保留方式有如下两种常用的组合。

（1）DoD+有序+保守：使用 RSVP-TE 作为标签分发协议时常使用这种组合。

（2）DU+有序+保守：使用 LDP 作为标签分发协议时常使用这种组合，标签表中会存在大量非选中的标签，发现自己有直连接口路由时，收到下游到某条路由的标签，并且该路由生效（也就是说，在本地已经存在这条路由，并且路由的下一跳和标签的下一跳相同）时发送标签。

如果某个网络中只有部分设备运行 MPLS，则只会对运行 MPLS 的设备的直连路由生成标签，对于其他设备始发的路由则不会生成标签。如果没有标签，则对于通过 MPLS 域的目的地址在 IP 域的报文就只能采用传统的 IP 转发。

2.3.4 标签转发

1. 标签转发表

在标签分发协议完成自己的工作后，每个路由器都会形成一张标签转发表。

标签转发表通常包括 IN Interface（入接口）、IN Label（入标签）、Prefix/MASK（FEC 前缀和掩码）、OUT Interface（出接口）、NEXT Hop（下一跳）及 OUT Label（出标签），如表 2-2 所示。

表 2-2　标签转发表

IN Interface	IN Label	Prefix/MASK	OUT Interface	NEXT Hop	OUT Label
Serial 0	50	10.1.1.0/24	Eth0	3.3.3.3	80
Serial 1	51	10.1.1.0/24	Eth0	3.3.3.3	80
Serial 1	62	70.1.2.0/24	Eth0	3.3.3.3	52
Serial 1	52	20.1.2.0/24	Eth0	4.4.4.4	52
Serial 2	77	30.1.2.0/24	Eth0	5.5.5.5	3(POP)

从表 2-2 中可以看出，所有入标签都是不同的，但出标签有可能是相同的，出标签和入标签也可能相同。其中有一个特殊的标签值 3，代表倒数第二跳弹出。

对于一台设备的标签转发表而言，所有入标签一定不同。对于相同的路由，如果下一跳相同，则出标签一定相同；对于不同的路由，如果下一跳相同，出标签一定不同；对于不同的路由，如果下一跳也不相同，则出标签可能相同；对于同一条路由，出标签和入标签也可能相同。

2. 标签转发过程

通过各种方式建立控制平面实现标签分配后，就可以进行数据传输。如图 2-6 所示，首先入口 LER 将数据包打上标签，转发给其下游 LSR；然后中间的 LSR 根据标签转发表进行标签交换，再转发给其下游 LSR；出口 LER 根据标签转发表将标签弹出，根据 IP 报头（或内层标签）进行下一步操作；通过沿途路由器执行的操作，就可将数据包从入口转发到出口，直至到达目的地。

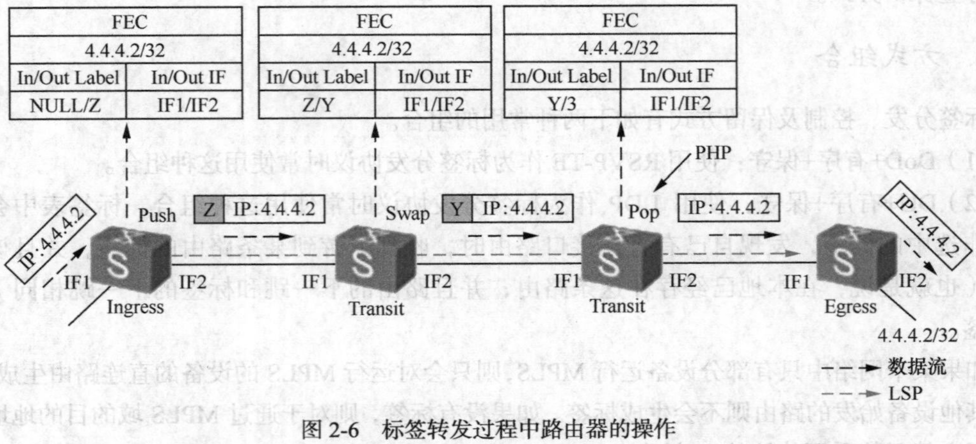

图 2-6　标签转发过程中路由器的操作

在通过标签转发进行数据传输的过程中，中间的LSR无须查看IP报头，只需要根据IP报头前面的MPLS标签进行相应的交换操作，这样IP数据包的内容就被标签“保护隔离”起来，MPLS的LSP成为天然的“隧道”。

在数据链路层协议中有相应的方法判断收到的报文是否为MPLS报文。如果是，则将报文送给MPLS层进行处理；如果不是，则将报文直接送给IP层进行处理。例如在以太网中，使用值Ox8847（单播）和Ox8848（多播）表示承载的是MPLS报文，Ox8800则表示是IP报文；PPP中增加了一种新的NCP，即MPLS NCP，使用Ox8282来标识。

3. 倒数第二跳弹出

在Egress LER处，数据转发方式从MPLS转发变为IP路由查找，但是它收到的仍然是带有标签的MPLS报文。按照常规处理方式，该报文应该送到MPLS模块进行处理，但此时MPLS不需要标签转发，能做的只有去除标签，然后将数据包送给IP层处理。因此，对于Egress LER，处理MPLS报文是没有意义的，最好能保证它收到的直接就是IP报文，这就需要在Egress LER的上游完成标签弹出，即倒数第二跳弹出（Penultimate Hop Popping，PHP）。但是，上游设备如何知道自己是否倒数第二跳呢？其实，只要在倒数第一跳为其分配标签时做一个特殊说明即可。倒数第一、二跳标签分配方式如表2-3所示。

表2-3　　倒数第一、二跳标签分配方式

	标签分配方式		转发方式	
	（改革前）	（改革后）	（改革前）	（改革后）
倒数第一跳	随机分配	分配特定标签	标签弹出、IP路由转发	IP路由转发
倒数第二跳	随机分配	随机分配	标签交换	标签弹出

练习与思考

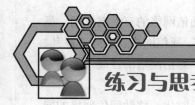

1. 画图说明MPLS标签的结构。
2. MPLS的标签分发方式有哪些？各有何特点？
3. MPLS的标签控制方式有哪些？各有何特点？
4. 简述MPLS的标签交换过程。

第3章 网络同步技术

【学习目标】

- 理解时钟同步和时间同步的含义及作用。
- 掌握同步以太网技术原理。
- 掌握 IEEE 1588v2 协议的原理及部署方案。

3.1 同步的含义和作用

3.1.1 同步需求

在现代通信网络中，同步网、电信管理网和信令网称为通信网络的三大支撑网。虽然它们不能带给运营商直接的经济效益，但是没有它们的支撑，通信网络就会陷于混乱。同步是保证通信网络正常运行的前提，并在很大程度上决定了通信网络的性能。尤其是对于实时性要求高的业务，同步是优质传输业务的保证。

同步是移动通信网络长期稳定运行的基本需求，3G、4G 时代，移动通信网络的同步需求如表 3-1 所示。

CDMA（码分多址）对于每个用户和每个扇区都采用码序列的不同相位来区分。由于码序列在空口传输中有传输时延，因此在接收端需要时延补偿处理。而要做到这种补偿，需要建立一种同步体制，使收端、发端产生的码序列保持同步，这就是 CDMA 系统的时间同步问题。由于 CDMA 系统中的码速率非常高，因此必须有一套高精度的同步时间作为参考，以协调全网所有基站的工作。CDMA2000 业务协议要求同步时间是 3μs 或 ±1.5μs，同时，协议中也指出同步时间最大不能超过 10μs。

表 3-1　移动通信网络的同步需求

无线制式	时钟频率精度要求	时钟相位同步要求
CDMA2000	0.05ppm	目标 3μs 最大 10μs
TD-SCDMA	0.05ppm	1.5μs
FDD LTE	0.05ppm	无
FDD LTE MBMS	0.05ppm	4μs
TDD LTE	0.05ppm	1.5μs

TD-SCDMA 由于基站工作的切换、漫游等都需要精确的时间控制，不仅要求 0.05ppm 的时钟频率精度，而且还有±1.5μs 的时间同步要求。

FDD LTE 本身没有时间同步的需求，但是如果要部署多播业务，也有时间同步的需求。

3.1.2　时间同步和时钟同步

同步包括时间同步与时钟同步两个概念。

（1）时钟同步（也称为频率同步）是指信号之间的控制时钟在频率或相位上保持某种严格的特定关系，以维持通信网络中的所有设备以相同的速率运行。

（2）时间同步是指信号之间的控制时钟在特定时刻点的对齐。时间同步的操作就是按照接收到的时间来调控设备内部的时钟和时刻的。

时钟同步与时间同步的关系可以以秒表为例进行说明。假设有两块具有秒针的秒表，如果两块表的频率同步，就意味着两块表的秒针具有相同的“跳跃”周期，也就是两块表走得一样快，但是这并不意味着两块表所表示的时间相同，也就是时间同步。时间同步首先要求两块表有相同的时标（Time Scale），也就是时间的起始点（Epoch）和固定的时间间隔（Time Interval）相同。

3.1.3　时间同步与时钟同步技术标准

目前，各个国际标准化组织都针对时间同步和时钟同步制定了相关的技术标准。其中较为成熟的标准如下。

1. ITU-T 同步技术标准

ITU-T 分组网络同步与定时系列标准由 Q13/SG15 负责制定，目前已经通过的有 G.8261、G.8262 和 G.8264 共 3 个标准，这些标准的应用范围限于在分组网络中实现频率的同步。对于相位和时间的同步标准，ITU-T 也制定了一系列标准，如 G.8265。

2. IEEE 同步技术标准

IEEE 在 2002 年发布了 IEEE 1588 标准，定义了一种精确时间协议（Precision Time Protocol，PTP），目的是在由网络构成的测量和控制系统中实现精确的时间同步。

IEEE 1588是针对局域网多播环境（如以太网）制定的标准。2008年发布了IEEE 1588v2，该版本中增加了适应电信网络应用的技术特点，适用于时间和频率同步。

3. IETF同步技术标准

IETF的网络时间协议（Network Time Protocol，NTP）是最早采用分组协议方式进行时间同步的标准，它实现了Internet上用户与时间服务器之间的时间同步。

3.2 时间同步解决方案

目前，在分组网络中实现同步的主要方法是采用IEEE 1588v2协议和同步以太网技术。

IEEE 1588v2协议和NTP一样，是一种基于协议实现的网络同步时间传递方法，可实现频率同步和相位同步。相对于NTP的ms级精度，IEEE 1588v2协议可实现μs级及次μs级的时间同步精度，可替代当前的全球定位系统（Global Positioning System，GPS）实现方案，降低网络组网成本和设备的安装复杂性。

同步以太网技术是一种基于传统物理层的时钟同步技术，该技术从物理层数据码流中提取网络传递的高精度时钟，不受业务负载流量的影响，为系统提供基于频率的时钟同步功能。同步以太网技术可应用于基于频分双工（Frequency Division Duplexing，FDD）模式的不需要时间同步的应用中。

3.2.1 IEEE 1588v2时间同步方案

1. IEEE 1588v2协议原理

IEEE 1588v2是一种PTP，是目前唯一能够提供精确时间同步的地面同步技术。IEEE 1588v2被定义为时间同步的协议，通过主从设备间的IEEE 1588v2协议进行消息传递，并计算时间和频率偏差，达到主从频率和时间同步。

IEEE 1588v2时间同步的核心思想是采用主从时钟方式，对时间信息进行编码，利用网络的对称性和时延测量技术，通过报文的双向交互实现主从时间的同步。相对于传统的NTP，IEEE 1588v2从以下几个方面提高了同步精度。

（1）频率同步报文在主设备和从设备之间进行交换传递，同时进行时延测量。

（2）通过物理层硬件添加时间戳，去除了操作系统和协议栈的处理时延。

（3）采用先进的最佳主时钟（Best Master Clock，BMC）算法快速恢复时间信息。

IEEE 1588v2的消息可以分为事件消息（与精确时间戳相关的报文）和普通消息（信息传递和管理报文）。事件消息包括Sync消息、Delay_Req消息、Pdelay_Req消息、Pdelay_Resp消息。时间戳处理是指对IEEE 1588v2报文输入和输出设备的时刻进行记录，并在IEEE 1588v2报文中携带。IEEE 1588v2定义了最靠近物理层的时间戳处理，确保了输入和输出时刻的精确度，为精确同步打下了基础。普通消息包括Announce消息、Follow_UP消息、Delay_Resp消息、Pdelay_Resp_Follow_UP消息、Management消息及Signaling消息。

Sync消息、Delay_Req消息、Follow_UP消息、Pdelay_Resp消息用于产生和传达时间信息，进出设备都需要打时间戳，这些时间消息在时延请求响应机制里用于同步普通时钟和边界时钟。

Delay_Resp 消息、Pdelay_Req 消息、Pdelay_Resp_Follow_UP 消息可用于测量实现 Peer 时延机制的两个时钟端口之间的连接时延。该连接时延用于纠正 P2P 透明时钟系统中 Sync 消息和 Follow_UP 消息携带的时间偏差。

Announce 消息用于建立同步层次。主时钟定时发出 Announce 消息，这个消息包含时钟质量等参数及其 Grandmaster。接收节点执行最佳主时钟算法时会用到这些信息。

Management 消息用于管理节点及时钟之间查询和更新时钟维护的 PTP 数据集，也用来定制 PTP 系统，初始化及故障管理。Management 消息用在管理节点和时钟之间。

Signaling 消息用于时钟之间其他目的的通信（如协商消息速率）。

IEEE 1588v2 协议的协商过程如图 3-1 所示。

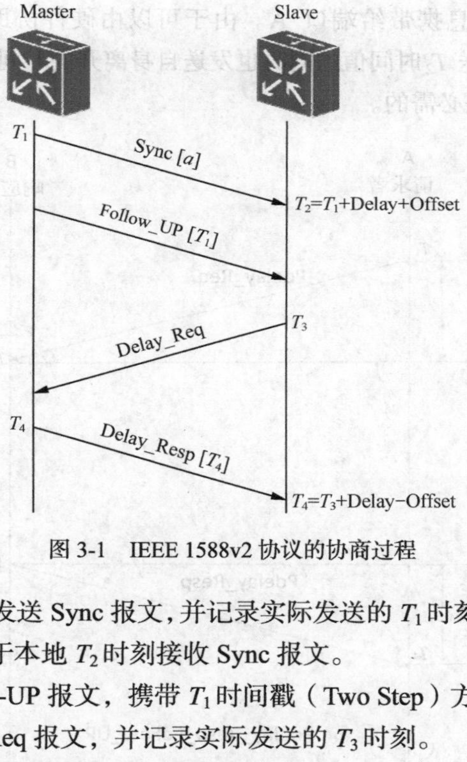

图 3-1 IEEE 1588v2 协议的协商过程

（1）主时钟节点 Master 发送 Sync 报文，并记录实际发送的 T_1 时刻（One Step 方式下携带 T_1）。

（2）从时钟节点 Slave 于本地 T_2 时刻接收 Sync 报文。

（3）Master 发送 Follow-UP 报文，携带 T_1 时间戳（Two Step）方式。

（4）Slave 发送 Delay_Req 报文，并记录实际发送的 T_3 时刻。

（5）Master 接收 Delay_Req 报文，记录接收时刻 T_4。

（6）Master 将 T_4 时刻通过 Delay_Resp 报文发给 Slave。

（7）Slave 根据 $T_1 \sim T_4$ 计算 Delay 和 Offset，并使用 Offset 纠正本地时间。

假设主从时钟之间的链路延迟是对称的，从时钟根据已知的 4 个时间值，可以计算出与主时钟的时间偏移量和链路延迟时延。因为

$$T_2 - T_1 - \text{Offset} = \text{Delay}$$

$$T_4 - (T_3 - \text{Offset}) = \text{Delay}$$

所以 M 与 S 的时间偏移量（假设 $t_{MS}=t_{SM}$）为

$$\text{Offest}=\frac{(T_2-T_1)-(T_4-T_3)}{2}$$

M 与 S 之间的时间延迟为

$$\text{Delay}=\frac{(T_2-T_1)+(T_4-T_3)}{2}$$

Master 和 Slave 之间不断发送 PTP 报文，Slave 根据 Offset 修正本地时间，使本地时间同步于 Master 的时间。

IEEE 1588v2 增加了 Peer 时延测量机制，专门用于测量链路时延，如图 3-2 所示，端口 A 在 T_1 时刻发送 Pdelay_Req 消息，端口 B 记下收到该消息的时刻 T_2，紧接着 T_3 时刻发送 Pdelay_Resp 消息，端口 A 记下收到 Pdelay_Resp 消息的时刻 T_4。时间 T_2 和 T_3 可以通过 Pdelay_Resp 消息或者 Pdelay_Resp_Follow_UP 消息携带给端口 A。由于可以由硬件协助打精确的发送时间戳，故 Pdelay_Resp 消息可以在发送 T_2 时间值的同时也发送自身离开的时间 T_3，因而通过 Pdelay_Resp_Follow_UP 消息发送 T_3 不是必需的。

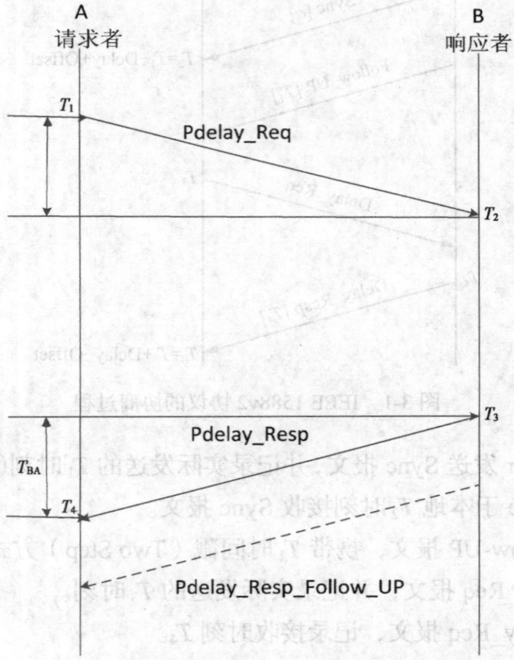

图 3-2 Peer 时延测量机制

两个端口之间的时延计算公式为

$$\text{Delay}=\frac{(T_2-T_1)+(T_4-T_3)}{2}$$

同样，在 IEEE 1588v2 中，时延—请求响应机制中的 Follow_UP 消息也不是必需的。标准的 IEEE 1588v2 算法要求双向时延必须一致，时延不一致会引发相位测量偏差。在该前提下，业务量和相位精确度无关，不受背景流量影响。对于非对称时延的链路，可以由非对称时延补偿机制进行修正。

综上所述，IEEE 1588v2 协议的优点包括支持频率同步和时间同步，同步精度高，网络报文时延差异影响可以通过逐级的恢复方式解决，是统一的业界标准；缺点是不支持非对称网络，需要硬件支持 IEEE 1588v2 协议和工作原理。

PTP 系统是由 PTP 设备和非 PTP 设备组成的分布式网络，PTP 设备包括普通时钟（Ordinary Clock，OC）设备、边界时钟（Boundary Clock，BC）设备、P2P（Point to Point）透传时钟（Transparent Clock，TC）设备、E2E（End to End）TC 设备和管理节点（Management Node，MN）；非 PTP 设备包括普通的网桥、路由器和基础器件，可能还包括 PC、打印机等设备。

IEEE 1588v2 的时间同步方法有 OC、BC、E2E TC 和 P2P TC。

普通时钟 OC 是单端口器件，可以作为主时钟或从时钟。一个同步域内只能有唯一的主时钟。主时钟的频率准确度和稳定性直接关系到整个同步网络的性能。一般可考虑采用基准主时钟（Prime Reference Clock，PRC）或同步于 GPS 系统。Slave 的性能决定时间戳的精度及 Sync 消息的速率。

BC 是多端口器件，是网络中间节点时钟设备，可连接多个 OC 或 TC。在 BC 的多个端口中，有一个作为从端口，连接到主时钟或其他 BC 的主端口，其余端口作为主端口连接从时钟或下一级 BC 的从端口，或作为备份端口。

E2E TC 实现 IEEE 1588v2 报文的直接透明传输（简称透传）。对于事件报文，计算报文设备内驻留时间并修正时间戳信息；对于普通报文直接透传。E2E TC 转发所有消息，然而对于 PTP 事件信息和相关跟随信息，E2E 透传节点将其经过本地的驻留时间累加到相应的修正域中以补偿经过本地的损失。

P2P TC 和 E2E TC 的不同之处在于 P2P 测量相应 PTP 端口之间的链路时延，并将该链路时延和 P2P 事件经过本地的驻留时间累加到相应事件信息修正域中，即 E2E TC 修正和转发所有 PTP 事件信息，而 P2P TC 时钟只修正和转发 Sync 和 Follow_UP 消息，这些消息的修正域根据 Sync 消息在 P2P TC 内的驻留时间和接收 Sync 消息在 P2P TC 内的驻留时间及接收 Sync 消息端口的链路时延进行修正。

管理节点具有一个或多个链接到网络的物理链接，作为 PTP 管理消息的人机接口，可以和任何时钟类型结合在一起。

2. IEEE 1588v2 部署方案

IEEE 1588v2 要求逐跳部署，根据现网设备支持情况及改造难度，IEEE 1588v2 部署方案可以分为以下 3 种类型。

（1）端到端逐跳

如果现网中的所有设备都端到端支持 IEEE 1588v2，建议采用端到端逐跳部署 IEEE 1588v2 的方案，如图 3-3 所示。从核心机房注入时间信息，逐跳部署 IEEE 1588v2，如果中间有光传输网（Optical Transit Network，OTN）设备，则 OTN 也需要支持 IEEE 1588v2。

推荐采用 BC 模型组网，鉴于 TC 模型故障定位困难，如无特殊需要，不推荐使用。

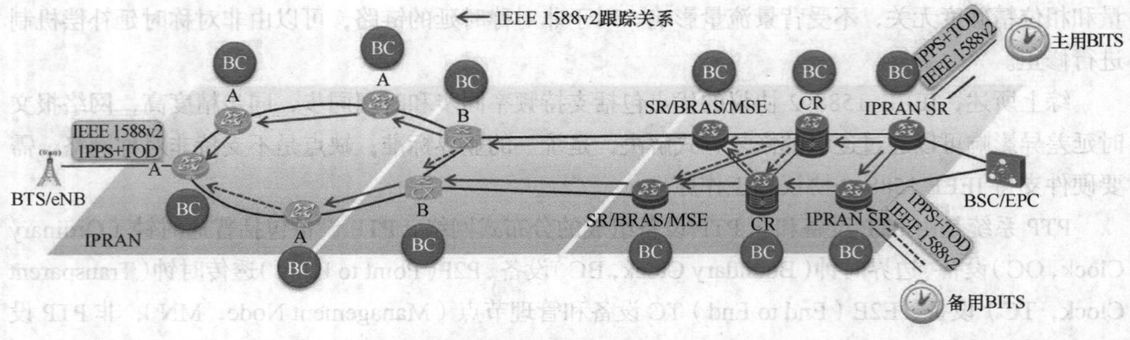

图 3-3　端到端逐跳部署 IEEE 1588v2 方案

（2）BITS 下沉方案

如果现网存在不支持 IEEE 1588v2 的节点或者网络，例如现网 CR（Core Router，核心路由器）不支持 IEEE 1588v2，可以通过下移时间注入点的方式规避此问题，具体方案如图 3-4 所示。

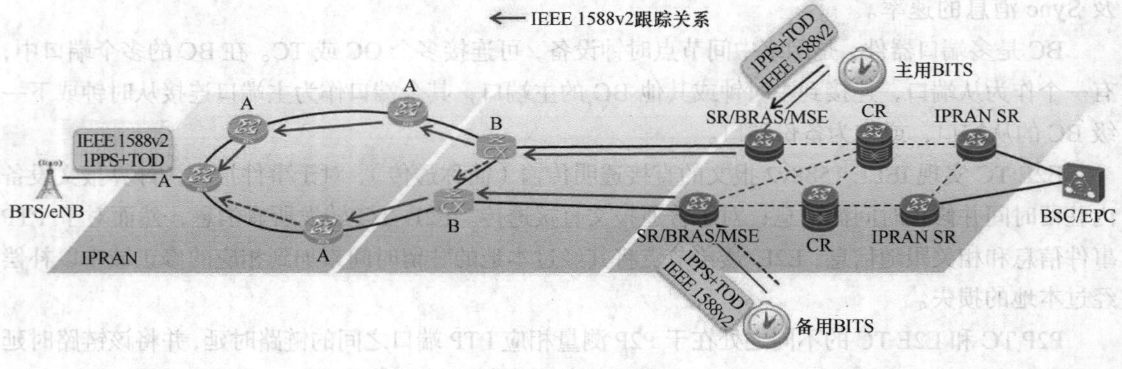

图 3-4　BITS 下沉方案

如果现网 CR 设备不支持 IEEE 1588v2，则可以考虑将大楼综合定时系统（Building Integrated Time System，BITS）设备下沉到 SR/BRAS/MSE，从 SR/BRAS/MSE 注入时间信息，SR/BRAS/MSE 以下逐跳部署 IEEE 1588v2，包括 IPRAN 及波分设备。由于时间注入点位置偏低，BITS 设备数量较多，因此方案成本较高。

BITS 设备与 SR/BRAS/MSE 之间建议采用 1PPS+TOD 来进一步降低部署成本，当然也可以采用 IEEE 1588v2；接入层 A 类设备与基站之间建议采用 IEEE 1588v2，在不支持 IEEE 1588v2 的情况下可考虑采用 1PPS+TOD。但 1PPS+TOD 没有国际标准，只有中国移动的标准，并且存在秒脉冲状态（代表时钟质量）和 Clock Class（IEEE 1588v2 中的时钟质量）转化的问题，可能存在不同厂商无法互通的问题，需要合理规划优先级，实现时间主备用保护。

（3）SR/BRAS/MSE 或者 B 类设备通过 OTN 网络获取时间信息

如图 3-5 所示，如果现网 OTN 设备支持 IEEE 1588v2，或者通过改造支持，可以考虑通过 OTN 传递时间信息。在核心机房部署 BITS 设备，从 OTN 设备注入时间信息，OTN 逐跳部署 IEEE 1588v2，SR/BRAS/MSE 从相同机房的 OTN 设备通过 IEEE 1588v2 获取时间信息，SR/BRAS/MSE 以下部署逐跳 IEEE 1588v2，包括 IPRAN 及波分设备。由于时间注入点位置较高，BITS 设备数量较少，因此方案部署成本较低，但对 OTN 要求较高。

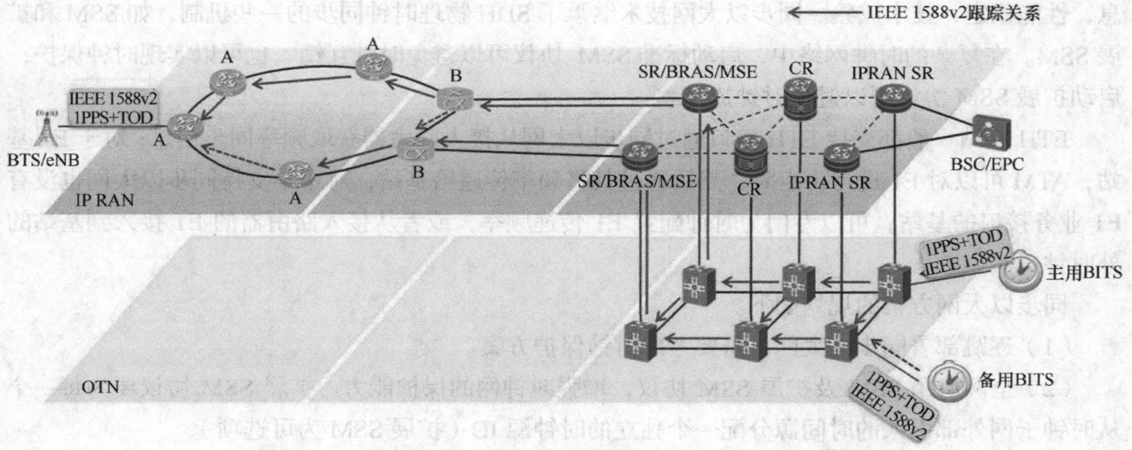

图 3-5　通过 OTN 获取时间信息

3.2.2　同步以太网方案

同步以太网采用类似 SDH、PDH、SONET 的时钟同步方案，基于物理层串行数据码流提取时钟，不受链路业务流量的影响，通过同步状态信息（Synchronization Status Message，SSM）帧传递对应的时钟质量信息。同步以太网传递时钟的原理如图 3-6 所示，系统需要一个时钟模块（时钟板）统一输出一个高精度系统时钟给所有以太网接口，以太网接口上的物理层器件利用这个高精度系统时钟将数据发送出去；在接收侧，以太网接口的物理层器件将时钟恢复出来，分频后上送给时钟板，时钟板判断各个接口上报的时钟质量，选择一个精度最高的，使系统时钟与其同步。

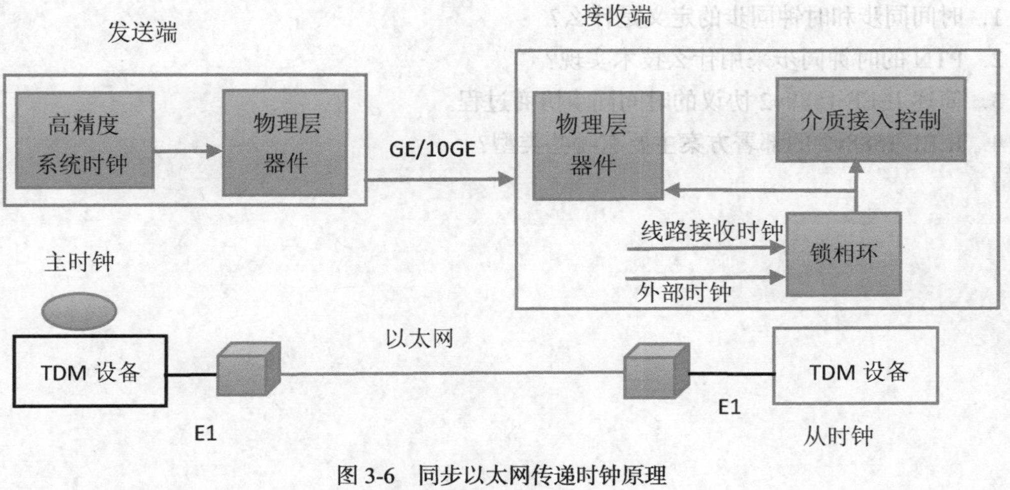

图 3-6　同步以太网传递时钟原理

为了正确选择时钟源，在传递时钟信息的同时，必须传递时钟同步状态信息（SSM），以太网只能通过构造 SSM 报文的方式通告下游设备，报文格式可以采用以太网 OAM 的通用报文格式。

同步以太网技术相关的标准包括 G.803、G.781、G.8262 和 G.823。

只有 ETH 接口支持同步以太网技术，通过物理芯片和锁相环技术提取 ETH 码流中的时钟信息，性能稳定，技术成熟。同步以太网技术继承了 SDH 物理时钟同步的一些机制，如 SSM 和扩展 SSM。在复杂的时钟网络中，启动标准 SSM 协议可以避免时钟互锁，也可以实现时钟保护；启动扩展 SSM 协议可以避免时钟成环。

ETH 基站一般都支持 ETH 接口通过同步以太网从接入路由器获取频率同步信息；对于 E1 基站，ATM 可以对 E1 进行再定时，然后通过其将频率传递给基站；对于不支持同步以太网也没有 E1 业务接口的基站，可以专门为时钟配置 E1 传递频率，或者从接入路由器的 E1 接入到基站的外时钟口。

同步以太网方案的规划如下。

（1）逐跳部署同步以太网，需要考虑时钟保护方案。

（2）全网启用 SSM 及扩展 SSM 协议，增强时钟网的保护能力。扩展 SSM 协议要为每一个从时钟子网外部引入的时间源分配一个独立的时钟源 ID（扩展 SSM 为可选项）。

（3）全网要合理规划时钟同步网，避免时钟互跟、时钟环的形成。对于时钟长链，要考虑给予时钟补偿（G.803）；传输链路中的 G.812 从时钟数量不超过 10 个，两个 G.812 从时钟之间的 G.813 时钟数量不超过 20 个，G.811、G.812 之间 G.813 的时钟数量不超过 20 个，G.813 时钟总数不超过 60 个。

练习与思考

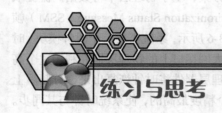

1. 时间同步和时钟同步的定义是什么？
2. PTN 的时钟同步采用什么技术实现？
3. 简述 IEEE 1588v2 协议的时间同步协商过程。
4. IEEE 1588v2 的部署方案主要有哪些类型？

PTN 篇

第4章 PTN技术原理

【学习目标】

- 理解 PWE3 技术的原理及作用。
- 掌握 QoS 的实现目标和相关技术环节的功能。
- 掌握 PTN 的 OAM 实现方式和具体功能。

4.1 伪线仿真技术

伪线仿真（Pseudo-Wire Emulation Edge to Edge，PWE3）技术是一种在 PSN 上模拟各种点到点业务的机制，被模拟的业务可以通过 TDM 专线、ATM、FR 或以太网等传输。PWE3 利用 PSN 的隧道机制模拟一种业务的必要属性，该隧道即被称为伪线（PW），主要构建点到点的以太网虚电路。

PWE3 作为一种端到端的二层业务承载技术，在 PSN 网络边界提供了端到端的虚链路仿真，实现各种业务（FR、ATM、Ethernet、TDM SONET/SDH）的信息交换。通过此技术可以将传统的网络与 PSN 互联起来，从而实现资源的共用和网络的拓展。

1. PWE3 的基本传输构件

PWE3 的基本传输构件如下。

（1）用户设备（Custom Edge，CE）：发起或终结业务的设备。CE 不能感知正在使用的是仿真业务还是本地业务。

（2）运营商边界路由器（Provider Edge Router，PER）：向 CE 提供 PWE3 技术支持的设备，通常指骨干网上的边缘路由器，与 CE 相连，主要负责 VPN 业务的接入，完成报文从私网到公网隧道、从公网隧道到私网的映射与转发。

（3）接入链路（Attachment Circuit，AC）：CE 到 PE 之间的连接链路或虚链路。AC 上的所有用户报文一般都要求原封不动地转发到对端去，包括用户的二、三层协议报文。

（4）伪线或虚链路（Pseudo Wire，PW）：就是 VC 加隧道，隧道可以是 LSP、L2TPV3，或者是 TE。PWE3 中虚连接的建立是需要通过信令（LDP 或者 RSVP）来传递 VC 信息，将 VC 信息和隧道管理形成一个 PW。PW 对于 PWE3 系统来说，就像是一条本地 AC 到对端 AC 之间的直连通道，可以完成用户的二层数据透传。也可以这样理解，一条 PW 代表一条业务。

（5）Forwarder（转发器）：PE 收到 AC 上传输的数据帧，由转发器选定转发报文使用的 PW，转发器事实上就是 PWE3 的转发表。

（6）Tunnel（隧道）：是一条本地 PE 与对端 PE 之间的直连通道，可以完成 PE 之间的数据透传，用于承载 PW，一条隧道上可以承载多条 PW，一般情况下为 MPLS 隧道。隧道在 PTN 设备中是单向的，而 PW 是双向的，所以一条 PW 需要两条 MPLS 隧道来承载。

（7）封装（Encapsulation）：PW 上传输的报文使用标准的 PW 封装格式和技术，PW 上的 PWE3 报文封装有多种。

（8）PW 信令协议（PW Signaling）：是 PWE3 的实现基础，用于创建和维护 PW。目前，PW 信令协议主要有 LDP 和 RSVP。

（9）服务质量（Service of Quality，QoS）：根据用户二层报头的优先级信息，映射成在公用网络上传输的 QoS 优先级来转发，这个一般需要应用支持 MPLS QoS。

2. PWE3 的工作流程

PWE3 的工作原理如图 4-1 所示，在边缘源节点采用 PWE3 技术适配客户业务，封装 TMP 标签后复用到输出端口的段层上进行转发，路径上的转发节点（P）按照 TMP 标签进行包交换，将数据包沿 LSP 路径逐跳转发，直到目的地边缘源节点，在目的地边缘源节点弹出标签，并通过 PWE3 技术适配还原出客户业务。

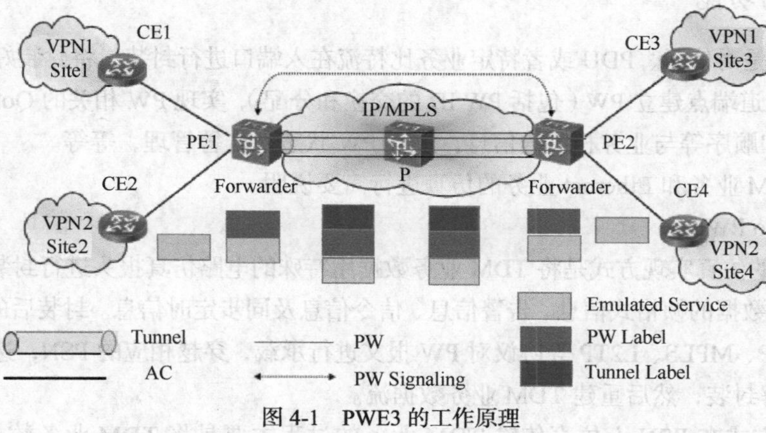

图 4-1　PWE3 的工作原理

（1）CE2 通过 AC 把需要仿真的业务（TDM、ATM、Ethernet、FR 等）传输到 PE1。

（2）PE1 接收到业务数据后，选择相应的 PW 进行转发。

（3）PE1 把业务数据进行两层标签封装，内层标签（PW Label）用来标识不同的 PW，外层标签（Tunnel Label）用来指导报文的转发。

（4）通过公网隧道（Tunnel），数据包会被 PSN 转发到 PE2，并剥离 Tunnel Label。

（5）PE2 根据内层标签选择相应的 AC，剥离 PW Label 后通过 AC 转发到 CE4。

3. PWE3 的协议参考模型

建立 PWE3 协议参考模型旨在缩小 PW 工作在不同类型 PSN 上的差异。设计目的就是使 PW 的定义独立于其底层的 PSN，并且能够最大程度地重用 Internet 工程任务组（Internet Engineering Task Force，IETF）的协议定义及协议实现。PWE3 的协议参考模型如图 4-2 所示。

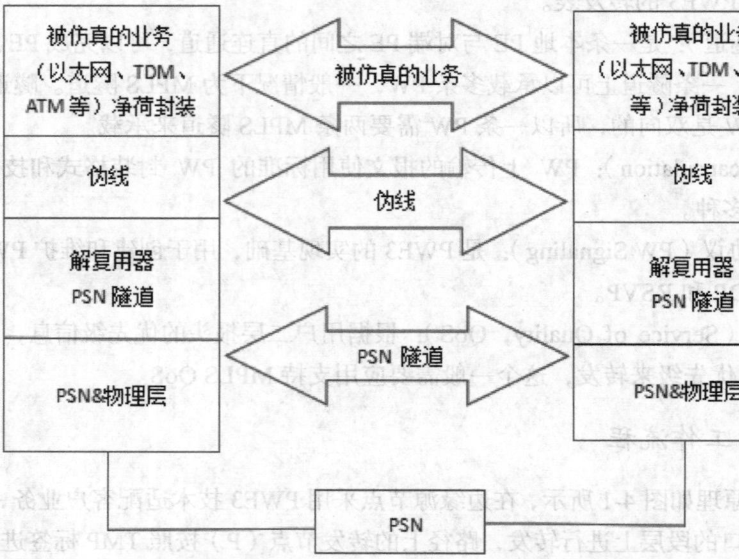

图 4-2 PWE3 的协议参考模型

4. PW 的功能

PW 的功能是对信元、PDU 或者特定业务比特流在入端口进行封装，将封装好的业务传递至传输隧道，在隧道端点建立 PW（包括 PW ID 的交换和分配），实现 PW 相关的 QoS，管理 PW 端的信令、定时和顺序等与业务相关的信息，进行 PW 状态及告警管理，等等。

下面对 TDM 业务和 Ethernet 业务的仿真进行简要说明。

（1）TDM to PWE3

TDM 业务的仿真实现方式是将 TDM 业务数据用特殊的电路仿真报头进行封装，特殊报头中携带 TDM 业务数据的帧格式信息、告警信息、信令信息及同步定时信息。封装后的报文称为 PW 报文。然后以 IP、MPLS、L2TP 等协议对 PW 报文进行承载，穿越相应的 PSN，达到 PW 隧道出口之后再执行解封装，然后重建 TDM 业务数据流。

使用 PW 方式在 PSN 上仿真传输 TDM 业务的过程主要是将 TDM 业务数据、TDM 业务数据的帧格式、TDM 业务在 AC 侧的告警和信令及 TDM 同步定时信息几个要素运载到伪线的另一端。TDM 仿真封装协议分为 SAToP（Structure-agnostic TDM over Packet）协议和 CESoPSN（Structure-aware TDM Circuit Emulation Service over Packet Switched Network）协议两种。SAToP 协议用来解决非结构化，也就是非帧模式的 E1、T1、E3、T3 业务传输，它将 TDM 业务作为串行的数据码流进行切分和封装，然后在 PW 隧道上进行传输。TDM 信号中的开销和净荷都被透明传输，承载 CES 业务的以太网帧的装载时间一般为 1ms。而在

CESoPSN协议中，设备感知TDM电路中的帧结构、定帧方式、时隙信息，设备会处理TDM帧中的开销，并将净荷提取出来，然后将各路时隙按一定顺序放到分组报文的净荷中，因此在报文中，每路业务是固定可见的；每个承载CES业务的以太网帧装载固定个数的TDM帧，装载时间一般为1～5ms。

（2）Ethernet to PWE3

Ethernet业务有以太专线业务（E-Line Service）、以太专网业务（E-LAN Service）和以太汇聚业务（E-AGGR Service）。Ethernet业务仿真流程如图4-3所示，外层标签用来标识隧道，内层标签用来标识PW。

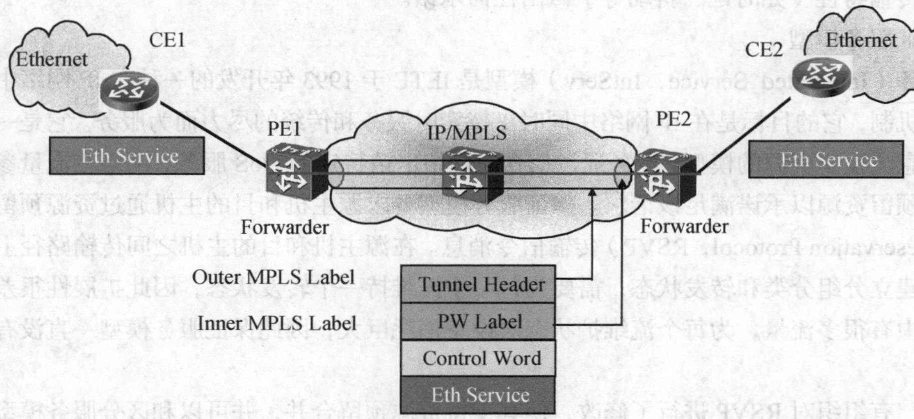

图4-3　Ethernet业务仿真流程

外层标签可以由信令协议动态分配或者手工配置，如在OptiX PTN中，是由RSVP-TE分配的。

内层标签可以由信令协议动态分配或者手工配置，如在OptiX PTN中，是由标签分发协议LDP分配的。

CW（控制字）是可选的，如果对到达的报文有严格的顺序要求，可使用CW携带序列号。

由于具有良好的可扩展性和完善的QoS特性，并可以提供VPN业务，MPLS获得了广泛的应用，并逐步由核心发展到边缘。结合PWE3技术，MPLS网络可以支持TDM业务、ATM业务、FE业务和Ethernet业务的统一传输。但是传输网需要丰富的操作维护能力、端到端的快速保护能力、端到端的QoS保证能力等运营级网络特性，这些特性是MPLS必须扩展才能完成的。

4.2 QoS技术

QoS是网络的一种能力，即在跨越多种底层网络技术（如MSTP、FR、ATM、Ethernet、SDH、MPLS等）的网络上为特定的业务提供其所需要的服务，在丢包率、延迟、抖动和带宽等方面获得可预期的服务水平。

QoS技术实施的目标主要是有效控制网络资源及其使用，避免并管理网络拥塞，减少报文的丢失率，调控网络的流量，为特定用户或特定业务提供专用带宽，支撑网络上的实时业务。

QoS 的功能有报文分类和着色、网络拥塞管理、网络拥塞避免、流量监管和流量整形及 QoS 信令协议等。

1. QoS 的 3 种服务模型

（1）尽力而为服务模型

尽力而为（Best-Effort）模型是传统 IP 网络提供的服务类型。在这种服务方式下，所有经过网络传输的分组数据具有相同的优先级，IP 网络会尽一切可能将分组数据正确完整地送到目的地，不保证分组数据在传输中不发生丢弃、损坏、重复、失序及错误等现象，不对分组数据传输介质相关的传输特性（如时延、抖动等）做出任何承诺。

（2）保证服务模型

保证服务（Integrated Service，IntServ）模型是 IETF 于 1993 年开发的一种在 IP 网络中支持多种服务的机制，它的目标是在 IP 网络中同时支持实时服务和传统的尽力而为服务。它是一种基于为每个信息流预留资源的模型，业务通过信令向网络申请特定的 QoS 服务，网络在流量参数描述的范围内预留资源以承诺满足该请求。保证服务模型要求源主机和目的主机通过资源预留协议（Resource Reservation Protocol，RSVP）传输信令消息。在源主机和目的主机之间传输路径上的每一个节点处建立分组分类和转发状态，需要为每一个流维持一个转发状态，因此扩展性很差，而且 Internet 中有很多流量，为每个流维护状态对设备消耗巨大，因此保证服务模型一直没有真正投入使用。

近年来，有组织对 RSVP 进行了修改，使其支持资源预留合并，并可以和区分服务模型配合使用，特别是 MPLS 技术的发展，使 RSVP 有了新的发展。

（3）区分服务模型

区分服务（Differentiated Service，DiffServ）模型使用流量分类来描述各种服务，在区分服务域的网络边缘入口设备中进行流量的分类和标记，网络内部的设备只需要根据数据包的标记执行相应的每一跳行为（Per-hop Behavior，PHB）即可，无须进行复杂的流分类。当网络出现拥塞时，区分服务模型根据业务的不同服务等级约定（Service Level Agreement, SLA）有差别地进行流量控制和转发，从而解决拥塞问题。

PHB 用来描述对流量的动作，如尽快转发、重新标记、丢弃等。

分类标记是数据包的一部分，能够随着数据在网络中传递，所以网络设备不需要为不同的流保留状态信息。数据包能获得什么样的服务跟它的标记密切相关。

一个区分服务域的入口和出口设备通过链路与其他区分服务域或非区分服务域相连。因为不同的管理域会执行不同的 QoS 策略，所以不同的管理域之间要协商服务等级，约定并制定流量调整约定（Traffic Conditioning Agreement，TCA），在入口和出口设备上保证流入和流出的流量符合 TCA 的规定。

2. QoS 技术

（1）流分类

采用一定的规则识别符合某类特征的报文，是对网络业务进行区分服务的前提和基础。

拥塞管理就是当拥塞发生时如何制定资源的调度策略，以决定报文转发的处理次序，通常作用在接口输出方向。

优先级用于标识报文传输的优先程度，可以分为报文携带优先级和设备调度优先级。报文携带优先级包括 IEEE 802.1p 优先级、DSCP 优先级、IP 优先级、EXP 优先级等。这些优先级都根据公认的标准和协议生成，体现了报文自身的优先级；设备调度优先级是指报文在设备内转发时所使用的优先级，只对当前设备自身有效，它又包括本地优先级（LP）、丢弃优先级（DP）和用户优先级（UP）。

（2）流量监管

流量监管（Traffic Policing）可以作用在接口入方向和出方向，主要功能是将进入网络中业务流量的规格限制在一个合理的范围之内，或对超出的部分流量进行"惩罚"，以保护网络资源和运营商的利益。通常使用承诺访问速率（Committed Access Rate，CAR）来限制某类报文的流量，例如，可以限制 HTTP 报文不能占用超过 50%的网络带宽，如果发现某个连接的流量超标，流量监管可以选择丢弃报文，或重新设置报文的优先级。

（3）流量整形

流量整形（Traffic Shaping）是一种主动调整流的输出速率的流量控制措施，用来使流量适配下游设备可用的网络资源，避免不必要的报文丢弃和延迟，通常作用在接口输出方向。

与流量监管的作用一样，流量整形主要是对流量监管中需要丢弃的报文进行缓存，通常是放入缓存区或队列中。流量整形的典型作用是限制流出某一网络中某一连接的流量与突发，使这类报文以比较均匀的速度向外发送。流量整形通常使用缓冲区和令牌桶来完成，当报文的发送速度过快时，首先在缓冲区进行缓存，在令牌桶的控制下再均匀地发送这些被缓冲的报文。通过流量整形可以对不规则或不符合预定流量特性的流量进行整形，以利于网络上下游之间的带宽匹配，减少了报文的丢弃，同时满足报文的流量特性。

（4）拥塞管理

拥塞管理是指网络在发生拥塞时如何进行管理和控制，通常作用在接口输出方向。处理的方法是使用队列技术，不同的队列算法用来解决不同的问题，并产生不同的效果。常用的队列有先进先出（First In First Out，FIFO）、优先级队列（Priority Queuing，PQ）、加权公平队列（Weighted Fair Queuing，WFQ）、定制队列（Custom Queuing，CQ）等。

FIFO 的特点是算法简单，转发的速度快，所有报文统一对待，先进先出，没有任何区别。FIFO 是 Internet 的默认服务模式——Best-Effort 采用的队列策略。

PQ 可以保障高优先级队列的服务质量。PQ 分为 *N* 个队列（如 top、middle、normal、bottom），较高的优先级的队列优先调度。

对于 CQ，用户可配置队列占用的带宽比例关系。CQ 共分为 17 个队列，0 号队列为系统队列，优先调度；1~16 为用户队列，轮询调度。各队列在统计规律上满足用户配置的带宽比例。

WFQ 可以保证相同优先级业务间的公平，不同优先级业务间的加权。其特点如下。

① 最大队列数目可配置（16 ~ 4096）。

② 采用 HASH（哈希）算法，尽量将不同的数据流分入不同的队列，自动完成。

③ 权值依赖于 IP 报头中携带的 IP 优先级。

拥塞管理的处理过程包括队列的创建、报文的分类、将报文送入不同的队列、队列调度等。在一个接口没有发生拥塞的时候，报文在到达接口后会立即被发送出去；当报文到达的速度超过接口发送报文的速度时，接口就发生了拥塞，拥塞管理就会将这些报文进行分类，送入不同的队列；而队列调度会对不同优先级的报文进行分别处理，优先级高的报文会得到优先处理。当拥塞发生时，传统的丢包策略采用尾丢弃（Tail-Drop）的方法，即当队列的长度达到某一最大值后，所有新来的报文都被丢弃。如果配置了 WFQ，则可以采用 WFQ 的丢弃方式。

（5）拥塞避免

过度的拥塞会对网络资源造成极大危害，必须采取某种措施加以解除。拥塞避免（Congestion Avoidance）是指通过监视网络资源（如队列或者内存缓冲区）的使用情况，当拥塞有加剧的趋势时主动丢弃报文，通过调整网络的流量来解除网络过载的一种流控机制，通常作用在接口输出方向。

拥塞避免的方法有随机早期检测（Random Early Detection，RED）和加权随机早期检测（Weighted Random Early Detection，WRED）两种。

RED 就是在队列拥塞之前进行报文丢弃的拥塞避免机制。RED 会主动丢弃可能造成拥塞的报文，使 TCP 会话所占用的输出带宽缓慢降低，还能降低平均队列长度。

RED 共有 3 种丢弃模式，即绿色报文不丢弃、黄色报文概率丢弃、红色报文全部丢弃。3 种模式以队列丢弃的上下两个阈值（low-limit 和 high-limit）所决定。

- 绿色报文：当平均队列长度小于 low-limit 时，报文被标记为绿色，不进行丢弃。
- 黄色报文：当平均队列长度介于 low-limit 和 high-limit 之间时，报文被标记为黄色，进行概率丢弃，且队列的长度越长，丢弃的概率越高。
- 红色报文：当平均队列长度大于 high-limit 时，报文被标记为红色，全部丢弃。

WRED 与 RED 的区别是引入优先权，不同的优先权可以有不同的丢弃策略，每一个丢弃策略都包含 RED 的 3 个参数：下限阈值、上限阈值和最大丢弃概率。WRED 优先权可以根据 DSCP 和 IP 优先级进行划分，对低优先级报文的丢弃概率大于高优先级的报文。

（6）PTN 的 QoS 策略

PTN 设备支持接入 Ethernet 报文、IP 报文以及 MPLS 报文。在端口的入方向将这些报文的优先级映射到标准 PHB 的转发服务类型上，在端口的出方向将标准 PHB 的转发服务类型再映射到这些报文的优先级上。

4.3 OAM 技术

1. OAM 定义

根据运营商运营网络的实际情况，通常将网络的管理工作分为操作（Operating）、管理（Administration）与维护（Maintenance）三大类。操作主要完成日常网络和业务的分析、预测、规划和配置工作。管理就是完成网络的性能、故障、安全、配置等的管理控制工作。维护主要是进行网络及业务的测试和故障管理。因此，OAM 是指为保障网络与业务正常、安全、有效运行而采取的生产组织管理活动，简称运行管理维护或运维管理。OAM 在公众网中十分重要，它可以简化网络操作，检验网络性能和降低网络运行成本。PTN 要实现具有 QoS 保障的多业务承载，必须具备 OAM 能力。

PTN 设备提供了 MPLS OAM 机制。MPLS OAM 是 MPLS 层提供的一个完全不依赖于任何上层或下层的缺陷检测机制，目的是在 MPLS 的用户平面上检测 LSP 的联通性，衡量网络的利用率以及度量网络的性能，同时在链路出现缺陷或故障时触发保护倒换，以便能根据与客户签订的 SLA 协议提供业务。

ITU-T（国际电信联盟电信标准分局）对 MPLS OAM 进行了如下定义。

- 监控性能并产生维护信息，根据这些信息评估网络的稳定性。
- 通过定期查询的方式检测网络故障，产生各种维护和告警信息。
- 通过调度或者切换到其他实体，旁路失效实体，保证网络的正常运行。
- 将故障信息传递给管理实体。

PTN 设备有了 MPLS OAM 机制，可以有效地检测、确认并定位 MPLS 层网络内部的缺陷，报告缺陷，并做出相应的处理。同时在出现故障时，能提供保护倒换的触发机制。

2. OAM 对象

OAM 对象如图 4-4 所示，具体说明如下。

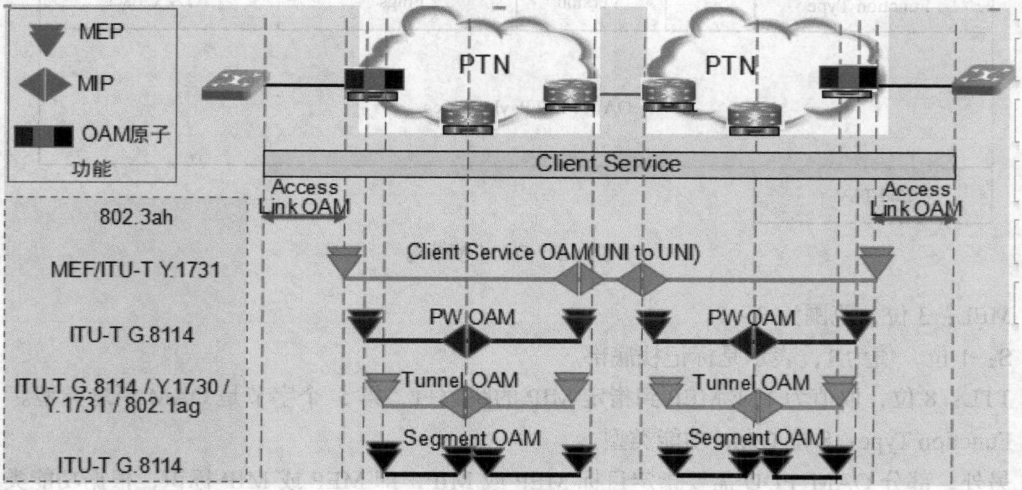

图 4-4　OAM 对象

（1）维护实体（Maintenance Entity，ME）：一个需要管理的实体，表示两个 MEP 之间的联系。在 T-MPLS 中，基本的 ME 是 T-MPLS 路径，ME 之间可以嵌套，但不允许两个以上的 ME 之间存在交叠。

（2）维护实体组（ME Group，MEG）：属于同一个管理域，属于同一个 MEG 层次，属于相同的点到点或点到多点的 T-MPLS 连接。

（3）维护实体组端点（MEG End Point，MEP）：用于标识一个 MEG 的开始和结束，能够生成和终结 OAM 分组。

（4）维护实体组中间点（MEG Intermediate Point，MIP）：MEG 的中间节点，不能生成 OAM 分组，但能够对某些 OAM 分组选择特定的动作，对途经的 T-MPLS 帧可透明传输。

（5）维护实体组等级（MEG Level，MEL）：多 MEG 嵌套时，用于区分各 MEG OAM 分组，通过在源方向增加 MEL 和在宿方向减少 MEL 的方式处理隧道中的 OAM 分组。

3. OAM 帧

PTN 的 OAM 信息包含特定的 OAM 帧，并以帧的形式进行传输。OAM 帧由 OAM PDU 和外层的转发标记栈条目组成，如图 4-5 所示。转发标记栈条目内容同其他数据分组一样，用来保证 OAM 分组在 T-MPLS 路径上的正确转发。

图 4-5 中，第三行的 4 个字节是 OAM 转发标记栈条目，各字段定义如下。

Label（14）：20 位标记值，值为 14，表示 OAM 标记。

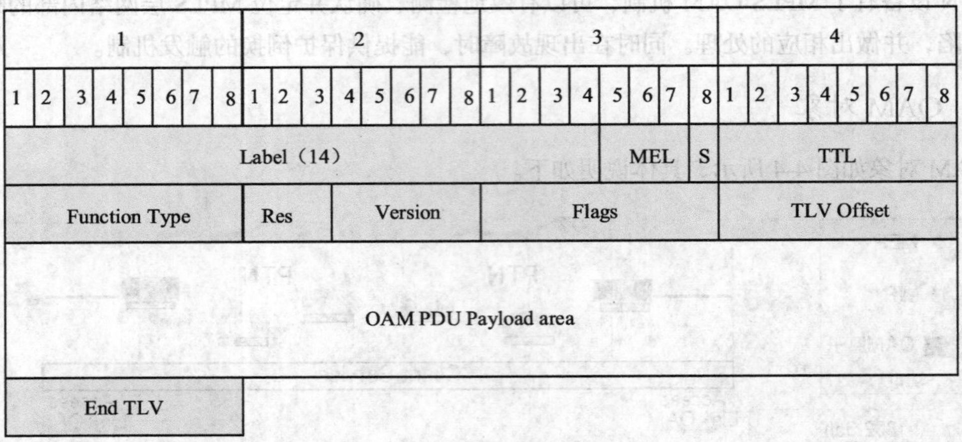

图 4-5　OAM 帧结构

MEL：3 位，范围为 0～7。

S：1 位，值为 1，表示是标记栈底部。

TTL：8 位，取值为 1 或 MEP 到指定 MIP 的跳数+1，第 5 个字节是 OAM 消息类型。

Function Type：8 位 OAM 功能类型。

另外，部分 OAM PDU 需要指定目标 MEP 或 MIP，即 MEP 或 MIP 标识，根据功能类型的不同，可以是 3 种格式之一：48 位 MAC 地址；13 位 MEG ID 和 13 位 MEP/MIP ID；128 位 IPv6 地址。对应 3 种不同应用，OAM 帧的发送周期不同，故障管理默认周期为 1s（1 帧/s），性能监控默认周期为 100ms（10 帧/s），保护倒换默认周期为 3.33ms（300 帧/s）。

4. PTN 的 OAM 功能

PTN 支持层次化 OAM 功能，提供了最多 8（0～7）层，并且每层支持独立的 OAM 功能来应对不同的网络部署策略。PTN 设备在网络层支持 3 层 OAM 结构，包括 PW OAM、LSP OAM 和段层 OAM，同时支持业务 OAM 和链路 OAM。各层的 OAM 操作方式可分为主动周期性报告链路状态、性能和差错，以及按需人工操作报告链路状态、性能和差错。通过分层构架，可以实现类似 SDH 网络中复用段、再生段和通道段的故障隔离。

如表 4-1 所示，PTN 的 OAM 功能主要有如下所述的 3 种。

表 4-1　　PTN 的 OAM 功能

	OAM	T-MPLS
故障管理	CC	√ CV
	FDI/AIS	√ FDI/AIS
	RDI	√ RDI
	LoopBack（LB）	√
	Test（TST）	√
	LCK	√
	CSF	√
性能管理	Dual-ended LM、Single-ended LM	√
	One-way DM、Two-way DM	√
其他 OAM	APS、MCC、EX、VS	√
	SCC、SSM	√

（1）告警相关的 OAM 功能

① 连续性和联通性检测（Continuity and Connectivity Check，CC）：工作在主动模式，源端 MEG 的端点（MEP）周期性发送该 OAM 报文，宿端 MEP 检测两维护端点之间的连续性丢失（LOC）故障，以及误合并、误连接等联通性故障。该功能可用于故障管理、性能监控、保护倒换，用于检测相同 MEG 域内任意一对 MEP 间信号的连续性，即检测连接是否正常。

② 告警指示信号（Alarm Indication Signal，AIS）：用于服务层检测到路径失效信号后，在服务层 MEP 向客户层插入该 OAM 报文，并转发至客户层 MEP，实现对客户层的告警抑制，避免出现冗余告警。

③ 远端失效指示（Remote Defect Indication，RDI）：用于将 MEP 检测到故障这一信息通知对端 MEP。

④ 环回（Loopback，LB）：工作在按需模式，MEP 是环回请求分组的发起点，执行点可以是 MEP 或者 MIP Lock 维护信号，用于通知一个 MEP 相应的服务层或子层 MEP 出于管理上的需要已经将正常业务中断，从而使得该 MEP 可以判断业务中断是预知的还是由于故障引起的。

（2）性能相关的 OAM 功能

① 帧丢失测量（Frame Loss Measurement，LM）：用于测量一个 MEP 到另一个 MEP 的单向或双向帧丢失数，采用 CV 帧来测试 SD（信号劣化）。

② 分组时延和分组时延变化测量（Packet Delay and Packet Delay Variation Measurements，DM）：用于测量从一个 MEP 到另一个 MEP 的分组传输时延和时延变化，或者测量将分组从 MEP A 传输到 MEP B，然后 MEP B 再将该分组传回 MEP A 过程中的总分组传输时延和时延变化。

（3）其他 OAM 功能

① 自动保护倒换（Automatic Protection Switching，APS）：由 G.8131/G.8132 定义，发送

APS 帧。

② 管理通信信道（Management Communication Channel，MCC）：由 G.T-MPLS-mgmt 定义，发送 MCC 帧。

③ 用户信号失效（Client Signal Fail，CSF）：用于从 T-MPLS 路径的源端传递客户层的失效信号到 T-MPLS 路径的宿端。

PTN 设备还提供了连接故障管理（Connectivity Fault Management, CFM）功能，可以有效地对虚拟局域网进行检查、隔离和连接性故障报告，主要针对运营商网络，但是对用户网络同样有效。CFM 的功能主要有路径发现、故障检测、故障确认和隔离、故障通告及故障恢复。

PTN 设备通过提供丰富的 OAM 功能，能够在故障发生前及时给出风险提示，在故障发生时通过 CFM 功能以及检测功能能够迅速找到故障点。同时，PTN 设备将 OAM 功能和 APS 功能模块有机结合，能够在故障发生后自动切换到保护路径，保证业务的正常运行。APS 功能用于控制保护转换的操作，可以使故障快速收敛，以提供可靠性。APS 协议通过传递 APS 报文保证被保护设备之间的协调工作，出现故障时快速同步切换到备用路径，不至于影响业务。故障恢复后根据策略决定是否恢复到工作路径。

PTN 设备的 OAM 引擎通过硬件实现，高速可靠，可避免软件实现过程中因处理 OAM 业务条数的数量增加而导致性能下降。该设备可实现最快 3.3ms 的 OAM 协议报文插入，3 个协议报文周期完成故障检测，10ms 内完成连续性检测，保证 50ms 内完成倒换全过程。

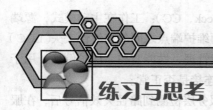

练习与思考

1．简述 PWE3 技术原理和工作流程。

2．QoS 技术应用的目标是什么？主要技术环节有哪些？

3．PTN 的 OAM 功能有哪些？

第5章 PTN保护技术

【学习目标】

- 了解 PTN 保护实现方式。
- 掌握 PTN 保护的原理。
- 掌握 PTN 保护配置方法。

由于 PTN 设备承载移动核心业务——基站业务和大客户接入业务，所以 PTN 设备及组网的可靠性尤为重要。PTN 保护分为设备级保护和网络级保护：PTN 设备级保护包括主控和通信处理单元、交叉和时钟处理单元的 1+1 保护，TPS 保护，电源的 1+1 保护以及风扇的保护；PTN 网络级保护分为 PTN 网络内保护和 PTN 与其他网络的接入链路保护。PTN 网络内的保护方式主要是 1+1/1：1 线性保护与环网保护，PTN 与其他网络的接入链路保护则按照接入链路类型的不同分为 TDM/ATM 接入链路的保护和以太网 GE/10GE 接入链路的保护。对于 TDM/ATM 接入链路，采用 1+1/1：1 线性保护；对于以太网 GE/10GE 接入链路，则采用 LAG（人工、静态、动态）保护。

5.1 APS 技术

1. APS 的定义

APS 协议是用于两个实体之间倒换信息协同决策的协议，它能使得使用该协议的两个实体通过 APS PDU 协同切换信息，从而调整各自的 selector 位置，实现工作隧道到保护隧道的切换。

APS 协议用于在双向保护倒换时协调源宿双方的动作，使得源宿双方通过配合共同完成保护锁定、手工倒换、倒换延时、等待恢复等功能。

2. APS 模式

APS 主要有反转模式和非反转模式两种保护模式。

反转模式：一旦工作隧道恢复正常，数据流要恢复到工作隧道上转发。

非反转模式：当工作隧道恢复正常后，数据流不需要切换到工作隧道上转发，依然在保护隧道上转发。

3. APS 工作方式

APS 有 1+1 方式和 1∶1 方式两种工作方式。

1+1 方式：发送端同时向工作隧道和保护隧道转发流量，接收端根据隧道状态选择从哪个隧道上接收流量，适合单向隧道，不需要运行 APS 协议。但是，如果是双向的隧道，此种模式下需要运行 APS 协议，以保证两个端点的状态保持一致。

1∶1 方式：发送端在保护隧道或者工作隧道上发送数据，接收端根据 APS 协议从其中一个隧道上接收数据，适合双向隧道，需要运行 APS 协议来保证两个端点选择同样的隧道发送和接收数据。在 1∶1 的基础上可以扩展到 1∶*N* 的隧道保护，即一个保护隧道，*N* 条工作隧道，可以增加链路的利用率。

APS 协议固定在隧道通道上发送，这样双方设备就能知道接收到 APS 报文的通道是对方的隧道通道，可通过此来检测彼此的通道配置是否一致。当接收不到 APS 报文时，应该固定地从工作通道收发业务。

APS 的单向保护倒换示意图如图 5-1 所示。当一个方向的隧道出现故障后，只倒换受影响的方向，另一个方向的隧道保持不变，继续从原隧道接收业务。

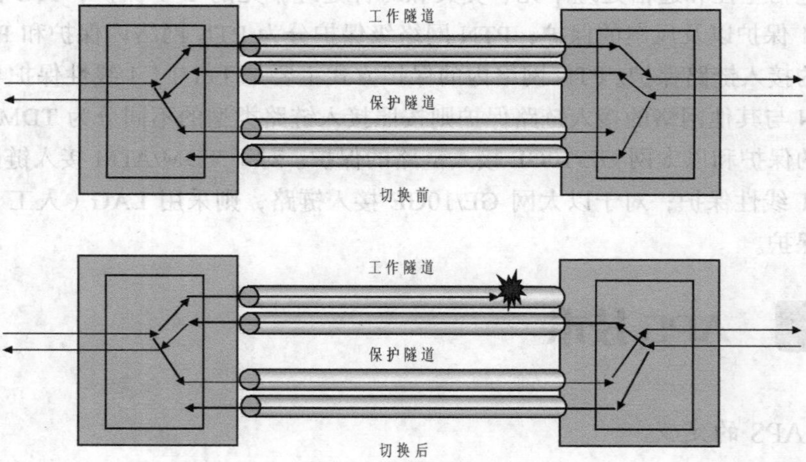

图 5-1 APS 的单向保护倒换示意图

APS 的双向保护倒换示意图如图 5-2 所示。当一个方向的隧道出现故障后，两个方向的隧道都需要倒换，业务流量要么都走工作隧道，要么都走保护隧道，能保证两个方向的业务流量都走同样的路径，便于维护。

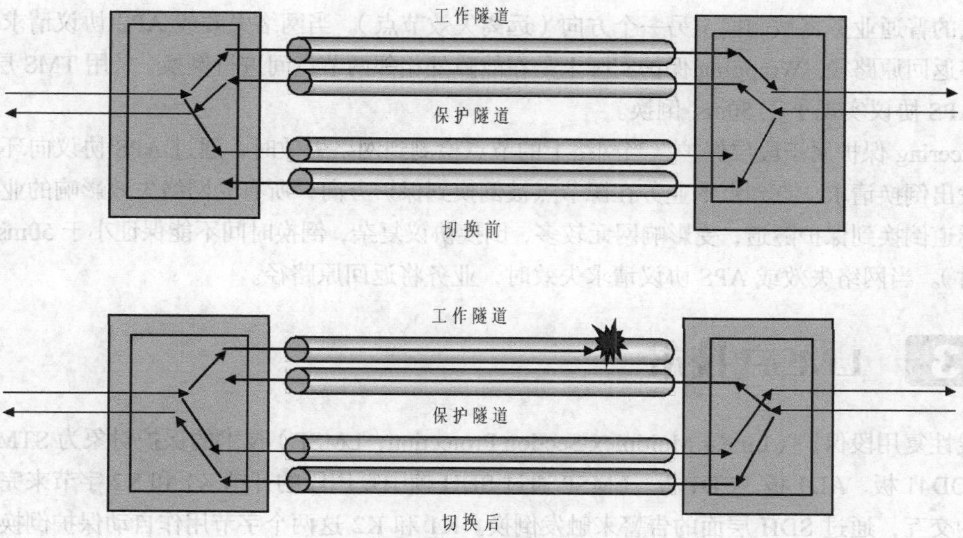

图 5-2　APS 的双向保护倒换示意图

5.2 环网保护倒换

PTN 除了线性 1+1 和 1∶1 路径保护倒换外，还有环网保护倒换，分为环回（Wrapping）和转向（Steering）两种，如图 5-3 所示。

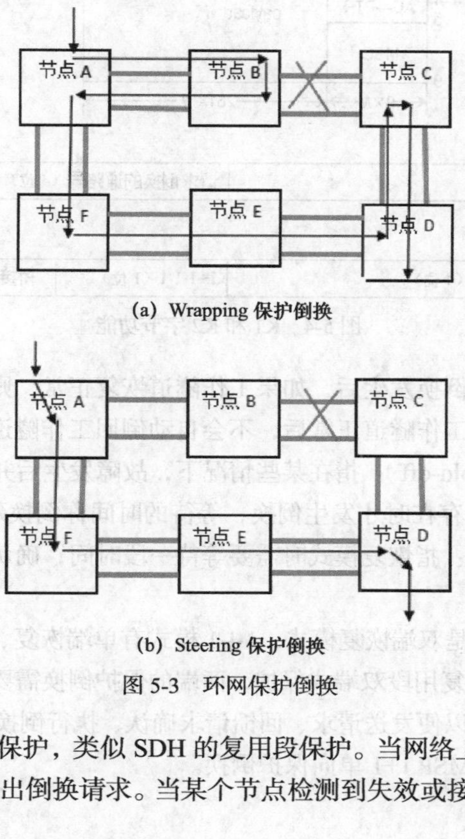

(a) Wrapping 保护倒换

(b) Steering 保护倒换

图 5-3　环网保护倒换

Wrapping 保护属于段层保护，类似 SDH 的复用段保护。当网络上的节点检测到网络失效时，通过 APS 协议向相邻节点发出倒换请求。当某个节点检测到失效或接收到倒换请求时，转发至失效节点的普通业务将被倒换至另一个方向（远离失效节点）。当网络失效或 APS 协议请求小时，业务将返回原路径。Wrapping 保护实际上是在故障处相邻两节点间进行倒换，采用 TMS 层 OAM 中的 APS 协议实现小于 50ms 倒换。

Steering 保护属于段层保护，当网络上的节点检测到网络失效时，通过 APS 协议向环上所有节点发出倒换请求，点到点的业务在源节点被倒换到保护方向，所有受网络失效影响的业务都从工作隧道倒换到保护隧道，受影响网元较多，倒换协议复杂，倒换时间不能保证小于 50ms（节点数多时）。当网络失效或 APS 协议请求失效时，业务将返回原路径。

5.3 LMSP 技术

线性复用段保护（Linear Multiplex Section Protection，LMSP）技术的保护对象为 STM-1/4 接口、POD41 板、AD1 板、CD1 板。LMSP 通过 SDH 帧中复用段的开销 K1 和 K2 字节来完成倒换协议的交互，通过 SDH 层面的告警来触发倒换。K1 和 K2 这两个字节用作自动保护倒换信令，K1 字节的前 4 位表示倒换请求，后 4 位表示请求通道号；K2 字节的前 4 位表示当前桥接倒换通道号，第 5 个位表示类型码，第 6～8 个位表示桥接倒换状态码，如图 5-4 所示。

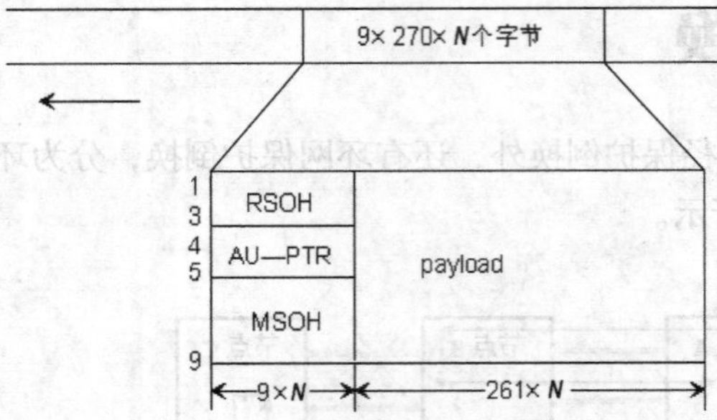

K1字节

倒换请求（4 位）	请求倒换的通路号（4 位）

K2字节

桥接倒换通路号（4 位）	1+1/1:1（1 位）	桥接倒换状态（3 位）

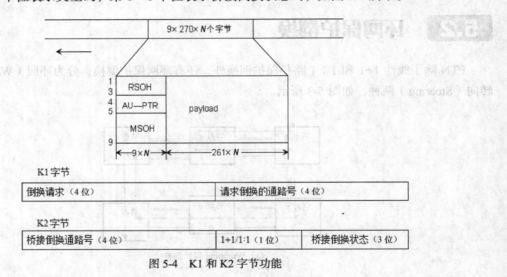

图 5-4　K1 和 K2 字节功能

LMSP 的恢复模式：指倒换发生后，如果工作隧道恢复正常，则会自动倒回工作隧道。

LMSP 非恢复模式：指工作隧道正常后，不会自动倒回工作隧道。

LMSP 的倒换延迟（Hold-off）：指在某些情况下，故障发生后并不希望立刻倒换，而是需要等待一段时间，确认故障还存在时才发生倒换，等待的时间称倒换延迟时间。

LMSP 的恢复等待时间：指恢复模式时需要等待一段时间，确认工作隧道的确正常后才切换回主通道。

对于 PTN 设备，1∶N 是双端恢复模式；1+1 模式有单端恢复、单端不恢复、双端恢复、双端不恢复 4 种。如果是线性复用段双端式保护，两端的保护倒换需要用协议来进行协调，利用的是段开销的 K1、K2 字节，以便发送请求、回馈请求确认、执行倒换动作。协议 K 字节在保护隧道传输。图 5-5 所示的是 LMSP 1+1 单向保护倒换。

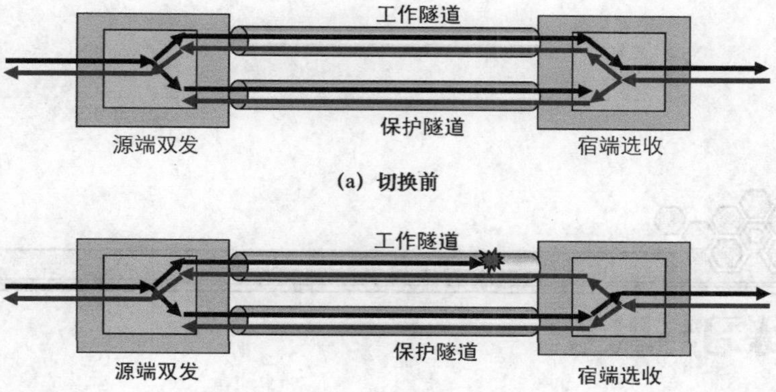

(a) 切换前

(b) 切换后

图 5-5　LMSP 1+1 单向保护倒换

5.4 LAG 保护

LAG（Link Aggregation，链路聚合）是指将多个以太口聚合起来组成一个逻辑上的端口，通过链路聚合控制协议（Link Aggregation Control Protocol，LACP）实现动态控制物理端口是否加入聚合组。

如图 5-6 所示，LAG 保护应用在负载分担时，业务均匀分布在 LAG 组内的所有成员上进行传输，每个 LAG 组最多支持 16 个成员。但是这种模式无法对 QoS 提供很好的保证，因此在 PTN 产品中，该模式只能应用在用户侧，不能应用在网络侧。

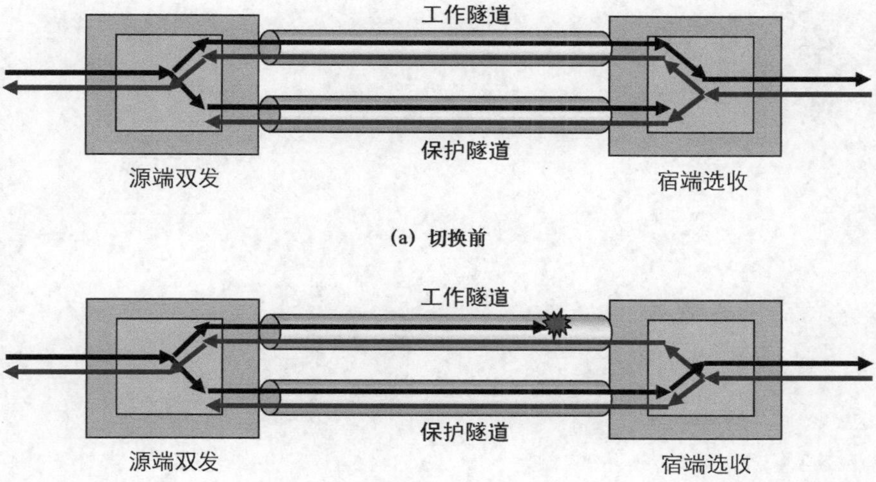

(a) 切换前

(b) 切换后

图 5-6　LAG 保护

LAG 保护应用在非负载分担时，正常情况下，业务只在工作隧道上传输，保护隧道上不传业务，每个 LAG 组只能配两个成员，形成 1∶1 保护方式。该模式可以应用在用户侧和网络侧，可以保证用户的 QoS 特性需求。

练习与思考

1. PTN 的网络内部保护技术有哪些？
2. 画图分析 PTN 环网保护技术下的业务流向。
3. LAG 保护主要应用在哪里？简述其技术原理。

第6章 PTN设备安装与调测

【学习目标】

- 熟悉典型 PTN 设备的类型及应用。
- 掌握 PTN 设备的安装规范及技术要点。
- 掌握 PTN 设备的调测流程及方法。

6.1 典型 PTN 设备

当前全球各大设备制造商均针对运营商移动回传网络的建设推出了 PTN 设备产品及解决方案。中国移动是国内首家应用 PTN 的运营商，表 6-1 为各主流设备提供商参加中国移动 PTN 设备集采选型的产品型号。

表 6-1 各主流设备提供商的 PTN 设备产品型号

厂家	组网方案	中心节点	汇聚节点	接入节点
华为	PTN（MPLS-TP）	PTN 3900	PTN 3900	PTN 1900
中兴	PTN（MPLS-TP）	PTN 6300	PTN 6300	PTN 6100
烽火通信	PTN（MPLS-TP）	CiTRANS660	CiTRANS660	CiTRANS62
烽火网络	PTN（PBT）	M8416E	M8416E	M8228E
阿尔卡特朗讯	PTN（MPLS-TP）	TSS320	TSS320	TSS5
爱立信	PTN（MPLS-TP）	OMS2450	OMS2430	OMS1410

6.1.1 华为 PTN 设备

华为推荐基于 T-MPLS/MPLS-TP 的 PTN 设备来实现 IP 化传输方案，产品系列包括 OptiX PTN 3900/1900/950/910 等。

1. 华为 PTN 设备在网络中的地位与应用

OptiX PTN 3900/1900 是华为公司面向分组传输的新一代城域 PTN 设备。OptiX PTN 3900 主要定位于城域 PTN 中的汇聚层和核心层，负责分组业务在网络中的传输，并将业务汇聚至 IP/MPLS 骨干网。OptiX PTN 1900 主要定位于城域 PTN 中的接入层，负责将用户侧的以太网、ATM、电路仿真业务接入以分组为核心的传输网中。华为各系列 PTN 设备在网络中的地位与应用如图 6-1 所示。

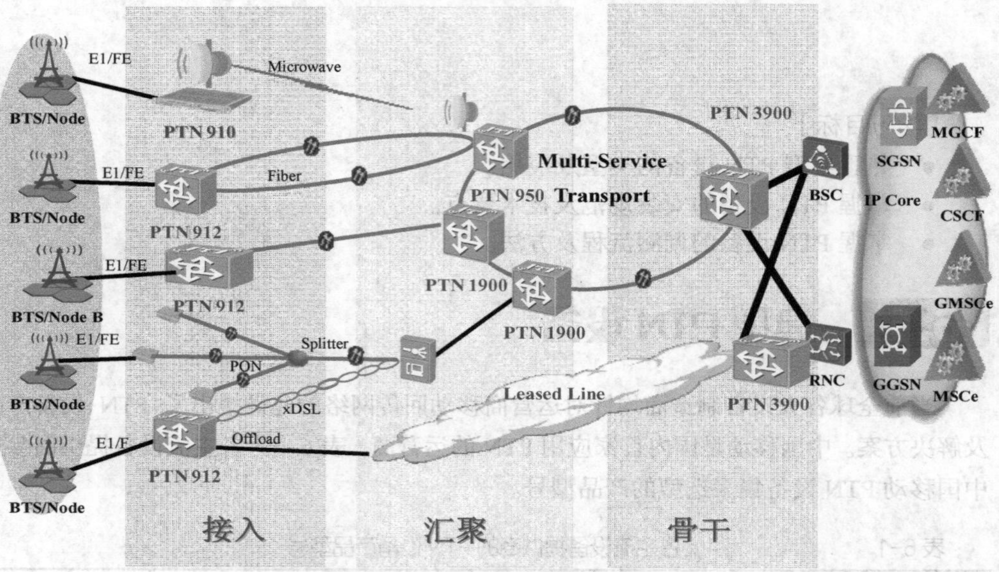

图 6-1　华为各系列 PTN 设备在网络中的地位与应用

2. 华为 PTN 设备硬件系统架构

OptiX PTN 设备硬件系统架构如图 6-2 所示。OptiX PTN 设备的系统功能模块包括业务处理模块、管理和控制模块、散热模块以及电源模块。

业务处理模块包括客户接口、网络接口、时钟单元及交换平面。通过客户接口，设备能够在设备侧接入 CES E1、ATM 反向复用（Inverse Multiplexing on ATM，IMA）E1、ATM STM-1、FE/GE 等多种信号；通过网络接口，设备能够在网络侧接入基于 SDH 的分组业务（Packet over SDH，POS）、吉比特以太网（Gigabit Ethernet，GE）、ML_PPP E1 等多种信号。设备侧和网络侧接入的信号，由交换平面进行处理。

时钟单元为系统各单板提供系统时钟，为外时钟接口提供时钟信号，支持处理和传递 SSM（同步信息状态字）。

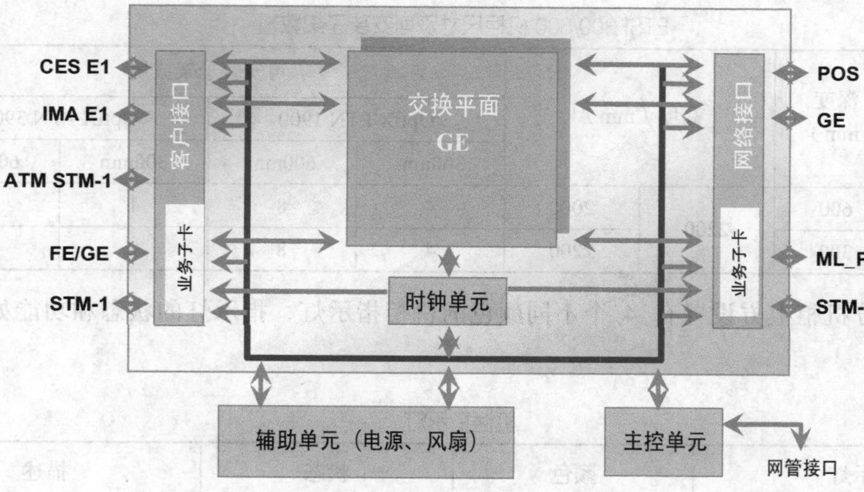

图 6-2　OptiX PTN 设备硬件系统架构

管理和控制模块通过多套总线对系统进行管理和控制。管理和控制模块通过总线实现板间通信的管理、单板制造信息的管理、开销管理及主控和单板之间的通信管理，支持带内 DCN 管理、不中断转发（None Stop Forwarding，NSF）等功能，提供完备的辅助管理接口，包括网管接口、告警输入/输出接口、告警级联接口、F&f 等。

3. 华为 PTN 设备的子架结构

OptiX PTN 3900 和 1900 设备外形如图 6-3 所示。

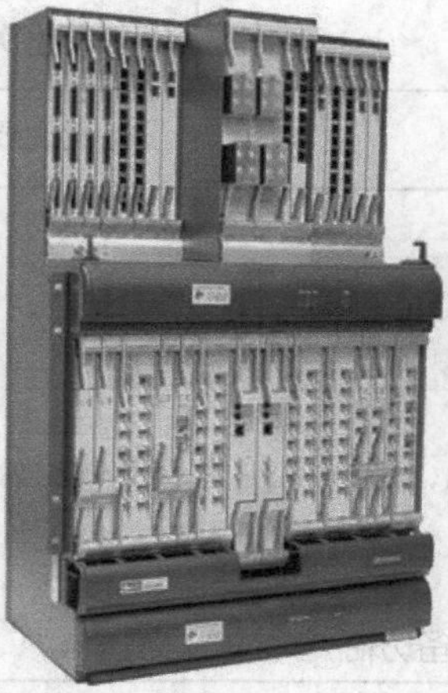

（a）OptiX PTN 3900 设备外形

（b）OptiX PTN 1900 设备外形

图 6-3　OptiX PTN 设备外形

华为 PTN 设备安装采用的机柜一般为 ETSI 300/600 机柜，该机柜尺寸及在一个机柜中可以安装的子架数量如表 6-2 所示。

表 6-2　　　　ETSI 300/600 机柜尺寸及可安装子架数量

宽度（mm）	深度（mm）	高度（mm）		可安装子架数量			
				OptiX PTN 1900		OptiX PTN 3900	
				300mm	600mm	300mm	600mm
600	600	2200	2000	4	8	1	2
	300		2200	4	8	2	4

通常部分机柜上方设置有 4 个不同颜色的机柜指示灯，指示灯的状态和功能如表 6-3 所示。

表 6-3　　　　机柜指示灯

指示灯	颜色	状态	描述
电源正常指示灯 （Power）		亮	设备电源接通
		灭	设备电源没有接通
紧急告警指示灯 （Critical）		亮	设备发生紧急告警
		灭	设备无紧急告警
主要告警指示灯（Major）		亮	设备发生主要告警
		灭	设备无主要告警
一般告警指示灯（Minor）		亮	设备发生次要告警
		灭	设备无次要告警

注意

当告警指示灯亮时，表明机柜内一个或多个子架产生告警。

华为 OptiX PTN 3900 及 1900 设备采用直流电源输入，输入电压为-48V±20%或-60V±20%，设备功耗如表 6-4 所示。

表 6-4　　　　OptiX PTN 1900、3900 设备功耗

设备	OptiX PTN 1900	OptiX PTN 3900
单子架最大功耗 （W）	560	2110
机柜保险容量 （A）	30	50
熔断保险容量 （A）	32	63

OptiX PTN 3900 的子架结构如图 6-4 所示，按照放置的单板功能不同，划分为主控板区、接口板区、电源板区、风扇区、交换网板区和业务处理板区。

OptiX PTN 3900 的单板槽位之间的对应关系如图 6-5 所示，其有 16 个业务处理槽位，每个槽位最大处理能力为 20Gbit/s；16 个接入槽位，每个处理槽位对应两个接口槽位；10 个 E1 业务处理槽位，其中两个用于 TPS 保护。因此 OptiX PTN 3900 的业务交换能力为 10Gbit/s × 16=160Gbit/s，如图 6-6 所示。

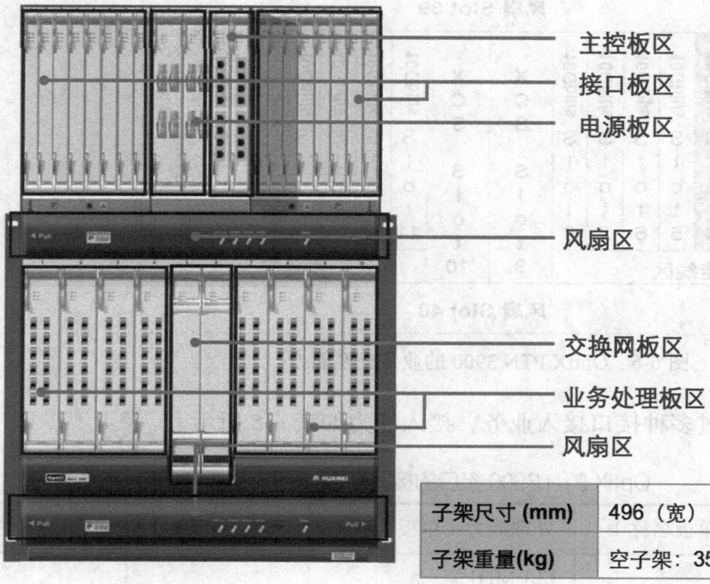

子架尺寸 (mm)	496（宽）×295（深）×800（高）
子架重量(kg)	空子架：35 / 满配置：60

图 6-4　OptiX PTN 3900 子架结构

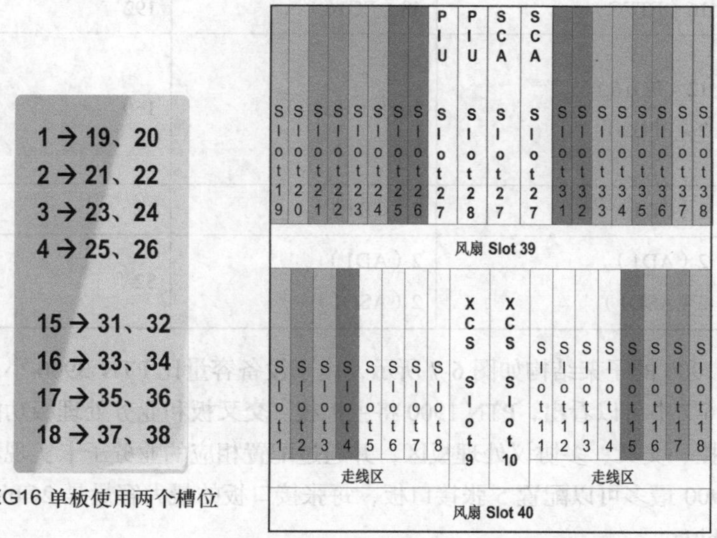

图 6-5　OptiX PTN 3900 单板槽位之间的对应关系

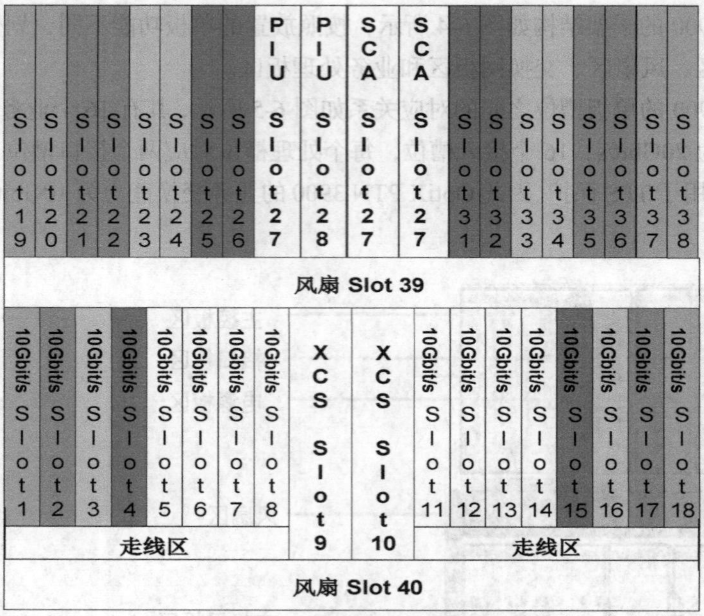

图 6-6　OptiX PTN 3900 的业务交换能力

OptiX PTN 3900 能够通过多种接口接入业务，接入能力如表 6-5 所示。

表 6-5　OptiX PTN 3900 接口的接入能力

接口类型	接入能力（单板名称）	处理能力（单板名称）	整机接口数量	信号接入方式
E1	32（D75/D12）	32（MD1） 63（MQ1）	504	接口板接入
STM-1/4/POS	2（POD41）	8（EG16）	32	接口板接入
FE	16（ETFC）	48（EG16）	192	接口板接入
GE	12（EG16） 2（EFG2）	16+8（EG16）	160	GE 信号既可由接口板（EG16）接入，又可由接口板（EFG2）接入
通道化 STM-1	2（CD1）	2（CD1）	32	业务处理板接入
ATM STM-1	2（AD1） 2（ASD1）	2（AD1） 2（ASD1）	32	业务处理板接入

OptiX PTN 1900 的子架结构如图 6-7 所示，由于设备容量比 PTN 3900 小，所以设备集成度有所提高。从图 6-7 中可以看出，PTN 1900 将主控板、交叉板和业务处理板功能集成在同一张电路板上，称为主控、交叉、多协议处理板区，并通过配置相应的业务子卡实现不同的业务接入处理功能。PTN 1900 最多可以配置 5 张接口板，每张接口板的最大容量是 2Gbit/s，所以最大业务交换能力为 10Gbit/s。

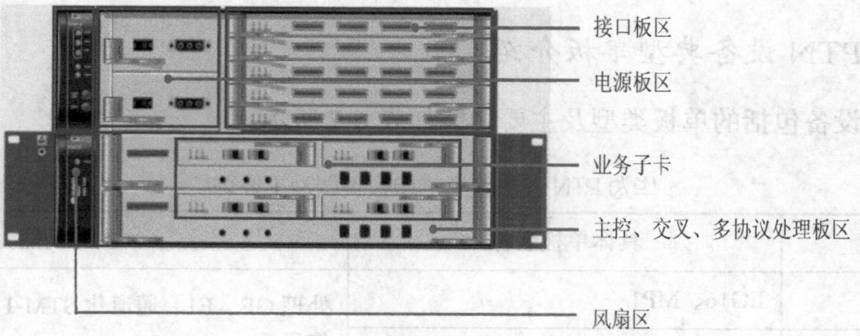

子架尺寸 (mm)	436（宽）×295（深）×220.6（高）
子架重量 (kg)	空子架：9 / 满配置：15

图 6-7　OptiX PTN 1900 子架结构

OptiX PTN 1900 槽位对应关系如图 6-8 所示。

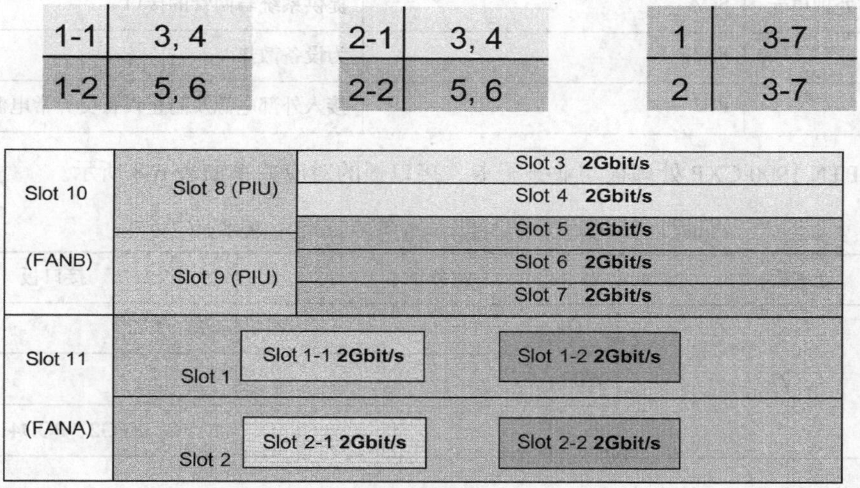

图 6-8　OptiX PTN 1900 槽位对应关系

OptiX PTN 1900 能够通过多种接口接入业务，接口的接入能力如表 6-6 所示。

表 6-6　　OptiX PTN 1900 各种接口的接入能力

接口类型	接入能力（单板名称）	处理能力（单板名称）	整机接口数量	信号接入方式
E1	16（L75/L12）	32（MD1）	64	接口板接入
STM-1/4 POS	2（POD41）	10（CXP）	10	接口板接入
FE	12（ETFC）	55（CXP）	55	接口板接入
GE	2（EFG2）	10（CXP）	10	接口板接入
通道化 STM-1	2（CD1）	2（CD1）	32	处理板接入
ATM STM-1	2（AD1） 2（ASD1）	2（AD1） 2（ASD1）	32	处理板接入

4. 华为 PTN 设备典型单板介绍

华为 PTN 设备包括的单板类型及主要功能如表 6-7 所示。

表 6-7　华为 PTN 设备包括的单板类型及主要功能

单板分类	具体单板名称	主要功能
处理板	EG16、MP1	处理 GE、E1、通道化 STM-1、ATM STM-1 等信号
业务子卡	MD1、MQ1、CD1、AD1、ASD1	
波分类单板	CMR2、CMR4	实现相对于粗波分信号的分插复用
接口板	ETFC、EFG2、POD41、D12、D75	接入 FE、GE、POS STM-1/STM-4 和 E1 信号
交叉与时钟处理单元	XCS	完成客户侧和系统侧各类业务之间的交换；向系统提供标准的系统时钟
主控和通信处理单元	SCA	提供系统与网管的接口
风扇板	FAN	为设备散热
电源板	PIU	接入外部电源及防止设备受异常电源的干扰

OptiX PTN 1900 CXP 处理板与业务子卡、接口板的对应关系如表 6-8 所示。

表 6-8　OptiX PTN 1900 CXP 处理板与业务子卡、接口板的对应关系

处理板	业务子卡	接口板
CXP	MD1	L75、L12
	AD1、CD1	—
	—	ETFC、EFG2、POD41

（1）以太网业务处理板 EG16

以太网业务处理板 EG16 命名规则如图 6-9 所示。

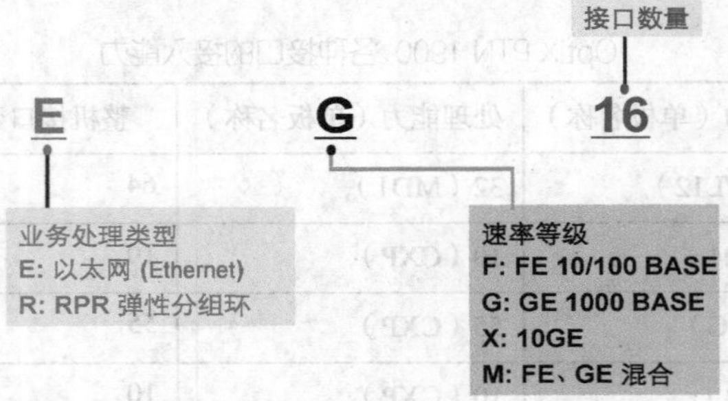

图 6-9　以太网业务处理板 EG16 命名规则

如表 6-9 所示，EG16 为双槽位单板，占用子架的 Slot 1 ~ Slot 7、Slot 11 ~ Slot 17 两个连续槽位。网管上的槽位号体现为两个槽位号中较小的槽位，例如插到 Slot 3、Slot 4 槽位时，网管上体现为 Slot 3。

表 6-9　　以太网业务处理板 EG16

名称	单板描述	支持槽位	
		PTN 1900	PTN 3900
EG16	16 路 GbE 以太网处理板	不支持	Slot1 ~ Slot 7, Slot 11 ~ Slot17

一块 EG16 最多支持 4 块接口板，Slot 1、Slot 2、Slot 3、Slot 15、Slot 16、Slot 17 对应 6 个接口板槽位，Slot 4、Slot 14 对应两个接口板槽位。

EG16 的功能特性如表 6-10 所示。

表 6-10　　EG16 的功能特性

功能特性	描　述
接入能力	接入 16 路 GE 信号和 48 路 FE 信号（带接口板）
QoS	支持层次化 QoS，支持流队列和端口队列等多级调度
处理能力	支持全双工 20Gbit/s
线速转发	支持双向 10Gbit/s 全线速收发数据包
APS 保护组	支持 1024 个保护组

EG16 的光接口指标如表 6-11 所示。

表 6-11　　EG16 的光接口指标

项　目	性　能			
光接口类型	1000 BASE-SX	1000 BASE-LX	1000 BASE-ZX（40km）	1000 BASE-ZX（70km）
工作波长（nm）	770 ~ 860	1270 ~ 1355	1270 ~ 1355	1480 ~ 1580
平均发送光功率（dBm）	−9.5 ~ 0	−9 ~ −3	−2 ~ 5	−4 ~ 2
最小灵敏度（dBm）	−17	−19	−23	−22
最小过载点（dBm）	0	−3	−3	−3

（2）多协议 E1/STM-1 处理板 OptiX PTN 1900 MP1

- 提供热插拔业务子卡接口，可接 MD1、MQ1、CD1、AD1、ASD1。
- 接入并处理 CES E1、IMA E1、ML-PPP E1、ATM STM-1、通道化 STM-1 信号。
- 最大接入带宽满足 1Gbit/s 流量的接入。
- QoS：支持端口 4 级优先级队列调度功能。

OptiX PTN 1900 MP1 处理板与业务子卡、接口板的对应关系如表 6-12 所示。

表 6-12　　OptiX PTN 1900 MP1 处理板与业务子卡、接口板的对应关系

处理板	业务子卡	接口板
MP1	MD1、MQ1	L75、L12、D75、D12
	AD1、ASD1、CD1	—

（3）业务子卡单板

华为 PTN 设备的单板命名都有一定的规则，业务子卡单板命名规则如图 6-10 所示，第一个字母代表单板能接入处理的业务类型；第二个字母表示单板上设置的接口数量；最后的数字表示接口的接入速率等级和接口类型。

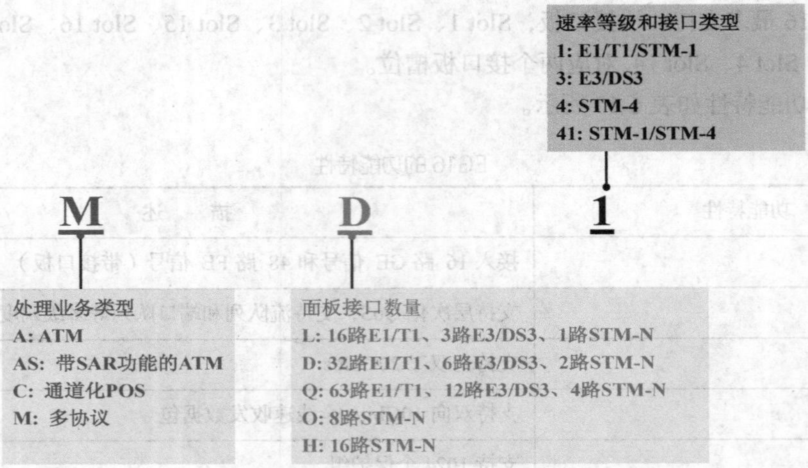

图 6-10　业务子卡单板命名规则

华为 PTN 设备业务子卡包括表 6-13 所示的单板。

表 6-13　　华为 PTN 设备业务子卡包括的单板（ATM/IMA、POS、CPOS、多协议类）

名称	单板描述	支持槽位	
		PTN 1900	PTN 3900
MD1	多协议（TDM/IMA/ATM/ML-PPP）32 路 E1/T1 业务子卡	1-1、1-2、2-1、2-2 配合 CXP	1 ~ 5、14 ~ 18 配合 MP1
MQ1	多协议（TDM/IMA/ATM/ML-PPP）63 路 E1/T1 业务子卡	不支持	1 ~ 5、14 ~ 18 配合 MP1
CD1	两路通道化 STM-1 业务子卡	1-1、1-2、2-1、2-2 配合 CXP	1 ~ 8、11 ~ 18 配合 MP1
AD1	两路 ATM STM-1 业务子卡	1-1、1-2、2-1、2-2 配合 CXP	1 ~ 8、11 ~ 18 配合 MP1
ASD1	两路具备 SAR 功能的 ATM STM-1 业务子卡	不支持	1 ~ 8、11 ~ 18 配合 MP1

每个单板的功能及信息流如下所述。

① 32/63 路 E1 业务子卡 MD1/MQ1 处理 IMA E1、CES E1、ML-PPP E1 信号，配合 CXP（PTN 1900）或 MP1（PTN 3900）处理板使用。IMA 支持 32 个 IMA 组，每组 32 个 E1 链路，可实现 ATM 业务到 PWE3 的封装映射。CES 支持 32/63 路 E1 的 CES，每个 CES 对应一个 PW，支持 CESoPSN 和 SAToP 两种 CES 标准。ML-PPP 支持 32/63 个 ML-PPP 组，每组最大支持 16 个链路，实现 MPLS 的 PPP 封装。

MD1 适用于 OptiX PTN 1900/3900 的 CXP/MP1 单板，MQ1 只适用于 OptiX PTN 3900 的 MP1 单板。

② 两路通道化 STM-1 业务子卡 CD1 面板如图 6-11 所示，处理通道化 STM-1 业务，将分组 E1 的数据映射到 VC12 中传输，配合 CXP（PTN 1900）或 MP1（PTN 3900）处理板使用。IMA 支持 64 个 IMA 组，每组 32 个 E1 链路，实现 ATM 业务到 PWE3 的封装映射。CES 支持 126 路 E1 的 CES，每个 CES 对应一个 PW，支持 CESoPSN 和 SAToP 两种 CES 标准。ML-PPP 支持 64 个 ML-PPP 组，每组最大支持 16 个链路，实现 MPLS 的 PPP 封装。

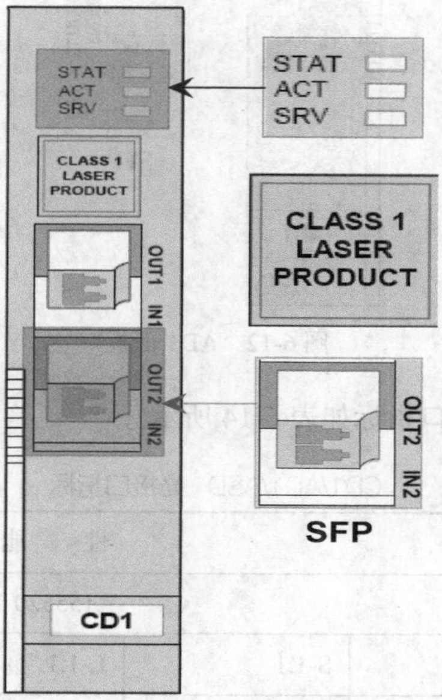

图 6-11　CD1 面板

CD1 面板具备的功能特性包括光接口支持热插拔（SFP），具备两路通道化 STM-1 业务的线速转发能力，支持 APS 保护的双发和选收功能，支持 ALS 激光器自动关断功能，支持业务内环回和外环回，端口支持自动解环回。

③ 两路 ATM STM-1 业务子卡 AD1 面板如图 6-12 所示，能接入两路 STM-1 ATM 业务，实现 ATM 业务交换以及 ATM 业务到 PWE3 业务的映射,配合 CXP 或 MP1 处理板使用,支持两路 STM-1 信号,具备 ATM 业务的速转发能力,支持 ATM 端口的 UNI/NNI 属性设置,支持 ATM 端口 VPI/VCI 范围设置，支持 ATM 业务的内环回和外环回，支持 CBR、UBR、rt-VBR 和 nrt-VBR 业务。

AD1 面板的功能特性包括光接口支持热插拔（SFP），支持两个 AD1 间线性 MSP 1+1 保护，支持 APS 保护的双发和选收功能，支持 ALS 激光器自动关断功能。

④ 两路具备 SAR 功能的 ATM STM-1 业务子卡 ASD1 接入两路 STM-1 ATM 业务，可实现 ATM 业务交换以及 ATM 业务到 PWE3 业务的映射，配合 CXP（OptiX PTN 1900）或 MP1（OptiX PTN 3900）处理板使用，具备两路 STM-1 ATM 业务的速转发能力，支持 256 个 ATM SAR 的切片和组包（AAL5），支持 ATM 端口的 UNI/NNI 属性设置，支持 ATM 端口 VPI/VCI 范围设置，支持 ATM 业务的内环回和外环回，支持 CBR、UBR、rt-VBR 和 nrt-VBR 业务。

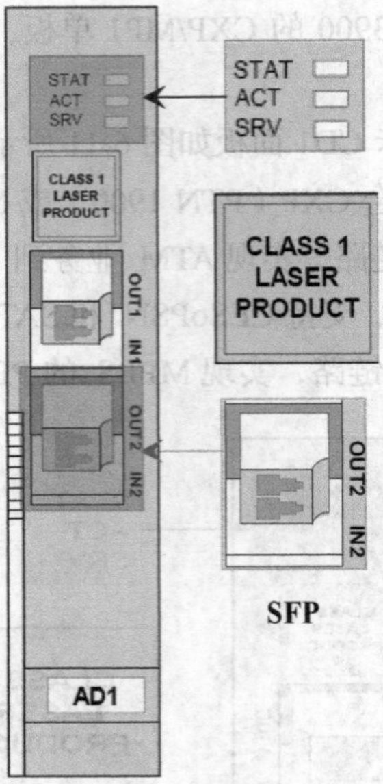

图 6-12　AD1 面板

⑤ CD1/AD1/ASD1 的光接口指标如表 6-14 所示。

表 6-14　　CD1/AD1/ASD1 光接口指标

项　目	性　能				
标称比特率（kbit/s）	155520				
光接口类型	I-1	S-1.1	L-1.1	L-1.2	Ve-1.2
工作波长（nm）	1260 ~ 1360	1261 ~ 1360	1263 ~ 1360	1480 ~ 1580	1480 ~ 1580
平均发送光功率（dBm）	-15 ~ -8	-15 ~ -8	-5 ~ 0	-5 ~ 0	-3 ~ 0
最小灵敏度（dBm）	-23	-28	-34	-34	-34
最小过载点（dBm）	-8	-8	-10	-10	-10

（4）接口板

① TDM（时分复用）接口板介绍如表 6-15 所示。

表 6-15　　TDM 接口板介绍

名称	单板描述	支持槽位		对应业务处理板
		PTN 1900	PTN 3900	
D12	32 路 120ΩE1/T1 电接口板	不支持	19 ~ 26、31 ~ 38	MD1/MQ1
L12	16 路 120ΩE1/T1 电接口板	3 ~ 6	不支持	MD1
D75	32 路 75ΩE1 电接口板	不支持	19 ~ 26、31 ~ 38	MD1/MQ1
L75	16 路 75ΩE1 电接口板	3~6	不支持	MD1

L75、L12、D75、D12 的功能特性包括支持输入/输出 16/32 路 E1 信号，支持 75/120 两种接

口欧姆，配合 MD1/MQ1 板实现 E1 TPS 保护。

② 华为 PTN 设备中可以配置的以太网和 POS 接口板如表 6-16 所示。

表 6-16　以太网和 POS 接口板

名　称	单板描述	支持槽位		对应业务处理板
		PTN 1900	PTN 3900	
ETFC	12 路 FE 电接口板	3 ~ 7	19 ~ 26、31 ~ 38	CXP/EG16
EFG2	两路 GE 光接口板	3 ~ 7	19 ~ 26、31 ~ 38	CXP/EG16
POD41	两路 622Mbit/s/155Mbit/s POS 接口板	3 ~ 7	19 ~ 26、31 ~ 38	CXP/EG16

说明：对于 OptiX PTN 1900，当 ETFC 板插在 Slot 3 时，单板的后 5 个端口不可用。

以太网接口板和 POS 接口板的命名规则分别如图 6-13、图 6-14 所示。

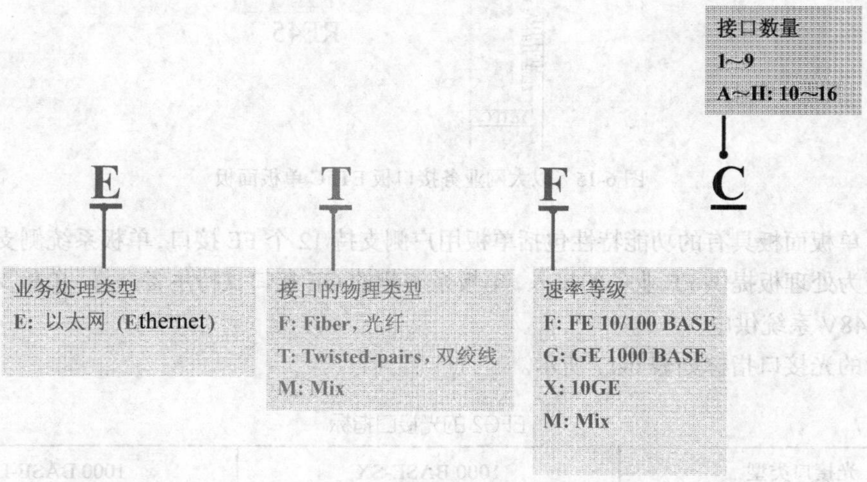

图 6-13　以太网接口板命名规则

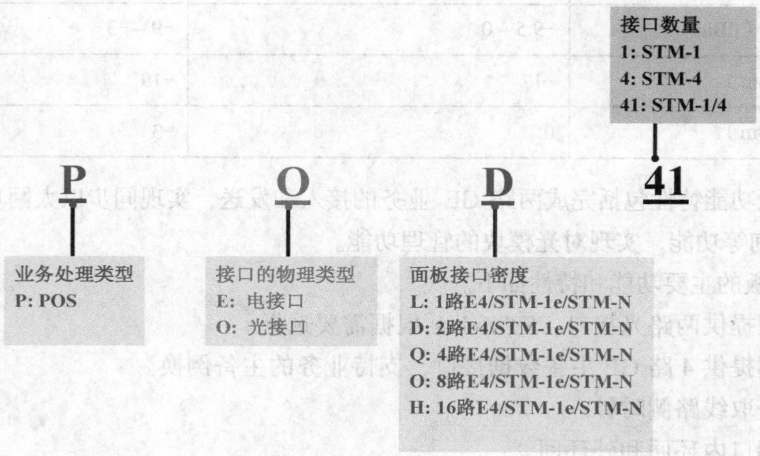

图 6-14　POS 接口板命名规则

以太网接口板和 POS 接口类单板的功能及信息流分析如下。

ETFC 单板面板如图 6-15 所示。

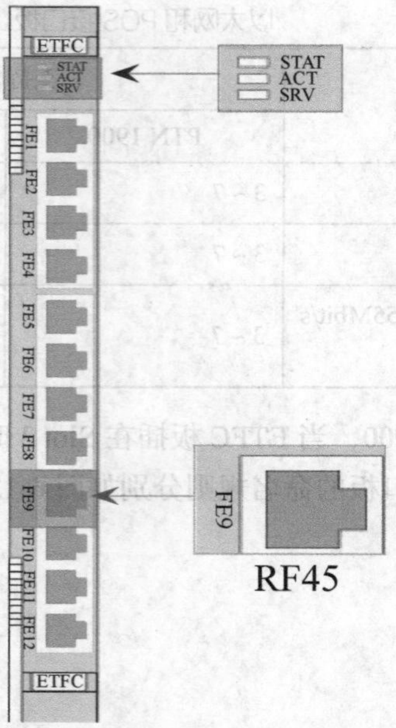

图 6-15　以太网业务接口板 ETFC 单板面板

ETFC 单板面板具有的功能特性包括单板用户侧支持 12 个 FE 接口，单板系统侧支持两个 GE 接口，单板为处理板提供 FE 业务的接入，单板系统侧的 GE 接口支持主备选择，单板支持热插拔，单板支持-48V 系统供电。

EFG2 的光接口指标如表 6-17 所示。

表 6-17　EFG2 的光接口指标

光接口类型	1000 BASE-SX	1000 BASE-LX
工作波长（nm）	770 ~ 860	1270 ~ 1355
平均发送光功率（dBm）	-9.5 ~ 0	-9 ~ -3
最小灵敏度（dBm）	-17	-19
最小过载点（dBm）	0	-3

EFG2 单板功能特性包括完成两路 GE 业务的接入和发送，实现同步以太网功能，提供温度查询、电压查询等功能，实现对光模块的管理功能。

POD41 单板的主要功能和特性如下。

- 客户侧提供两路光接口，STM-1/4 根据需要选择。
- 系统侧提供 4 路 GE 主备数据接口，支持业务的主备倒换。
- 支持提取线路侧时钟。
- 支持端口内环回和外环回。
- 端口支持自动解环回。

表 6-18 和表 6-19 分别列出了速率为 STM-1 和 STM-4 的 POD41 单板的光接口指标。

表 6-18　　速率为 STM-1 的 POD41 单板的光接口指标

项　目	性　能				
标称比特率（kbit/s）	155520				
光接口类型	I-1	S-1.1	L-1.1	L-1.2	Ve-1.2
工作波长（nm）	1260 ~ 1360	1261 ~ 1360	1263 ~ 1360	1480 ~ 1580	1480 ~ 1580
平均发送光功率（dBm）	−15 ~ −8	−15 ~ −8	−5 ~ 0	−5 ~ 0	−3 ~ 0
最小灵敏度（dBm）	−23	−28	−34	−34	−34
最小过载点（dBm）	−8	−8	−10	−10	−10

表 6-19　　速率为 STM-4 的 POD41 单板的光接口指标

项　目	性　能				
标称比特率（kbit/s）	622080				
光接口类型	I-4	S-4.1	L-4.1	L-4.2	Ve-4.2
工作波长（nm）	1260 ~ 1360	1274 ~ 1356	1280 ~ 1335	1480 ~ 1580	1480 ~ 1580
平均发送光功率（dBm）	−15 ~ −8	−15 ~ −8	−3 ~ 2	−3 ~ 2	−3 ~ 2
最小灵敏度（dBm）	−23	−28	−28	−28	−34
最小过载点（dBm）	−8	−8	−8	−8	−13

（5）交叉及系统控制类单板

交叉及系统控制类单板如表 6-20 所示。

表 6-20　　交叉及系统控制类单板

名　称	单板描述	支持槽位	
		PTN 1900	PTN 3900
SCA	OptiX PTN 3900 系统控制与辅助处理板	不支持	29、30
XCS	OptiX PTN 3900 普通型交叉时钟板	不支持	9、10
CXP	OptiX PTN 1900 主控、交叉与业务处理合一板	1、2	不支持

① 系统控制与辅助处理板 SCA。SCA 包含的接口及每个接口的作用如表 6-21 所示，主要实现的功能如下。

- 系统控制功能：管理和配置单板及网元数据，收集告警及性能数据，处理二层协议数据报文，备份重要数据。
- 通信功能：LAN Switch 和 HDLC 实现板间通信。
- 辅助处理功能：监测电源板和风扇板状态。

- 单板 1+1 保护。

表 6-21　　SCA 包含的接口及每个接口的作用

面板接口	接口类型	用　途
LAMP1	RJ-45	机柜指示灯输出接口
LAMP2	RJ-45	机柜指示灯级联接口
ETH	RJ-45	10M/100M 自适应的以太网网管接口
EXT	RJ-45	10M/100M 自适应的以太网接口，目前预留，用于与扩展子架之间的通信
ALMO1	RJ-45	两路告警输出与两路告警级联共用接口
ALMI1	RJ-45	1～4 路开关量告警输入接口
ALMI2	RJ-45	5～8 路开关量告警输入接口
F&f	RJ-45	OAM 接口

② 普通型交叉时钟板 XCS 的功能和特性如下。

- 业务调度功能：完成交叉容量为 160Gbit/s 的分组全交叉，提供逐级反压机制，逐级缓冲信元。
- 时钟功能：跟踪外部时钟源提供的系统同步时钟源。
- 接口功能：75Ω时钟输入/输出接口，120Ω时钟输入/输出接口。
- 单板 1+1 保护。

XCS 指示灯状态及功能如表 6-22 所示。

表 6-22　　XCS 指示灯状态及功能

指示灯	颜　色	状　态	具体描述
同步状态指示灯 SYNC		绿色	时钟工作正常
		红色	时钟源丢失或时钟源倒换
告警切除 ALMC		亮	声音告警被关断清除
		灭	声音告警未被关断清除

③ 主控、交叉与业务处理板 CXP 面板接口的类型和用途如表 6-23 所示，指示灯的状态及功能如表 6-24 所示，主要功能特性如下。

- 支持系统控制与通信功能：完成单板及业务配置功能，处理二层协议数据报文，监测电源板和风扇板状态。
- 支持业务处理与调度功能：完成交叉容量为 5Gbit/s 的业务调度，提供层次化的 QoS。
- 支持时钟功能：跟踪外部时钟源提供的系统同步时钟源。
- 接口功能：120Ω时钟输入/输出接口。
- 支持 CXP 单板的 1+1 保护。
- 业务子卡 TPS 保护。

表 6-23　　CXP 面板接口的类型和用途

面板接口	接口类型	用　途
CLK1	RJ-45	120Ω 外时钟输入/输出共用接口
CLK2	RJ-45	120Ω 外时钟输入/输出共用接口
ALMO	RJ-45	两路告警输出与两路告警级联共用接口
ALMI	RJ-45	1～4 路开关量告警输入接口
ETH	RJ-45	10M /100M 自适应的以太网网管接口
EXT	RJ-45	10M/100M 自适应的以太网接口，目前预留，用于与扩展子架之间的通信
F&f	RJ-45	OAM 串口
LAMP1	RJ-45	机柜指示灯输出接口
LAMP2	RJ-45	机柜指示灯级联接口

表 6-24　　CXP 指示灯状态及功能

指示灯	颜　色	状　态	具体描述
主控业务激活指示灯 ACTC		亮	主控板处于激活状态，单板工作
		100ms 间隔闪	保护系统中，系统数据库批量备份
		灭	正常情况，业务处于非激活态
交叉业务激活指示灯 ACTX		亮	交叉板处于激活状态，单板工作
		100ms 间隔闪	保护系统中，系统数据库批量备份
		灭	正常情况，业务处于非激活态
同步状态指示灯 SYNC		绿色	时钟工作正常
		红色	时钟源丢失或时钟源倒换

（6）电源板和风扇板

电源板和风扇板介绍如表 6-25 所示。

表 6-25　　电源板和风扇板介绍

名　称	单板描述	支持槽位	
		PTN 1900	PTN 3900
TN81PIU	OptiX PTN 3900 电源接入单元	不支持	27、28
TN71PIU	OptiX PTN 1900 电源接入单元	8、9	不支持
TN81FAN	OptiX PTN 3900 风扇	不支持	39、40
TN71FANA	OptiX PTN 1900 风扇 A	10	不支持
TN71FANB	OptiX PTN 1900 风扇 B	11	不支持

其中，TN81 为 OptiX PTN 3900 产品单板代号；TN71 为 OptiX PTN 1900 产品单板代号。

① TN81PIU 单板的功能特性如下。

- 提供两路-48V 外置单元供电接口，每路为 1728W。
- 提供电源告警的检测和上报；两块电源板可以提供 1+1 热备份。
- 支持 3.3V 电源集中备份，输出最大功率达 100W。
- 支持电源防雷和滤波等功能。

② TN71PIU 单板的功能特性如下。

- 提供一路-48V 外置单元供电接口，750W，为风扇板和接口板提供 12V 电源。
- 提供电源告警的检测和上报。
- 两块电源板可以提供 1+1 热备份。
- 支持电源防雷和滤波等功能。

③ TN81FAN 单板的功能特性如下。

- 保证系统散热。
- 智能调速。
- 提供风扇状态检测功能。
- 提供风扇告警信息。
- 提供子架告警指示灯。

④ TN71FANA、TN71FANB 单板的功能特性如下。

- 保证系统散热。
- 具有智能调速功能。
- 提供风扇状态检测功能。
- 提供风扇告警信息。
- 提供子架告警和状态指示灯。
- 提供告警测试和告警切除功能。

5. 设备级保护

华为 PTN 设备级保护类型如表 6-26 所示。

表 6-26　华为 PTN 设备级保护类型

保护类型	设备类型	保护机制
E1/T1 业务子卡	OptiX PTN 1900	1：1 TPS（两组）
	OptiX PTN 3900	1：N（N≤4）TPS（两组）
CXP 处理板保护	OptiX PTN 1900	1+1 保护
XCS 板保护	OptiX PTN 3900	1+1 保护
SCA 板保护	OptiX PTN 3900	1+1 保护
电源板	OptiX PTN 1900/3900	1+1 保护
风扇保护	OptiX PTN 1900/3900	风扇冗余备份

6.1.2 中兴典型 PTN 设备

如图 6-16 所示，中兴典型 PTN 设备主要有 ZXCTN6100、ZXCTN6110、ZXCTN6200、ZXCTN6300、ZXCTN9004 和 ZXCTN9008 等。其中，ZXCTN 6100、ZXCTN6110 为业界可商用的最紧凑的接入层 PTN 产品，仅 1U 高，适用于基站接入场景；ZXCTN 6200 为业界最紧凑的 10GE PTN 设备，3U 高，既可作为小规模网络的汇聚边缘设备，也可在大规模网络或全业务场景中作为高端接入层设备，满足发达地区对 10Gbit/s 接入环的需求。ZXCTN9008 为业界交换容量最大的 PTN 设备，交换容量达到双向 1.6Tbit/s，可以全面满足全业务落地需求。

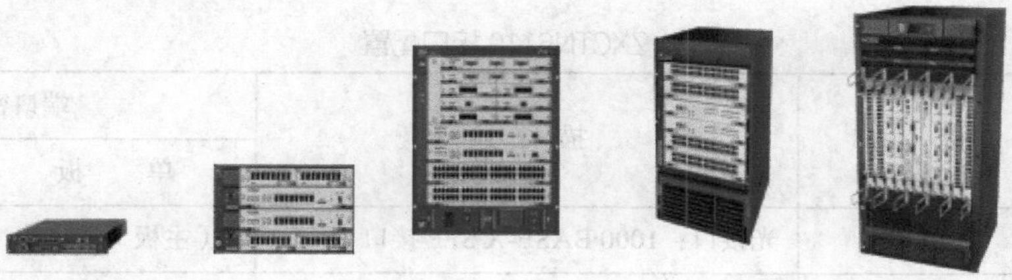

图 6-16　中兴典型 PTN 设备系列产品

中兴典型 PTN 设备系列产品特性如表 6-27 所示。

表 6-27　中兴 PTN 设备系列产品特性

	ZXCTN6100	ZXCTN6200	ZXCTN6300	ZXCTN9004	ZXCTN9008
交换容量	6Gbit/s/10Gbit/s	88Gbit/s	176Gbit/s	800Gbit/s	1.6Tbit/s
高度	1U	3U	8U	9U	20U
插槽数	2	4	10	16/8/4	32/16/8

1. ZXCTN6110

ZXCTN6110 产品以分组为内核，提供无风扇自散热（ZXCTN6110）和风扇散热（ZXCTN6110F）两种版本。ZXCTN6110 为 1U 高设备，业务单板类型丰富，配置灵活，可提供 TDM E1、ATM E1、MLPPP E1、FE（光口和电口）、GE（光口和电口）接口，全面满足 2G、3G、LTE 等各种无线业务复杂场景下的灵活接入需求，支持完善的时钟同步技术，可实现网络快速部署和开通。ZXCTN6110 目前广泛应用在移动通信网的接入层，如图 6-17 所示，槽位分布如图 6-18 所示，接口配置如表 6-28 所示。该产品结构紧凑，主控、交叉及业务处理功能均集成在多功能主控板 SMB 上，提供了两个扩展业务槽位。

Power：一个电源槽位。

SMB：一个主板槽位。

Solt 1~2：两个扩展业务槽位，不支持 GE 子卡。

图 6-17　ZXCTN6110

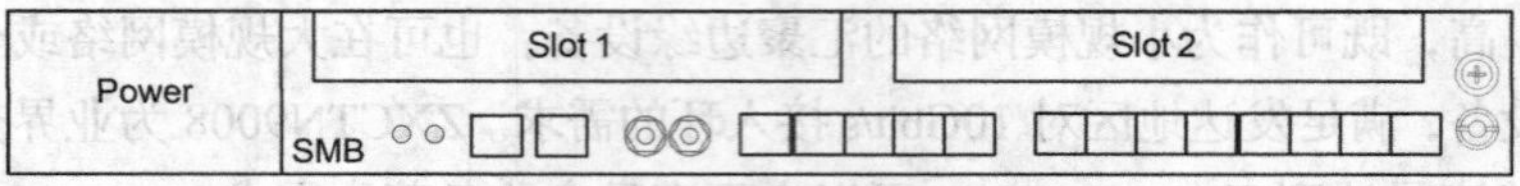

图 6-18　ZXCTN6110 槽位分布

表 6-28　ZXCTN6110 接口配置

机　型	接　口	描　述	端口密度	
			单　板	整　机
ZXCTN6110	GE	光接口：1000 BASE-X SFP 接口	4（主板）	4
	FE	电接口：100 BASE-TX RJ-45 接口	4（主板）	4
		光接口：100 BASE-X SFP 接口	4（主板、子卡）	12
	E1	电接口（75Ω或 120Ω）	16（子卡）	32

（1）多功能主控板 SMB

SMB 运行指示灯状态与功能如表 6-29、表 6-30、表 6-31 所示。

表 6-29　SMB 板指示灯状态和运行状态的对应关系

运行状态	指示灯状态		
	RUN（绿灯）	MAJ/MIN（红灯）	STA（黄灯）
单板正常运行，无告警	0.5 次/s 周期闪烁	长灭	—
单板正常运行，有告警	0.5 次/s 周期闪烁	长亮	—
时钟锁定（正常跟踪）	—	—	1 次/s 周期闪烁
时钟保持	—	—	长亮
时钟快速捕捉	—	—	5 次/s 周期闪烁
时钟自由振荡	—	—	0.5 次/s 周期闪烁

表 6-30　SMB 板 GE 光接口指示灯和接口状态的对应关系

运行状态	指示灯状态	
	LA（绿灯）	SD（绿灯）
接口接收光信号（未连接）	长灭	长亮

续表

运行状态	指示灯状态	
	LA（绿灯）	SD（绿灯）
接口无接收光信号	长灭	长灭
接口处于连接状态	长亮	长亮
接口处于无连接状态	长灭	—
接口收发数据	5 次/s 周期闪烁	长亮

表 6-31　SMB 板 FE 电接口指示灯和接口状态的对应关系

运行状态	指示灯状态	
	LA（绿灯）	SD（绿灯）
接口处于连接状态	长亮	长亮
接口处于无连接状态	长灭	长灭
接口收发数据	5 次/s 周期闪烁	长亮
接口速率	—	长亮
接口速率	—	长灭

（2）多业务传输处理系统主板 SMC

主板 SMC 是 ZXCTN6110 设备的核心，可完成业务的交换、时钟与设备控制的功能。其辅助接口配置如表 6-32 所示，同时还提供两路线路侧 GE 光接口、两路 GE/FE 光接口、两路 FE 光接口、4 路 FE 电接口。

表 6-32　SMC 辅助接口配置

辅助接口	具体参数	备　注
外部告警接口	支持 4 路外部告警输入＋两路告警输出接口	接口物理形式 RJ-45
网管接口	支持一路网管接口＋一路 LCT 接口	接口物理形式 RJ-45
时钟接口	一路 2MBITS/MHz 接口（含收、发）	接口为 75Ω铜轴，120Ω需转接
GPS 接口	一路 GPS 接口（收或发）	GPS 接口为 RJ-45 接口，RS422 电平

（3）GPC 1588 时钟板

GPC 1588 时钟板接口配置如图 6-19 所示。

图 6-19 中各接口的说明如下。

① —GPS 天线接口，可直接接 GPS 天线馈缆，实现与 GPS 的频率同步和时间同步，从 GPS 获取定时。

② —1PPS+TOD 时间同步接口，接口电平可配置为 TTL、RS422、RS232。

③ —FE 专用接口，支持 1588 报文收发，为网络中的其他设备提供定时分配。

④ —2M 时钟输出接口，满足二级钟性能要求。

⑤ —1588v2 频率同步接口。

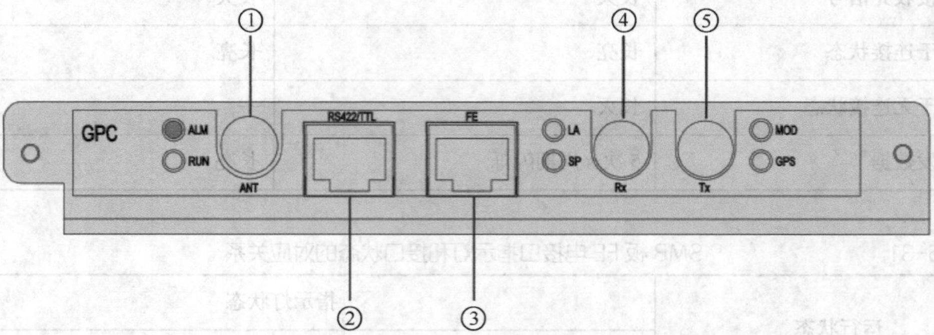

①—GPS 天线接口；②—1PPS+TOD 时间同步接口；③—FE 专用接口；

④—2M 时钟输出接口；⑤—1588v2 频率同步接口

图 6-19　GPC 1588 时钟板接口配置

2. ZXCTN6200

ZXCTN6200 是中兴推出的面向分组传输的电信级多业务承载产品，专注于移动 Backhual 和多业务网络融合的承载和传输，可有效满足各种接入层业务或小容量汇聚层的传输要求。其设备面板、槽位分配分别如图 6-20、图 6-21 所示，其接口类型如表 6-33 所示。

图 6-20　ZXCTN6200 设备面板

<table>
<tr><td rowspan="4">风
扇
Slot 9</td><td rowspan="2">电源板
Slot 7</td><td>Slot 1 低速LIC板卡 8Gbit/s</td><td>Slot 2低速LIC板卡8Gbit/s</td></tr>
<tr><td colspan="2">Slot 5交换主控时钟板</td></tr>
<tr><td rowspan="2">电源板
Slot 8</td><td colspan="2">Slot 6交换主控时钟板</td></tr>
<tr><td>Slot 3高速LIC板卡10Gbit/s</td><td>Slot 4高速LIC板卡10Gbit/s</td></tr>
</table>

图 6-21　ZXCTN6200 设备槽位分配

表 6-33　　ZXCTN6200 设备接口类型

接口类型	ECC 单板名称	网管名称	单板描述	单板端口密度	备　注
E1	E1x16-75 注 1	R16E1F TDM	75Ω 16 端口前出线 E1 板	16 E1	端口可分别配置 TDM 或 IMA E1
		R16E1F MLPPP	75Ω16 端口前出线 E1 板	16 E1	支持 MLPPP
	E1x16-120 注 1	R16E1F TDM	120Ω16 端口前出线 E1 板	16 E1	端口可分别配置 TDM 或 IMA E1
		R16E1F MLPPP	120Ω16 端口前出线 E1 板	16 E1	支持 ML-PPP
	E1x16B	R16E1B	16 端口后出线 E1 板	处理 16 E1	端口可分别配置 TDM 或 IMA E1，不区分 75Ω与 120Ω，面板无接口，配合 RE1PI-75/120Ω使用
	ESE1x32-75	RE1PI	75ΩE1 保护接口板	32 路接口	可配合两块 R16E1B 使用
	ESE1x32-120	RE1PI	120ΩE1 保护接口板	32 路接口	可配合两块 R16E1B 使用
STM-1/4	AS1x4	R4ASB	4 端口 ATM STM-1 板	\4（光接口）	
	CS1x4	R4CSB TDM	4 端口通道化 STM-1 板	4（光接口）	
		R4CSB MLPPP	4 端口通道化 STM-1 板	4（光接口）	
	CS4x1	R4CSB TDM	1 端口通道化 STM-4 板	1（光接口）	使用第一路光口
		R4CSB MLPPP	1 端口通道化 STM-4 板	1（光接口）	使用第一路光口
GE/FE	EGCx4	R4EGC	4 端口吉比特 Combo 板	4	光接口或电接口任意组合
	EGEx8	R8EGE	8 端口吉比特电口板	8（电接口）	
	EGFx8	R8EGF	8 端口吉比特光口板	\8（光接口）	可插 SFP 电模块
10GE	EXGx1	R1EXG	1 端口 10GE 光口板	1（光接口）	

ZXCTN6200 常用的单板类型及槽位对比如表 6-34 所示。

表 6-34　　ZXCTN6200 常用的单板类型及槽位对比

单板名称	单板描述	6300 槽位	6200 槽位
R16E1F	16 端口前出线 E1 板	低速槽位	高速槽位、低速槽位
R16E1B	16 端口后出线 E1 板	低速槽位	高速槽位、低速槽位
RE1PI	E1 保护板	1/2	—
R4ASB	4 端口 ATM STM-1 板	低速槽位	高速槽位、低速槽位
R4CSB	4 端口通道化 STM-1 板	低速槽位	高速槽位、低速槽位
R4EGC	4 端口增强吉比特 Combo 板	低速槽位	高速槽位、低速槽位
R8EGE	8 端口增强吉比特电口板	低速槽位	高速槽位*、低速槽位
R8EGF	8 端口增强吉比特光口板	低速槽位	高速槽位*、低速槽位
R1EXG	1 端口增强 10GE 光口板	高速槽位	高速槽位
RSCCU3	主控交换时钟单元板	13、14	—
RSCCU2	主控交换时钟单元板	—	5、6

注：

- 6200 与 6300 的业务板可兼容；
- 6200 高速槽位可兼容低速单板；
- 6300 高低速槽位只能插入相应单板；
- 表中“*”表示在高速槽位时，仅 1～4 端口有效。

（1）RSCCU2/RSCCU3

RSCCU2/RSCCU3 是 ZXCTN6200 的主控交换时钟单元板，固定放置在 13、14 槽位，呈 1+1 主备用配置。RSCCU2/RSCCU3 板的面板如图 6-22 所示。

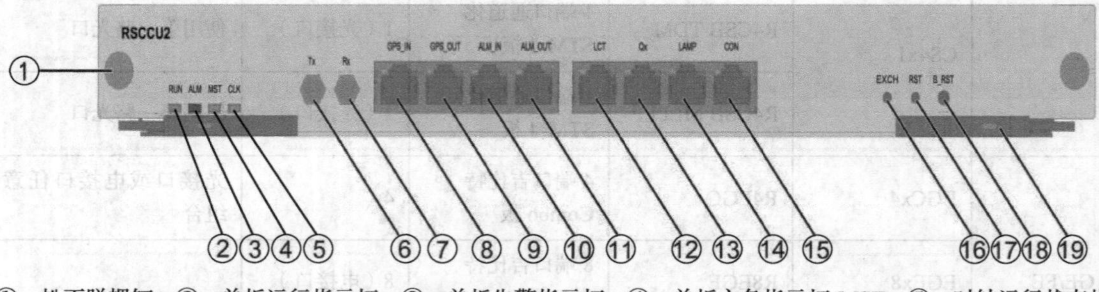

①—松不脱螺钉；②—单板运行指示灯；③—单板告警指示灯；④—单板主备指示灯 MST；⑤—时钟运行状态指示灯 CLK；⑥—BITS 接口 Tx；⑦—BITS 接口 Rx；⑧—时间接口 GPS_IN；⑨—时间接口 GPS_OUT；⑩—告警输入接口 ALM_IN；⑪—告警输出接口 ALM_OUT；⑫—本地维护终端接口 LCT；⑬—网管接口 Qx；⑭—设备运行指示灯接口 LAMP；⑮—设备调试接口 CON；⑯—单板强制倒换按钮 EXCH；⑰—单板复位按钮 RST；⑱—截铃按钮 B_RST；⑲—扳手

图 6-22　RSCCU2/RSCCU3 板的面板

RSCCU2/RSCCU3 板运行指示灯的含义如表 6-35 所示，接口及组件如表 6-36 所示。

表 6-35　　RSCCU2/RSCCU3 板运行指示灯含义

运行状态	指示灯状态			
	RUN（绿灯）	ALM（红灯）	MST（绿灯）	CLK（绿灯）
单板正常运行，无告警	0.5 次/s 周期闪烁	长灭	—	—
单板正常运行，有告警	0.5 次/s 周期闪烁	0.5 次/s 周期闪烁或长亮	—	—
单板正常运行，主备同步数据（备用板）	0.5 次/s 周期闪烁	长亮	—	—
主用 RSCCU2/RSCCU3 板	—	—	长亮	—
备用 RSCCU2/RSCCU3 板	—	—	长灭	—
时钟锁定（正常跟踪）	—	—	—	1 次/s 周期闪烁
时钟保持	—	—	—	长亮
时钟快速捕捉	—	—	—	5 次/s 周期闪烁
时钟自由振荡	—	—	—	0.5 次/s 周期闪烁

表 6-36　　接口及组件

接口	BITS（Tx）	BITS 时钟信号发送接口，采用非平衡式 CC4 接口（75Ω）
	BITS（Rx）	BITS 时钟信号接收接口，采用非平衡式 CC4 接口（75Ω）
	GPS_IN	外部时间输入接口，接口类型为 RJ-45；支持相位同步信息和绝对时间值的输入，用于接收外部时间并进行本地与外部时间时钟同步
	GPS_OUT	外部时间输出接口，接口类型为 RJ-45；支持相位同步信息和绝对时间值的输出，用于向其他设备发送时钟同步信息
	ALM_IN	告警输入接口，接口类型为 RJ-45；支持 4 路外部告警信号输入，用于接收其他设备传递过来的告警信息
	ALM_OUT	告警输出接口，接口类型为 RJ-45；支持 3 路告警输出，用于发送本机产生的告警到其他设备
	LCT	本地维护终端接口，接口类型为 RJ-45；用于以太网远程登录管理设备
	Qx	网管接口，接口类型为 RJ-45；用于连接中兴网管系统
	LAMP	设备运行指示灯接口，接口类型为 RJ-45；用于连接机柜、列头柜等告警指示灯
	CON	设备调试接口，接口类型为 RJ-45；用于系统的基本配置和维护
组件	EXCH	按压该按钮，可以强制倒换主控交换时钟单元板
	RST	按压该按钮，可以复位主控交换时钟单元板
	B_RST	告警截铃开关，设备告警振铃时，如按住时间小于 2s，终止当前告警响铃；如按住时间大于 2s，设备进入永久截铃状态；在设备处于永久截铃状态时按下告警截铃开关，解除设备的永久截铃状态
	松不脱螺钉	将单板紧固在子架槽位上
	扳手	方便插拔单板，并将单板紧扣在子架槽位上

（2）R4EGC 单板

R4EGC 是带有 4 个 GE 光接口的增强型吉比特 Combo 板，可用于设备之间的组网连接，也可作为业务网接入接口板，其面板如图 6-23 所示，R4EGC 单板面板说明如表 6-37 所示。单板指示灯和单板状态的对应关系如表 6-38 所示，GE 光接口指示灯和接口状态的对应关系如表 6-39 所示。

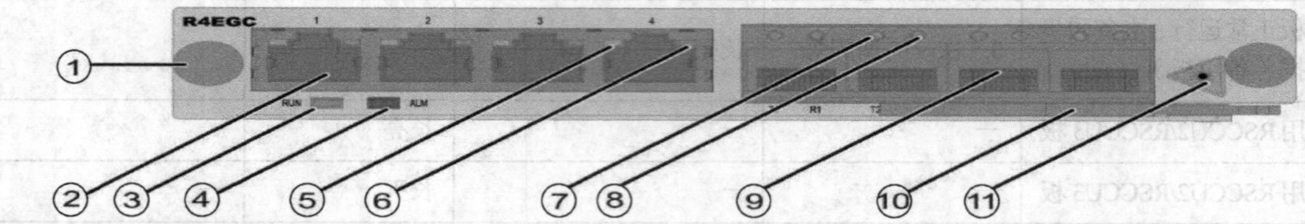

①—松不脱螺钉；②—GE 以太网电接口；③—单板运行指示灯；④—单板告警指示灯；⑤—GE 以太网电接口 ACT 指示灯；⑥—GE 以太网电接口 LINK 指示灯；⑦—GE 以太网光接口 ACT 指示灯；⑧—GE 以太网光接口 LINK 指示灯；⑨—GE 以太网光接口；⑩—扳手；⑪—激光警告标识

图 6-23　R4EGC 单板面板

表 6-37　　R4EGC 单板面板说明

单板名称		4 路增强型吉比特 Combo 板
面板标识		R4EGC
运行指示灯	RUN	绿色灯，单板正常运行指示灯
	ALM	红色灯，单板告警指示灯
接口	GE（电）	4 路 GE 以太网电接口，采用 RJ-45 插座
	GE（光）	4 路 GE 以太网光接口，采用可插拔的 SFP 光模块
接口指示灯	ACT（电）	黄色灯，指示电接口的 ACTIVE 状态
	LINK（电）	绿色灯，指示电接口的 LINK 状态
	ACT（光）	绿色灯，指示光接口的 ACTIVE 状态
	LINK（光）	绿色灯，指示光接口的 LINK 状态
组件	松不脱螺钉	将单板紧固在子架槽位上
	扳手	方便插拔单板，并将单板紧扣在子架槽位上
激光警告标识		提示操作人员插拔尾纤时不要直视光接口，以免灼伤眼睛

表 6-38　　单板指示灯和单板状态的对应关系

运行状态	指示灯状态	
	RUN（绿灯）	ALM（红灯）
单板正常运行，无告警	0.5 次/s 周期闪烁	长灭
单板正常运行，有告警	0.5 次/s 周期闪烁	0.5 次/s 周期闪烁或长亮

表 6-39　　GE 光接口指示灯和接口状态的对应关系

运行状态	运行状态	
	LINK*n*（*n* 为 1~4）（绿灯）	ACT*n*（*n* 为 1~4）（绿灯）
接口接收光信号（未连接）	长亮	长灭
接口无接收光信号	长灭	长灭
接口处于连接状态	长亮	长亮
接口处于无连接状态	—	长灭
接口收发数据	长亮	5 次/s 周期闪烁

（3）R8EGE 单板

R8EGE 单板是带有 8 个 GE 电接口的增强型吉比特电口板，其 GE 接口一般作为业务网接入接口连接用户设备，面板如图 6-24 所示，其面板说明如表 6-40 所示。R8EGE 的指示灯状态和运行状态的对应关系如表 6-41 所示，GE 电接口指示灯和接口状态的对应关系如表 6-42 所示。

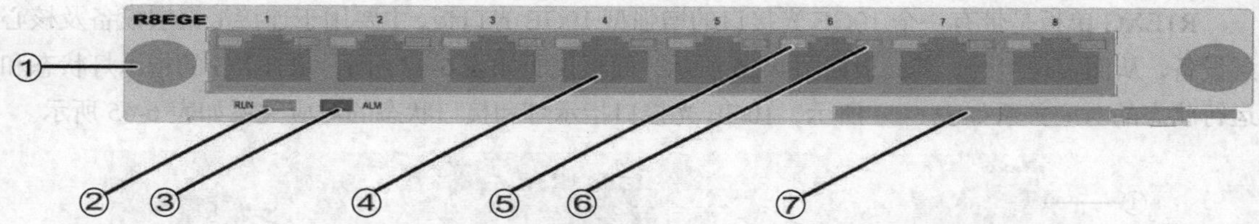

①—松不脱螺钉；②—GE 以太网电接口；③—GE 以太网接口 LINK 指示灯；④—单板运行指示灯；⑤—GE 以太网接口 ACT 指示灯；⑥—扳手；⑦—单板告警指示灯

图 6-24　R8EGE 单板面板

表 6-40　　R8EGE 单板面板说明

单板名称		8 路增强型吉比特电口板
面板标识		R8EGE
运行指示灯	RUN	绿色灯，单板正常运行指示灯
	ALM	红色灯，单板告警指示灯
接口	GE	8 路 GE 以太网电接口，采用 RJ-45 插座
接口指示灯	ACT	黄色灯，指示电接口的 ACTIVE 状态
	LINK	绿色灯，指示电接口的 LINK 状态
组件	松不脱螺钉	将单板紧固在子架槽位上
	扳手	方便插拔单板，并将单板紧扣在子架槽位上

表 6-41　　　　R8EGE 的指示灯状态和运行状态的对应关系

运行状态	指示灯状态	
	RUN（绿灯）	ALM（红灯）
单板正常运行，无告警	0.5 次/s 周期闪烁	长灭
单板正常运行，有告警	0.5 次/s 周期闪烁	0.5 次/s 周期闪烁或长亮

表 6-42　　　　GE 电接口指示灯和接口状态的对应关系

运行状态	指示灯状态	
	LINK*n*（*n* 为 1～8）（绿灯）	ACT*n*（*n* 为 1～8）（黄灯）
接口处于连接状态	长亮	长亮
接口处于无连接状态	长灭	长灭
接口收发数据	长亮	5 次/s 周期闪烁

（4）R1EXG 单板

R1EXG 单板是带有一个 10GE 光接口的增强型 10GE 光口板，主要用于连接汇聚层设备及核心层设备，从而实现组网。其面板如图 6-25 所示，面板说明如表 6-43 所示。R1EXG 的指示灯状态和运行状态的对应关系如表 6-44 所示，10GE 光接口指示灯和接口状态的对应关系如表 6-45 所示。

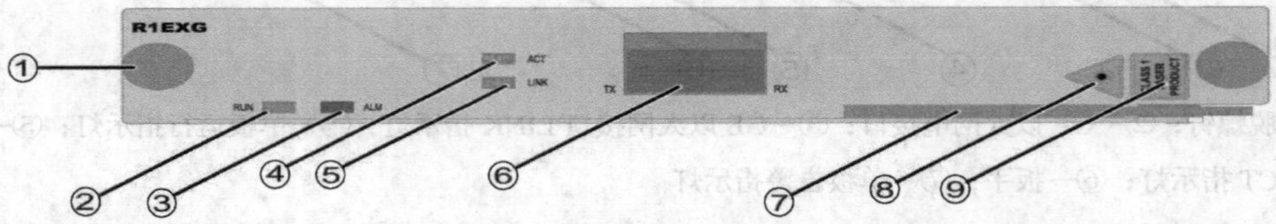

①—松不脱螺钉；②—单板运行指示灯；③—单板告警指示灯；④—10GE 以太网光接口 ACT 指示灯；⑤—10GE 以太网光接口 LINK 指示灯；⑥—10GE 以太网光接口；⑦—扳手；⑧—激光告警标识；⑨—激光等级标识

图 6-25　R1EXG 单板面板

表 6-43　　　　R1EXG 单板面板说明

单板名称		一路增强型 10GE 光口板
面板标识		R1EXG
运行指示灯	RUN	绿色灯，单板正常运行指示灯
	ALM	红色灯，单板告警指示灯
接口	10GE	一路 GE 以太网光接口，采用可插拔的 XFP 光模块
接口指示灯	ACT	绿色灯，指示光接口的 ACTIVE 状态
	LINK	绿色灯，指示光接口的 LINK 状态
组件	松不脱螺钉	将单板紧固在子架槽位上
	扳手	方便插拔单板，并将单板紧扣在子架槽位上
激光警告标识		提示操作人员插拔尾纤时不要直视光接口，以免灼伤眼睛
激光等级标识		指示 R1EXG 单板的激光等级为 CLASS1

表 6-44 R1EXG 的指示灯状态和运行状态的对应关系

运行状态	指示灯状态	
	RUN（绿灯）	ALM（红灯）
单板正常运行，无告警	0.5 次/s 周期闪烁	长灭
单板正常运行，有告警	0.5 次/s 周期闪烁	0.5 次/s 周期闪烁或长亮

表 6-45 10GE 光接口指示灯和接口状态的对应关系

运行状态	指示灯状态	
	LINK*n*（*n* 为 1~8）（绿灯）	ACT*n*（*n* 为 1~8）（绿灯）
接口接收光信号（未连接）	长亮	长灭
接口无接收光信号	长灭	长灭
接口处于连接状态	长亮	长亮
接口处于无连接状态	—	长灭
接口收发数据	长亮	5 次/s 周期闪烁

（5）R16E1F 电路仿真单板

R16E1F 是 E1 电路仿真单板面板，如图 6-26 所示，支持 16 路 E1 接口，每个接口带宽为 2.048Mbit/s，可以基于每个 E1 接口选择支持 IMA 或 TDM E1 功能。

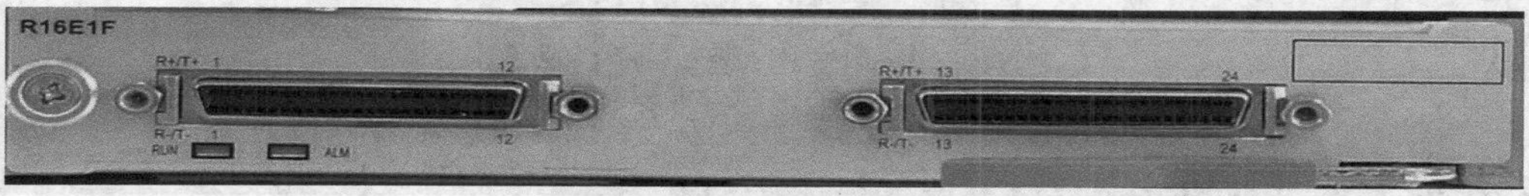

图 6-26 R16E1F 单板面板

R16E1F 支持的功能如下。

① 每路 E1 接口的业务工作方式可配置为 TDM E1、IMA E1。

② 通过下载 ML-PPP 软件支持 ML-PPP 功能。

③ 支持 E1 接口成帧功能和成帧检测功能。

④ 所有 E1 接口支持告警和性能的上报，上报的性能信息包括 ES、SES、UAS、再定时负滑帧计数、接口编码违例计数（CV）、连续严重误码秒计数、再定时正滑帧计数、FAS 错误帧数及 CRC 错误数。

⑤ 支持 TDM E1 和 IMA E1 业务恢复重组时，可选择自适应时钟恢复方式和再定时方式。

⑥ E1 接口业务工作在 CES 方式时，支持结构化和非结构化的 TDM E1 业务。

⑦ 支持 TDM 业务使用 PWE3 和 AAL1 封装和解封装，支持自适应时钟恢复和 CES 输出时钟漂移控制。

⑧ E1 接口发送时钟支持网络时钟、自适应时钟方式。

R16E1F 单板面板说明与指示灯说明如表 6-46 和表 6-47 所示。

表 6-46　　R16E1F 单板面板说明

指示灯	RUN	绿色灯，单板正常运行指示灯
	ALM	红色灯，单板告警指示灯
接口	E1 电接口（1~8 路）	第 1~8 路 E1 电接口，接口插座类型为 50 芯弯式 PCB 焊接插座（针式孔）
	E1 电接口（9~16 路）	第 9~16 路 E1 电接口，接口插座类型为 50 芯弯式 PCB 焊接插座（针式孔）
组件	松不脱螺钉	将单板紧固在子架槽位上
	扳手	方便插拔单板，并将单板紧扣在子架槽位上

表 6-47　　R16E1F 单板指示灯说明

运行状态	指示灯状态	
	RUN（绿灯）	ALM（红灯）
单板正常运行，无告警	0.5 次/s 周期闪烁	常灭
单板正常运行，有告警	0.5 次/s 周期闪烁	常亮

（6）R4CSB 单板

R4CSB 单板面板如图 6-27 所示。

图 6-27　R4CSB 单板面板

其主要功能特性如下。

① SDH 网关板提供 STM-1 或 STM-4 接口，同时支持 6200 和 6300 系统。在 6200 系统中，线卡槽位 Slot 1~4 都可以支持 SDH 网关板；在 6300 系统中，低速线卡槽位 Slot 1~6 可以支持 SDH 网关板，而高速线卡槽位不支持。

② 支持 TDM E1 业务接入和 EOS（Ethernet Over SDH）业务接入。

③ 使用 VC12、VC3 和 VC4 通道承载 PTN 分组业务，业务成帧方式采用 GFP-F 协议。

④ 支持时钟同步，但不支持时间同步，支持网元管理信息互通。

⑤ 支持 R42GW 和 R42CPS 两类 SDH 网关单板以对应不同场景。

R4CSB 单板面板说明及指示灯说明如表 6-48 和表 6-49 所示。

表 6-48　　R4CSB 单板面板说明

单板名称		4 路通道化 STM-1 板
面板标识		R4CSB
运行指示灯	RUN	绿色灯，单板正常运行指示灯
	ALM	红色灯，单板告警指示灯
接口	STM-1 光接口	4 路 STM-1 光接口，采用可插拔的 SFP 光模块
接口指示灯	T*n*	绿色灯，发光口指示灯，*n*=1 ~ 4
	R*n*	绿色灯，收光口指示灯，*n*=1 ~ 4
组件	松不脱螺钉	将单板紧固在子架槽位上
	扳手	方便插拔单板，并将单板紧扣在子架槽位上
激光警告标识		提示操作人员插拔尾纤时不要直视光接口，以免灼伤眼睛
激光等级标识		指示 R4CSB 单板的激光等级为 CLASS1

表 6-49　　R4CS8 单板指示灯说明

运行状态	指示灯状态	
	RUN（绿灯）	ALM（红灯）
单板正常运行，无告警	0.5 次/s 周期闪烁	长灭
单板正常运行，有告警	0.5 次/s 周期闪烁	长亮

3. ZXCTN6300

ZXCTN6300 设备电源插箱如图 6-28 所示，ZXCTN6300 包含两路-48V 电源输入及 6 路（3 ×2）-48V 电源输出。

ZXCTN6300 设备实物图如图 6-29 所示，ZXCTN6300 主要定位于网络汇聚层，提供设备级关键单元冗余保护，包括电源板及主控、交换、时钟板 1+1 保护，并提供 TPS 保护等。其板卡位置如表 6-50 所示。

ZXCTN6300 有 2m 高机柜、2.2m 高机柜、2.6m 高机柜 3 种机柜。

ZXCTN6300 支持机柜的后安装，ZXCTN6200 支持机柜的后安装、前安装及单独的壁挂安装。

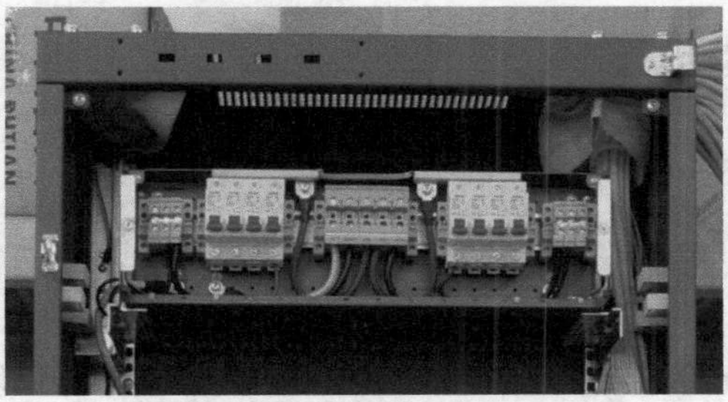

图 6-28　ZXCTN6300 设备电源插箱

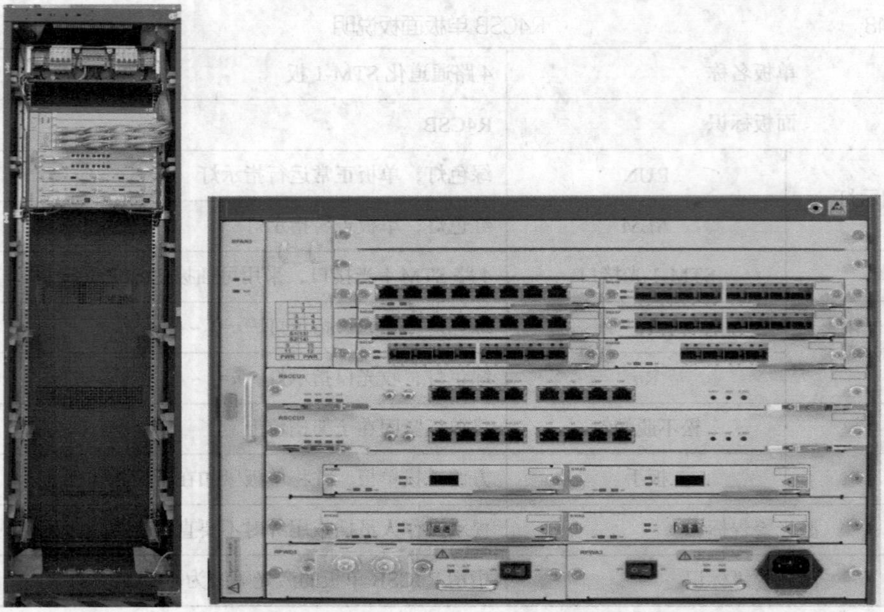

图 6-29　ZXCTN6300 设备实物图

表 6-50　　ZXCTN6300 设备板卡位置

<table>
<tr><td rowspan="10">风
扇
Slot 17</td><td colspan="2">Slot 1 E1 保护接口板</td></tr>
<tr><td colspan="2">Slot 2 E1 保护接口板</td></tr>
<tr><td>Slot 3 接口板卡 8Gbit/s</td><td>Slot 4 接口板卡 8Gbit/s</td></tr>
<tr><td>Slot 5 接口板卡 8Gbit/s</td><td>Slot 6 接口板卡 8Gbit/s</td></tr>
<tr><td>Slot 7 接口板卡 8Gbit/s</td><td>Slot 8 接口板卡 8Gbit/s</td></tr>
<tr><td colspan="2">Slot 13 交换主控时钟板卡</td></tr>
<tr><td colspan="2">Slot 14 交换主控时钟板卡</td></tr>
<tr><td>Slot 9 接口板卡 10Gbit/s</td><td>Slot 10 接口板卡 10Gbit/s</td></tr>
<tr><td>Slot 11 接口板卡 10Gbit/s</td><td>Slot 12 接口板卡 10Gbit/s</td></tr>
<tr><td>Slot 15 电源板</td><td>Slot 16 电源板</td></tr>
</table>

6.2 设备安装

6.2.1 安全警告

传输设备的安装，首先应对安全警告相关事项予以严谨对待，以确保设备及人身安全。安全警告的具体内容如下。

（1）电压警告：遵守当地用电规范，操作时严禁佩戴手表、戒指等易导电物品。机柜有水，请关闭电源；上电前确保没有人员与电源接触。

（2）钻孔警告：在机柜上钻孔必须佩戴绝缘手套。注意防止飞溅的金属进入眼睛和机柜。钻孔后及时清扫机柜。

（3）雷击警告：为避免雷击损伤设备，应及时做好设备的接地工作。在出现雷电时，应避免人员与设备有任何接触。

（4）静电警告：进行设备操作（即存储、安装、拆封等）或插拔单板时应佩戴防静电手环。进行插拔单板操作时，切勿用手接触单板上的器件、布线或连接器引脚。

（5）腐蚀警告：一旦出现电池电解液外漏，应尽快将漏液电池搬离机房。在处理具有腐蚀性的物品时要佩戴防腐蚀手套，并做好通风工作。

（6）激光警告：进行光纤的安装、维护等各种操作时，严禁肉眼靠近或直视光纤出口。

（7）搬运警告：搬运前应检查设备是否有锐利的边缘。搬抬时避免身体出现扭曲或弯曲，应将设备贴近身体。

（8）堆放警告：严禁在设备周围堆放具有易燃、易腐蚀性的物体。安装后及时清理机房。

6.2.2　硬件安装流程

PTN 设备的硬件安装按照图 6-30 所示的传输设备硬件安装流程实施。

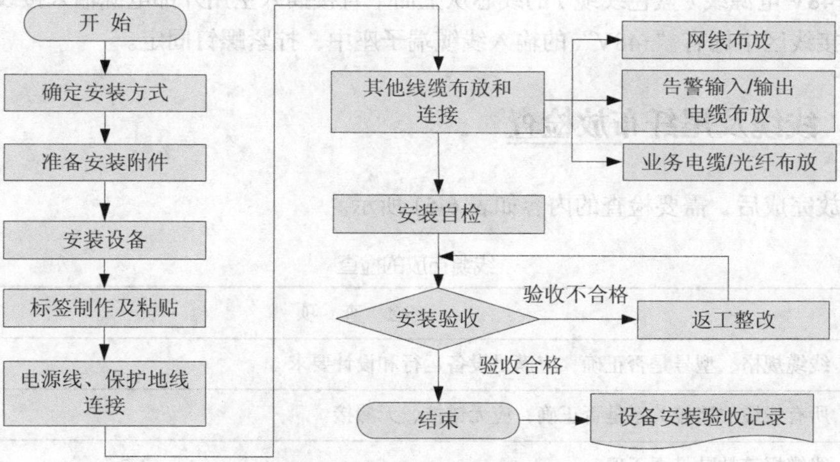

图 6-30　PTN 设备的硬件安装流程

6.2.3　供电与接地

1. 上走线布放电源线、地线的连接

（1）将电源线、地线经走线架引入机柜顶中部的电源线出线孔，直至电源分配箱的外部电源输入接线区。

（2）将电源线、地线在机柜顶部的电源线进线孔处用扎带绑扎固定。

（3）剥去电源线、地线的线缆外皮，使线芯露出约 8mm。

（4）将保护地线（黄绿相间的线缆）的线芯从上而下直接插入外部电源输入接线区中标有“PE”的输入线缆端子座中，拧紧螺钉固定。

（5）将电源地线（黑色线缆）的线芯从上而下直接插入主用外部电源输入接线区和备用外部电源输入接线区中标有“-48V RTN”的输入线缆端子座中，拧紧螺钉固定。

（6）将-48V 电源线（蓝色线缆）的线芯从上而下直接插入主用外部电源输入接线区和备用外部电源输入接线区中标有“-48V”的输入线缆端子座中，拧紧螺钉固定。

2. 下走线布放电源线、地线的连接

（1）下走线布放时，将电源线、地线经防静电地板下引入机柜底部中间的出线孔，沿机柜右侧走线区向上布放至电源分配箱的外部电源输入接线区。

（2）将电源线、地线在走线区内每隔一定距离用扎带绑扎固定一次。

（3）剥去电源线、地线的线缆外皮，使线芯露出约 8mm。

（4）将保护地线（黄绿相间的线缆）的线芯从上而下直接插入外部电源输入接线区中标有“PE”的输入线缆端子座中，拧紧螺钉固定。

（5）将电源地线（黑色线缆）的线芯从上而下直接插入主用外部电源输入接线区和备用外部电源输入接线区中标有“-48V RTN”的输入线缆端子座中，拧紧螺钉固定。

（6）将-48V 电源线（蓝色线缆）的线芯从上而下直接插入主用外部电源输入接线区和备用外部电源输入接线区中标有“-48V”的输入线缆端子座中，拧紧螺钉固定。

6.2.4 线缆及尾纤布放检查

线缆布放完成后，需要检查的内容如表 6-51 所示。

表 6-51　　线缆布放的检查

序　号	检　查　项
1	线缆规格、型号是否正确，应满足设备运行和设计要求
2	所有线缆的连接关系是否正确，应无错接、无漏接
3	线缆标签粘贴是否正确
4	电缆布放时应理顺，不交叉弯折
5	经过走线架时，应固定在走线架横梁上
6	电源线、地线走线转弯处应圆滑
7	设备的电源线、地线是否正确、可靠连接
8	电源线及地线线鼻柄和裸线需用套管或绝缘胶布包裹，线鼻、端子处无铜线裸露，平垫、弹垫安装正确
9	机柜门地线连接正确、可靠

续表

序　号	检　查　项
10	机柜、子架内具有金属外壳或部分金属外壳的各种设备都应正确接地，连接可靠
11	各种线缆的转弯处应放松，不得拉紧，避免线缆的根部、插头受到拉力，线缆转弯半径符合要求
12	槽道及走线梯上的线缆应排列整齐，所有线缆绑扎成束，线缆外皮无损伤
13	线缆中间无断线和接头，长度应按要求留有余量
14	同一走向的线缆应理顺绑扎在一起，使线束外观平直整齐，不能互相交叉；扎带接头应剪齐，没有尖刺外露，并位于线缆的下方
15	同一单板上相邻扎带的间距一致，不同单板上的扎带成行排列整齐，不得高低不一
16	子架各组件的安装位置不影响设备的出线和维护操作

尾纤布放完成后，需要检查的内容如表 6-52 所示。

表 6-52　　尾纤布放的检查

序　号	检　查　项
1	布放、连接应与设计相符
2	尾纤两端标签填写正确清晰、位置整齐、朝向一致
3	与光接口板、法兰盘等连接件的连接应可靠
4	连接点应清洁
5	绑扎间距均匀，松紧适度，美观统一
6	尾纤在机柜外布放时，应加装保护套管，且尾纤在保护套管中可自由抽动
7	尾纤布放不应强拉硬拽，不应有不自然的弯折，布放后无其他线缆压在上面
8	布放应便于维护和扩容
9	在 ODF 架内应理顺固定，对接可靠，多余尾纤盘放整齐

6.2.5　设备上电检查

PTN 设备的一次上电检查流程如图 6-31 所示。

1. 一次电源测试

一次电源测试的前提是供电设备至机柜的线缆已经完成布放和安装。

（1）确认机房为设备供电的回路开关及电源分配箱的空气开关处于断开状态。

（2）使用万用表测量设备电源输入端正负极无短路，核查端子标识是否正确无误、系统工作地是否接好，证实无误后接通为设备供电的回路开关。

（3）在传输设备侧用万用表测量一次电源电压，确认其极性正确，且电压值在−57.8 ~ −36.0V DC 范围内。

（4）使用万用表测量防雷保护地、系统工作地、-48V GND三者之间的电压差，应小于1V。

（5）一次电源的测试过程中如果发现不符合要求的部分，应及时处理并重新测试。

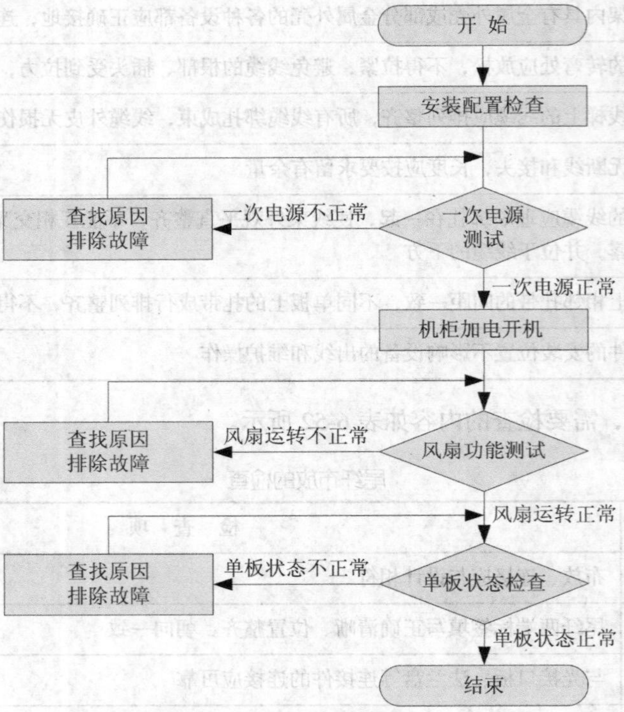

图6-31　上电检查流程

2. 机柜加电开机

机柜加电的前提是已完成一次电源测试检查。

（1）将子架接口区的所有单板拔出为浮插状态。注意，操作时应佩戴防静电手环。

（2）接通传输设备电源分配箱中的空气开关，此时可看到机柜告警灯板上的绿灯长亮，表明一次电源已经接入设备。

（3）如果出现绿灯不亮等异常情况，应立即断电处理。

3. 风扇功能测试

机柜加电开机正常后，应检查风扇插箱工作是否正常，同时初步验证设备内部的电源连接是否正常。

（1）接通传输设备电源分配箱中的空气开关。

（2）观察风扇运转情况。

（3）风扇正常运转时应只有均匀的嗡嗡声，如果有异常应立即停电检查。

（4）风扇不运转时，应注意检查风扇电缆是否已正确连接。

4. 单板状态检查

通过观察设备各单板的指示灯状态进一步了解设备运行情况。

检查标准：主控板 RUN 灯为绿色表示主板运行正常，MST 灯为绿色表示该板为主用，Alarm 灯为红色表示有告警，CLK 灯为绿色表示锁定时钟。光路对通的接口板的光模块对应的指示灯 Tx 常亮，Rx 规律性闪烁。

6.3 PTN 设备调测

6.3.1 设备调测流程

PTN 设备调测流程包括调测准备、单站调测、系统调测 3 部分，每部分又可细化出不同的工作要点或步骤。PTN 设备调测流程如图 6-32 所示。

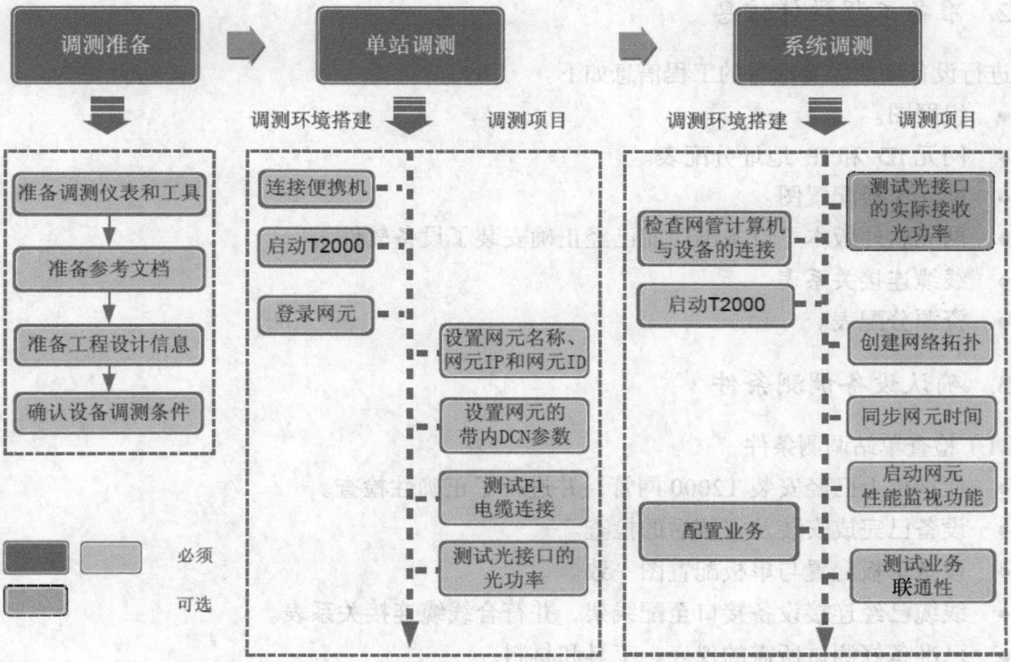

图 6-32　PTN 设备调测流程

6.3.2 调测准备

1. 准备调测仪表和工具

在调测前应准备好仪表、工具和材料。调测中需要使用的仪表、工具和材料如表 6-53 所示。

表 6-53　设备调测需要使用的仪表、工具与材料

工具名称	用　途
光功率计	该仪表应用在尾纤连接测试和光接口光功率测试中
光衰减器	该器件应用在光接口实际接收光功率测试中，对接收的光功率进行衰减，避免光器件受到损坏
便携机	该设备作为维护终端安装了 U2000 网管，用于对网元下发各种维护指令
2M 误码仪/SDH 分析仪	该仪表应用于 E1 信号的误码测试
尾纤	尾纤用于连接光接口至 ODF、光功率计以及光接口
交叉/直通网线	网线应用于连接网元、PC
2M 跳线	用于 2M CES 业务串接测试

2. 准备工程设计信息

进行设备调测需要准备的工程信息如下。

- 组网图。
- 网元 ID 和 IP 地址分配表。
- 网元单板配置图。
- 网元软件版本（设备出厂前已经正确安装了设备软件）。
- 线缆连接关系表。
- 资源分配表。

3. 确认设备调测条件

（1）检查单站调测条件

- 便携机上已经安装 T2000 网管，并进行了正确性检查。
- 设备已完成安装及安装后的检查。
- 设备单板配置与单板配置图一致。
- 线缆已经连接设备接口至配线架，并符合线缆连接关系表。
- 已准备好测试所需的仪表、工具和材料。

（2）检查系统调测条件

在满足单点调测条件的基础上，要进行系统调测还需满足以下条件。

- 网管中心机房已经安装 T2000 网管，并进行了正确性检查。
- 已经根据线缆连接关系表以及组网图正确连接各网元设备。
- 已准备好测试所需的仪表、工具和材料。

（3）测试连接点说明

在设备调测时，需要使用单板上的接口和按钮作为设备测试连接点，例如测试光功率，需要连接仪表到光接口板的光接口。PTN 设备测试连接点如图 6-33 所示，共计 20 个测试连接点。

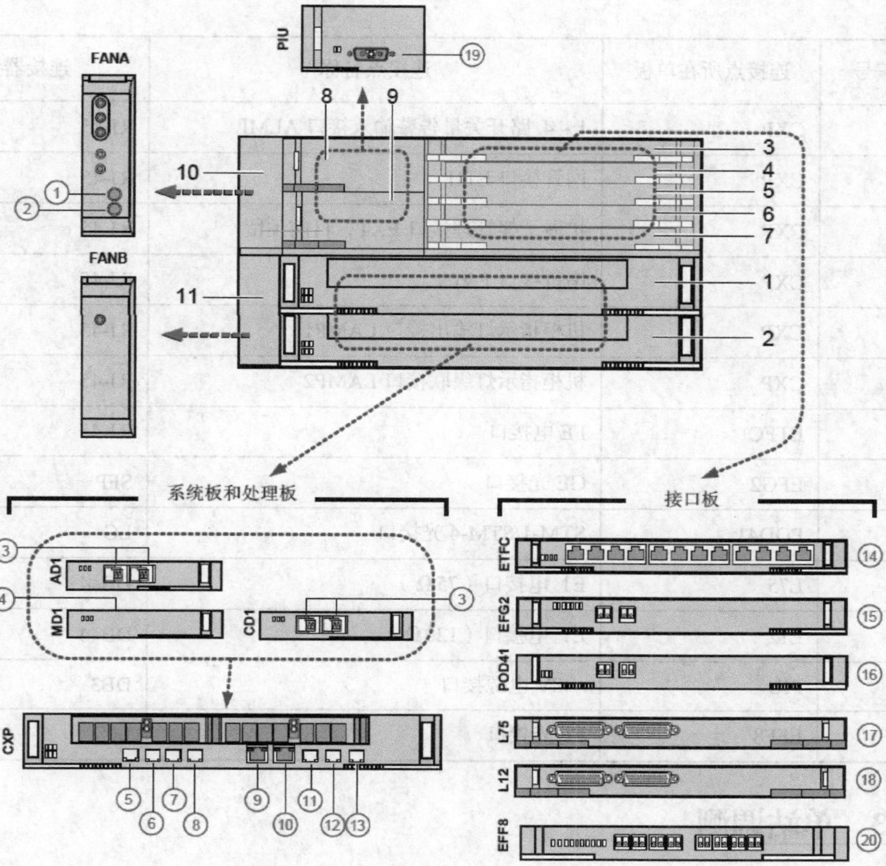

图 6-33　PTN 设备测试连接点

注：图中 1-11 的编号是指设备上插槽编号。①-⑳的编号是指测试连接点编号。

PTN 设备上各类测试连接点对应的单板、名称及连接器型号说明如表 6-54 所示。

表 6-54　测试连接点说明

连接点编号	连接点所在单板	连接点名称	连接器型号
①	FANA	子架单板告警指示灯测试按钮 LAMP TEST	RJ-45
②	FANA	告警切除按钮 ALMCUT	RJ-45
③	CD1/AD1	STM-1 光接口	RJ-45
④	MD1	无对外接口，与 L75/L12 配合使用	RJ-45
⑤	CXP	120 Ω 外时钟、时间输入/输出共用接口 CLK1/TOD1	RJ-45
⑥	CXP	120 Ω 外时钟、时间输入/输出共用接口 CLK2/TOD2	RJ-45
⑦	CXP	两路告警输出与两路告警级联共用接口 ALMO	RJ-45

续表

连接点编号	连接点所在单板	连接点名称	连接器型号
⑧	CXP	1～4 路开关量告警输入接口 ALMI	RJ-45
⑨	CXP	网管接口 ETH	RJ-45
⑩	CXP	扩展子架管理接口 EXT，目前预留	RJ-45
⑪	CXP	串行接口 F&f	RJ-45
⑫	CXP	机柜指示灯输出接口 LAMP1	RJ-45
⑬	CXP	机柜指示灯级联接口 LAMP2	RJ-45
⑭	ETFC	FE 电接口	RJ-45
⑮	EFG2	GE 光接口	SFP
⑯	POD41	STM-1/STM-4 光接口	LC
⑰	L75	E1 电接口（75Ω）	DB44
⑱	L12	E1 电接口（120Ω）	DB44
⑲	PIU	-48V 电源接口	DB3
⑳	EFF8	FE 光接口	LC

6.3.3 单站调测

单站调测是指对站点设备单独进行调试和测试，调试时需要使用便携机上安装的 T2000 网管对设备进行操作。T2000 可运行于 Windows、UNIX 两种操作系统上。

设备单站调测的主要步骤如下。

1. 接入便携机

将安装有 Windows 操作系统的便携机正确地连接到调测设备上，保证便携机与设备能正常通信，如图 6-34 所示。

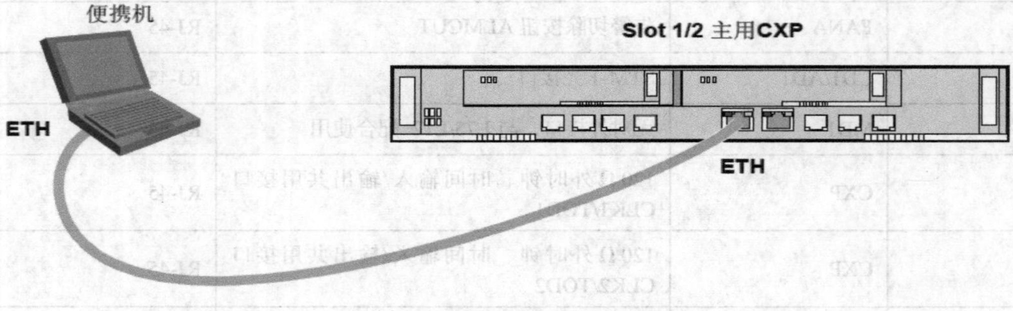

图 6-34 连接便携机与调测设备

2. 启动 T2000

（1）启动便携机。

（2）设置便携机 IP 地址。只有当便携机的 IP 地址与设备的 IP 地址位于同一网段时，才能使用便携机上安装的 T2000 网管登录设备，对设备进行调测。

（3）启动 T2000 服务器端。T2000 网管系统由服务器端和客户端组成，如果未启动 T2000 服务器端，则无法开启 T2000 客户端。

（4）登录 T2000 客户端。

3. 登录并配置网元

进入 T2000 网管系统后，登录网元并配置网元数据，然后才能对该网元设备进行操作。

4. 设置网络名称、网元 IP 和网元 ID

网管中心对网元进行管理时，通过名称在网管上标识网元，通过网元 IP 和网元 ID 寻址网元。设备出厂时已设置了默认的网元名称、网元 IP 和网元 ID，登录网元后，需要根据工程规划设置网元名称、网元 IP 和网元 ID。

5. 设置网元的带内 DCN 参数

网管中心通过带内 DCN 方式实现对 PTN 设备的管理，即业务信息与网管信息（DCN 报文）在同一物理链路中传输。创建并登录网元后，需要根据工程规划设置网元的带内 DCN 参数，确保能够在网管中心实现对网元的管理。

（1）设置带内 DCN 使用的 VLAN ID 和带宽。当采用以太网端口承载 DCN 报文时，网元通过网管专用的 VLAN ID 区分 DCN 报文和业务报文，因此工程调测时需要根据工程规划设置带内 DCN 使用的带宽与带内 DCN 报文的 VLAN ID。

（2）使能端口 DCN。只有当链路两端的端口都使能 DCN 接入功能后，链路才可以传输管理信息（DCN 报文）。

（3）设置网元的网关 IP。在一些组网应用中，例如被管理网络与网管中心通过数据网络相连时，需要根据工程规划设置网络中特定网元的网关 IP，以确保网管中心能够管理到网络中的所有网元。

6. 测试光接口的光功率

（1）测试光接口的平均发送光功率。

光接口的平均发送光功率过高或者过低都会导致设备产生误码，甚至会损坏光器件。光接口平均发送光功率测试连接示意如图 6-35 所示。

（2）测试光接口的实际接收光功率。

光接口实际接收光功率过高或者过低都会导致设备产生误码，甚至会对光器件造成损坏。本站光接口实际接收光功率测试连接示意图如图 6-36 所示。

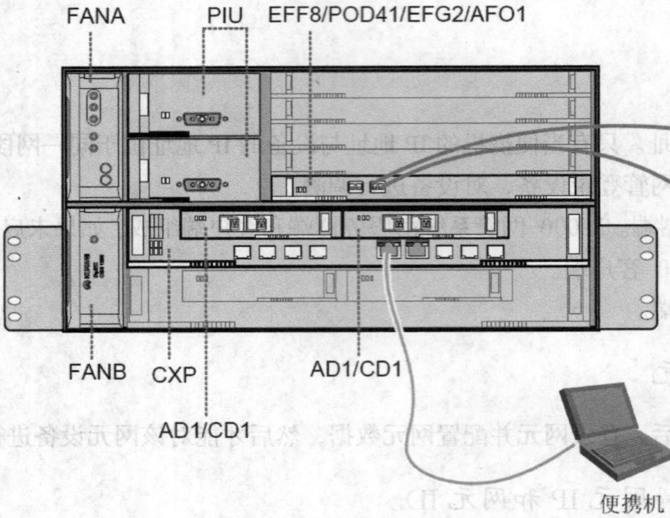

图 6-35　光接口平均发送光功率测试连接示意图

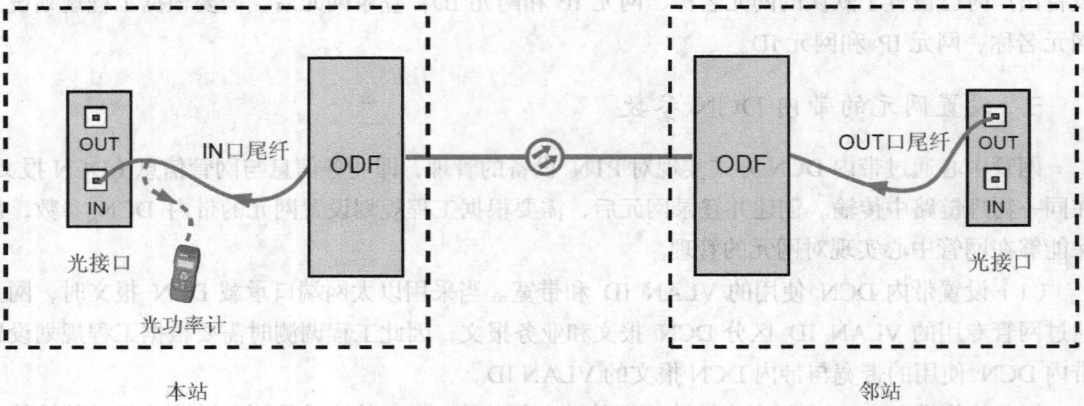

图 6-36　光接口实际接收光功率测试连接示意图

6.3.4　系统调测

系统调测是对组网完成后对传输系统的整体调试，主要调试步骤如下。

1. 测试光接口的实际接收光功率

单站调测过程中如果已经完成实际接收光功率的测试，可以跳过此步骤；如果没有完成，则需对光接口的实际接收光功率进行测试。

2. 检查网管计算机与设备的连接

（1）检查网管计算机与设备的直接连接。

（2）检查网管计算机通过局域网与设备的连接。

3. 启动 T2000

在系统调测中需要通过 T2000 对设备进行基本配置。启动 T2000 包括启动网管计算机、启动 T2000 服务器端、登录 T2000 客户端。

4. 创建网络拓扑

根据系统调测中各网元的实际连接在 T2000 上创建网络拓扑，以便在调测过程中通过 T2000 对各网元进行基本业务配置，执行各项调测任务。

（1）批量创建网元。

当 T2000 与网关网元通信正常时，能够在 T2000 上搜索出所有与该网关网元通信正常的网元，并在 T2000 上批量创建这些网元。批量创建网元比手动逐个创建网元更为快捷。

（2）配置网元数据。

网元创建成功后将处于未配置状态，此时需要在 T2000 上对网元进行数据配置，使网元进入运行状态，以便通过 T2000 对该网元进行管理和操作。

（3）手工创建光纤连接。

在 T2000 上完成对各网元的数据配置后，需要根据工程图手工创建网元间的光纤连接。

5. 同步网元时间

调整网元时间，使之与网管时间同步，确保网管可以准确地记录告警、性能事件及异常事件发生的时间。

练习与思考

1. 分别列出华为和中兴的典型 PTN 设备的类型及其应用。
2. 简述 PTN 设备硬件安装流程。
3. 电源线和地线安装检查应注意哪些事项？
4. 简述设备调测流程。

第7章 PTN 组网建设

【学习目标】

- 熟悉典型的 PTN 组网应用。
- 掌握 PTN 组网规划原则。

7.1 PTN 组网应用与建设

7.1.1 PTN 组网应用

PTN 通过融合 IP、MPLS 和光传输技术实现网络扁平化的目的，其基本特征是提供点到点的 L2 隧道，可以广泛用于城域传输网和宽带接入网的二层汇聚网络以及 4G 基站到 RNC 的基站回传段，如图 7-1 所示。

在网络规划与建设方面，PTN 与传统的 SDH/MSTP 在物理构架上类似，同样分为核心层、汇聚层和接入层，可组织环网、链型网、网状网等。

根据网络的规模不同，可分别按照大型城域网和中小型城域网制定组网模型。

大型城域网：接入节点数量较大，业务量大，网络结构复杂，层次多。

中型城域网：接入节点数量适中，业务量较大，网络结构较复杂。

小型城域网：接入节点数量较小，业务量小，网络结构简单，层次一般只有两层。

对于小型城域网，接入层采用 GE 组环，汇聚层采用 10GE 组环，由于业务量相对较小，因此在核心层仍可采用 10GE 组环。

对于大中型城域网，接入层采用 GE 组环，汇聚层采用 10GE 组环，由于业务量相对较大，汇聚层的 10GE 环容量已经很满，如果在核心层仍采用 10GE 组环，则无法对带宽进行收敛，在此情况下，可建设成直达方式，组成网状网。另外，在业务终端节点同样需配置 PTN 设备，一方面实现对业务的端到端管理，另一方面可识别 4G 基站的标识，将相应的业务配置到对应的 LSP 通道中。核心层负责提供核心节点间的局间中继电路，并负责各种业务的调度，应该具有大容量的业务调度能力和多业务传输能力；可采用 10GE 组环，节点数量为 2 ~ 6 个，也可采用 Mesh 组网。汇聚层负责一定区域内各种业务的汇聚与疏导，应具有较大的业务汇聚能力和多业务传输能力，采用 10GE 组环，节点数量宜为 4 ~ 8 个。接入层应具有灵活、快速的多业务接入能力，采用 GE 组环。对于 PTN，为了安全起见，节点数量不应超过 15 个；对于 IPRAN，不应多于 10 个。

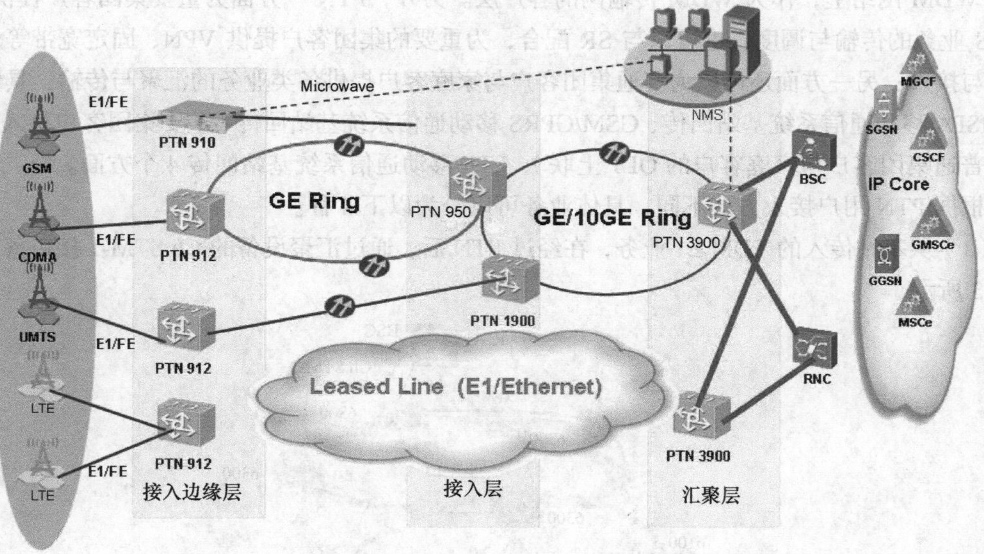

图 7-1　PTN 典型网络应用

移动 Backhaul 网络的典型应用如图 7-2 所示。

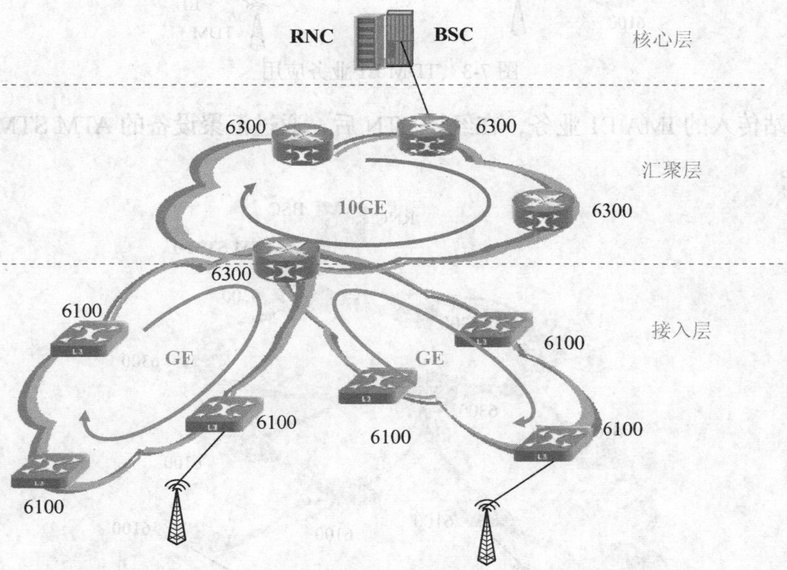

图 7-2　移动 Backhaul 网络的典型应用

7.1.2　PTN 的业务定位

PTN 主要承载高价值的以太网类分组化电路业务，如 2G、4G、LTE 业务以及重要的集团客户业务。

城域传输网主要为各类移动通信网络提供无线业务的回传与调度，在核心层、汇聚层可以承载于 WDM 网络上，作为 WDM 传输网的客户层。另外，PTN 一方面为重要集团客户提供 VPL/VPLS 业务的传输与调度，也可以与 SR 配合，为重要的集团客户提供 VPN、固定宽带等业务的传输与接入；另一方面还可以为普通集团客户与家庭客户提供各类业务的汇聚与传输，具体包括 4G/HSPA 移动通信系统基站回传、GSM/GPRS 移动通信系统基站回传、重要集团客户接入（近期包括普通集团客户与家庭客户的 OLT 上联）、LTE 移动通信系统基站回传 4 个方面。

根据 PTN 用户接入方式不同，具体业务可以分为以下 4 种。

（1）从基站传入的 TDM E1 业务，在经过 PTN 后，通过汇聚设备的 Ch.STM-1 接口落地，如图 7-3 所示。

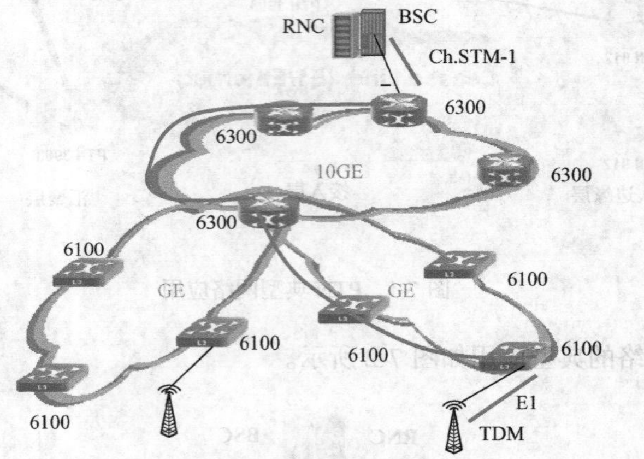

图 7-3　TDM E1 业务应用

（2）从基站传入的 IMA E1 业务，在经过 PTN 后，通过汇聚设备的 ATM STM-1 接口落地，如图 7-4 所示。

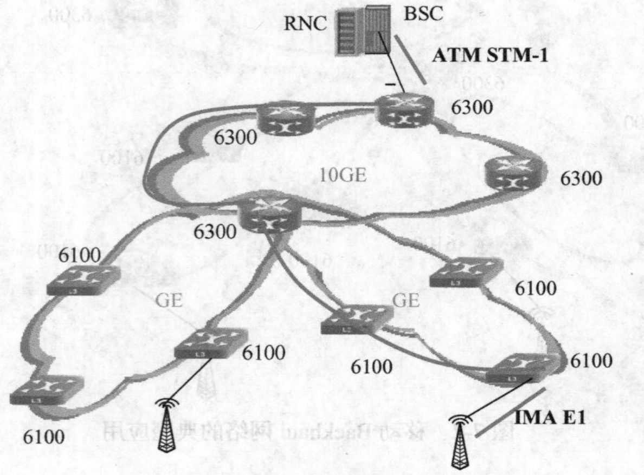

图 7-4　IMA E1 业务应用

（3）从基站传入的 FE 业务，在经过 PTN 后，通过汇聚设备的 GE/FE 接口落地，提供标准的 E-Line 业务，如图 7-5 所示。

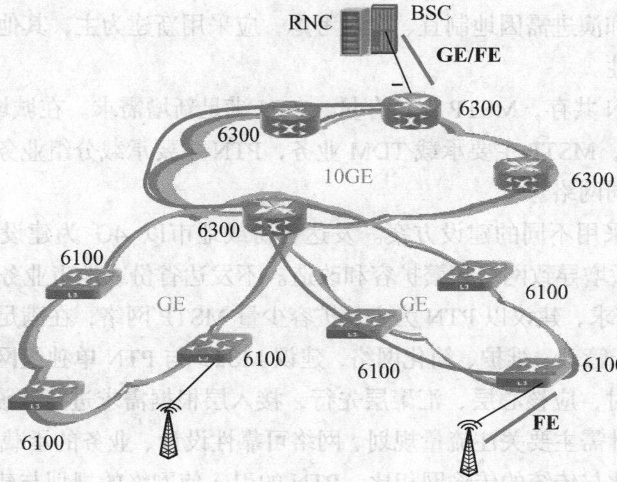

图 7-5　FE 业务应用

（4）通过节点间的隧道建立连接，提供 E-Lan 业务实例，如图 7-6 所示。

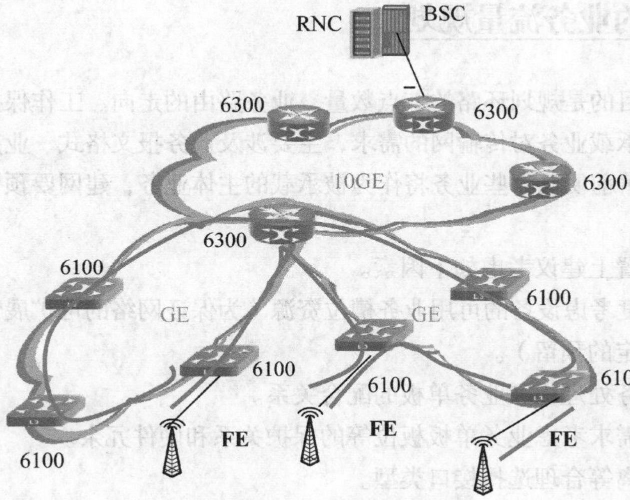

图 7-6　E-Lan 业务实例应用

7.2　PTN 规划

7.2.1　PTN 设计原则

根据 PTN 技术特点、应用定位以及与其他技术的关系，在进行规划设计时需要考虑以下建网原则。

（1）需充分考虑未来 4 年的业务发展需求，网络建设应能够满足后期 3G 基站和 2G 基站的统一承载需求。

（2）PTN 的引入和演进需因地制宜、全盘考虑，应采用新建为主，其他方式补充，确保网络建设的合理性、经济性。

（3）MSTP 与 PTN 共存，MSTP 保持存量，PTN 满足新增需求。在城域网接入层面，MSTP 与 PTN 网络长期共存，MSTP 主要承载 TDM 业务，PTN 主要承载分组业务。在网络演进期间，业务流向可能会跨不同网络。

（4）不同的地方采用不同的建设方案。发达省份或地市以 4G 为建设主力，可以全网新建 PTN，避免业务量的激增导致网络频繁扩容和改造。不发达省份或地市业务量需求相对较小，短期内仍有少量 TDM 需求，建议以 PTN 为主，扩容少量 MSTP 网络，在满足业务的同时，适当考虑远期需求。为了便于管理、维护、简化网络，建议 MSTP 与 PTN 单独组网，尽量避免业务流向跨越不同网络。建设时，应核心层、汇聚层先行，接入层根据需求进行建设。

总之，PTN 的设计需主要关注流量规划、网络可靠性设计、业务的承载和规划、VLAN 的规划等多方面因素。因此与传统的传输网相比，PTN 的引入使网络的规划与建设发生了很大变化。随着业务网的发展变化，网络的演进和变革是不可逆转的趋势，分组化的城域传输网技术会随着 IP 化业务的发展而不断演进。

7.2.2 PTN 的业务流量规划

业务流量规划的目的是规划环路的节点数量、业务路由的走向、工作保护路径，需要了解所承载业务的类型以及承载业务对传输网的需求，主要涉及业务报文格式、业务带宽、业务量，分析业务需求，网络部署前明确哪些业务将作为被承载的主体业务，建网要预留哪些后续业务的接入和传输的能力。

在设备的硬件配置上建议考虑如下因素。

（1）根据时间维度考虑设备的可用业务槽位资源（为保证网络的可扩展性，建议对设备槽位和交换容量等进行一定的预留）。

（2）合理配置业务处理板和业务单板的配合关系。

（3）根据保护的需求考虑业务单板板位等的保护关系和硬件冗余。

（4）根据传输距离等合理选择接口类型。

1. PTN 的业务特点和容量分析规划

（1）业务模型规划

PTN 面对的业务模型及其带宽需求规划如下。

- 2G：4 ~ 20Mbit/s。
- 4G：20 ~ 100Mbit/s。
- 重要集团客户：40 ~ 100Mbit/s。

采用分组化城域传输网承载的业务带宽估算，可根据实际需求进行规划，如表 7-1 所示。

表 7-1　　　　　　　　　　PTN 的业务流量规划

业务类型	收敛比	峰值带宽	实际估算带宽	备注
2G 基站	1∶1	20Mbit/s	20Mbit/s	室外站：900Mbit/s、1800Mbit/s 各 36 载频 室内战：900Mbit/s/12 载频
3G 基站	1∶1	100Mbit/s	67Mbit/s	A、B、C 频段满配，开通 HSDPA
重要集团客户	1∶1	100Mbit/s	100Mbit/s	

（2）PTN 容量分析

接入层为 GE，核心汇聚层为 10GE，在配置为 1∶1 保护时，资源利用率为 50%。

报文的封装效率：报文与开销的比例越大，报文的平均长度越长，传输效率越高；考虑各种封装，有效带宽约为 80%；如果采用 OAM 等管理开销，链路有效传输效率一般按照 70%计算。

基本的流量规划：沿用以前 MSTP 的方式定义每条业务和承载管道的 CIR/PIR，物理管道作为最大承载能力（可设置网络中每跳的最大负荷，如不超过链路带宽的 80%），业务管道的 CIR 为固定带宽。

（3）PTN 容量的分层规划

考虑到统计复用和保护方式的改变带来的变化，必须使用分层规划的方法。

① 接入环容量分析。

按照接入节点的实际上传容量（nMbit/s）、未来扩容预期指数（a）、800M 的环网带宽（1G ×80%）容量限制，规划接入环节点数量为 800/（$n \times a$）。

② 核心汇聚环容量分析。

在双节点互联的情况下，一般将接入环流量平均分配在两个核心、汇聚节点上，避免接入环节点发生故障时接入环的所有业务都发生倒换。汇聚环一般为 10GE 环网，按每个接入环 800M 计算，汇聚节点交叉容量应能够满足的接入环数量为 n×800M+线路交叉容量。

在汇聚层进行复杂组网时，流量选择路由较多，规划时应考虑以下因素。

- 各接入环域业务流量就近接入，在向上层传输时按照各节点分流的方式，应避免过多业务路径经过同一中间汇聚节点，避免保护路径和主用路径在中间某一节点相交。
- 统计每一条业务管道的 CIR，逐跳验证每个物理连接在正常情况和保护倒换方式下的带宽使用情况。

（4）PTN 业务区分与分类思路

4G 网络要求下层的 PTN 具有 VLAN 规划功能，因为 4G 网络的 Iub 接口 IP 化后需采用 VLAN 对基站进行隔离。

RNC 具备 VLAN 汇聚及标签处理能力，可以减少 RAN Iub 接口 IP 地址配置数量。

每个 Node B 规划两个连续的 VLAN ID，目前原则上安排一个 VLAN 号，预留一个 VLAN 号。VLAN 号从 2 开始，由低到高进行规划，不同 RNC 下的 Node B VLAN 号允许重叠，应与业务网协商规划；RNC 支持 IP 对每个基站分配一个独立的 VLAN，VLAN 的 Pri 域映射了业务的优先级。RNC 按照端口为每个基站分配唯一的标识 VLAN ID，RNC 下不同的端口允许 VLAN ID 重复。

PTN/IPRAN 设备识别报文的 VLAN，并映射进路径，VLAN 的优先级对应于通道（PW）的 EXP 域。在 PTN/IPRAN 网络中，不同的优先级就是不同的业务，对 PW 中的不同优先级采用不同的带宽控制策略。

采用 E-Line 业务进行业务传输时，每个基站配置一条路径，每条路径是一条通道（PW），通过通达的优先级区分业务，从而对不同的业务采用不同的带宽控制策略。

2. 物理链路规划

（1）物理链路类型

PTN 的物理链路类型如图 7-7 所示。

PTN 设备的链路类型包括 E1、cSTM-1、STM-1、FE、GE 链路、10GE 链路。

无线基站的链路类型包括 E1、FE。

无线基站控制器的链路类型包括 cSTM-1、STM-1、GE。

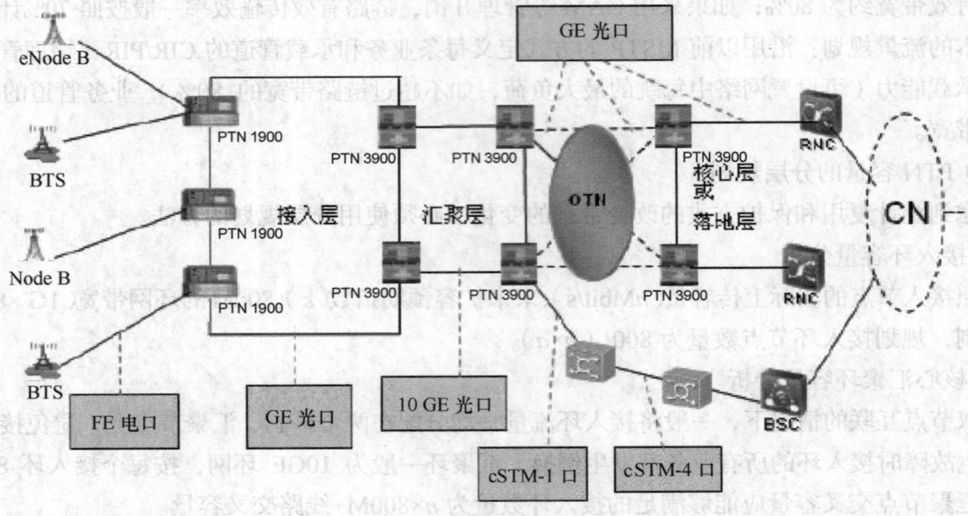

图 7-7　物理链路类型

（2）链路规划原则

- 流量在各链路上应满足最小路径花费和均衡分布，计算流量时应预留保护隧道的流量，即所有接入到环上的流量之和乘以 2 不能大于环的物理链路带宽（不考虑汇聚收敛比的情况）。
- 工作与保护 APS 隧道应分别部署到环的东西向。
- 兼顾时钟方案，APS 倒换时最好时钟也跟着倒换。
- 兼顾时钟精度、业务量发展的要求，规划时要求 GE 接入环上的站点个数小于或等于 20。
- 业务流量汇聚收敛比要与客户一起沟通确定，建议为 1 : 1。

3. 业务承载方式

（1）2G 业务承载

2G 通信业务基站 BTS 与 BSC 之间采用 TDM 线路进行通信，在 PTN 设备上采用 PWE4 中的 CES 技术承载，如图 7-8 所示。

基站接入侧：PTN 910 通过 E1 口与 BTS 对接，然后进行 CES 仿真。

网络侧：PTN 之间通过端到端的 CES PW 传输到汇聚点。

基站控制器接入侧：PTN 3900 作为汇聚设备用 cSTM-1 与 BSC 对接，恢复 E1 信号。

CES 业务转发等级默认为 EF，不需要用户配置 CES 业务带宽，网元会自动计算并保证带宽。

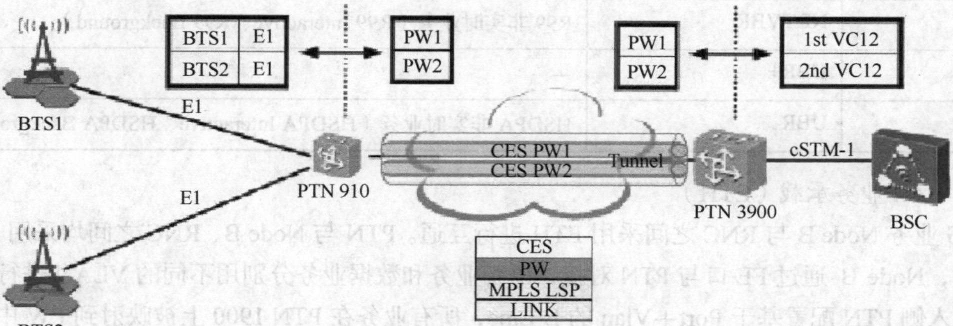

图 7-8　2G 业务承载示意图

（2）4G 业务承载（ATM）

Node B 把多个 E1 口捆绑封装成 IMA 组接入 PTN，语音业务、数据业务分别用不同的 VPI/VCI，其中语音业务占用一组 VPI/VCI，数据业务占用一组 VPI/VCI。

接入侧 PTN 进行 PVC 的转换，两种业务在接入点由 PTN 1900 转换为 RNC 上对应的 PVC，PTN 1900 对 PVC 连接进行 PWE4 封装，映射到 PW 中，通过端到端的 Tunnel 透传到汇聚节点。在汇聚节点，PTN 3900 把 PWE4 封装的 ATM 业务还原，封装为非通道化的 STM-1 送至 RNC。4G 业务承载（ATM）示意图如图 7-9 所示，4G 业务 QoS（ATM）如表 7-2 所示。

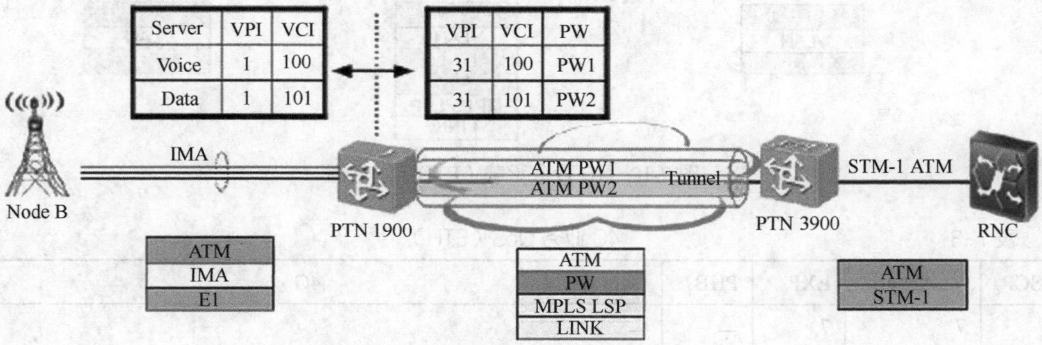

图 7-9　4G 业务承载（ATM）示意图

表 7–2　　4G 业务 QoS（ATM）

EXP	ATM 业务流量类型	4G
7	—	—
6		
5	CBR	实时语音业务、信令（R99 Conversational、R99 Streaming）、时钟
4		—

续表

EXP	ATM 业务流量类型	4G
4	RTVBR	OM、HSDPA 实时业务
2	NRTVBR	R99 非实时业务（R99 Interactive、R99 Background）
1	UBR+	—
0	UBR	HSDPA 非实时业务（HSDPA Interactive、HSDPA Background）

（3）4G 业务承载（ETH）

4G 业务 Node B 与 RNC 之间采用 ETH 进行互通。PTN 与 Node B、RNC 之间均采用 ETH 链路承载，Node B 通过 FE 口与 PTN 对接，语音业务和数据业务分别用不同的 VLAN 进行业务区分。接入侧 PTN 配置基于 Port＋Vlan 的 E-Line，所有业务在 PTN 1900 上被映射到 PW 中，通过 PTN 的端到端 Tunnel 透传到汇聚节点。在汇聚节点，PTN 3900 把 PWE4 封装还原，再通过 ETH 传给 RNC。VLAN 用来标志业务和基站，RNC 出来的流量通过 VLAN 标识到达基站。4G 业务承载（ETH）示意图如图 7-10 所示，4G 业务 QoS（ETH）如表 7-3 所示。

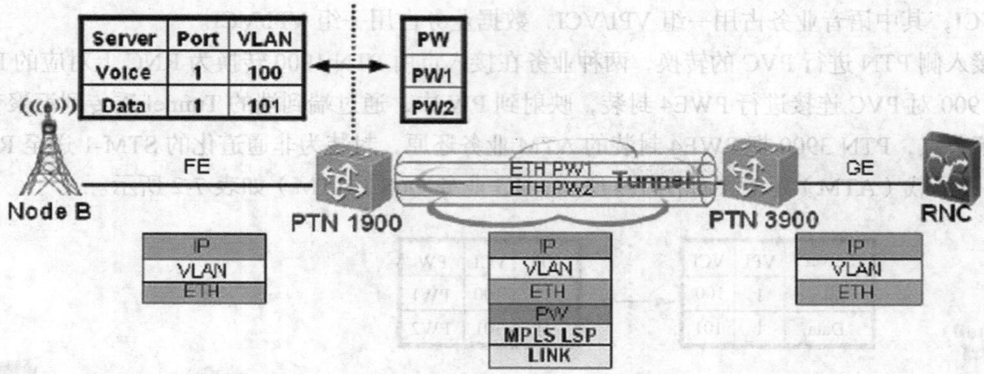

图 7-10　4G 业务承载（ETH）示意图

表 7-3　　　　　　　　　　　4G 业务 QoS（ETH）

DSCP	VLAN pri	EXP	PHB	4G
	7	7	—	—
	6	6	—	—
46	5	5	EF	实时语音业务、信令（R99 Conversational、R99 Streaming）、时钟
	4	4	—	—
26	4	4	AF4	OM、HSDPA 实时业务
18	2	2	AF2	R99 非实时业务（R99 Interactive、R99 Background）
0	1	1	AF1	—
	0	0	BE	HSDPA 非实时业务（HSDPA Interactive、 HSDPA Background）

7.2.3　网络资源规划

1. 网元 ID 规划

华为公司的传输设备使用网元 ID 作为设备标识，所以需要为设备配置网元 ID。网元 ID 的规划原则如下。

（1）网元 ID 为 24 位的二进制数，分为高 8 位和低 16 位。高 8 位是扩展 ID，又称子网号，用于标识不同子网，其取值不能等于 0，也不能大于或等于 2^8。低 16 位是基础 ID，其取值不能等于 0，也不能大于或等于 2^{16}。

（2）环形网络中，网元的 ID 号应沿环网的同一个方向逐一递增。

（3）复杂组网应分解成环和链，先分配环上网元 ID 为 1 ~ N，再分配链上网元 ID 为 $N+1$，$N+2$ 等。

例如：网元 ID 格式为 XX.Y1.Y2。

XX：子网编号，即扩展 ID，从 11 开始递增。没有从 0 开始主要是因为考虑到传输网内存在扩展 ID 为 9 的网元，规划 11 ~ 42，共计 32 个。

Y1：汇聚环号（目前按照地区进行编号），从 0 开始递增。

Y2：基础 ID，从 1 开始逐个网元递增。

2. 网元 IP 规划

IP 地址不仅在网关网元与网管通信时使用，而且在带内 DCN 中，网元 IP 也是 DCN 网络采用 OSPF 路由协议的基础。规划网元 IP 地址应遵循以下原则。

（1）每个网元必须有一个唯一的 IP 地址。

（2）网元可以使用标准的 A、B、C 类 IP 地址，即网元的 IP 地址范围为 1.0.0.1 ~ 224.255.255.254，但不能使用广播地址、网络地址和地址 127.x.x.x。子网地址 192.168.x.x 和 192.169.x.x 也不能使用。

（3）IP 地址必须与子网掩码一起使用，支持可变长度的子网掩码。默认子网为 129.9.0.0，子网掩码为 255.255.0.0。

（4）网元使用静态路由协议直接接入网管时，建议网关网元与非网关网元使用不同的 IP 子网。一般核心节点和骨干汇聚环上的大型 PTN 节点配成网关网元。

（5）采用以太网连接的两个网络，必须分别划分到不同的 IP 子网，以避免网络划分区域时部分网元不能被网管接入。

（6）网络中所有业务端口 IP 所在的网段，不能和网络中任意网元的管理 IP 所在的网段发生重叠，例如，129.9.0.0/16 与 129.9.1.0/24 两个网段是大小网段包含的，前者包含后者。

建议非网关网元的 IP 地址与网元 ID 进行同样规则变化，一般不用人工配置。在这种情况下，若 IP 的格式为 129.E.A.B，其中的第二位 E 为网元的扩展 ID，默认值为 9；A 和 B 为网元的基础 ID 中的高 8 位和低 8 位。例如，网元 ID 为 XX.Y1.Y2，则网元 IP 地址为 129.XX.Y1.Y2。但是如果采用人工设置网元的 IP 地址，那么 IP 地址与 ID 的对应关系不再存在。

3. 网关网元的规划

网关网元的规划应该遵循以下原则（与 MSTP 设备相同）。

（1）正确设置网关网元的 IP 及子网掩码。

（2）只有通过网线（主控板 ETH 口）接入网管的设备才可以作为网关网元。

（3）在实际组网中，网关网元的数据流量最大。为了保证通信的稳定性，应尽量选择 DCN 处理能力强的设备作为网关网元，并且使网关网元与其他网元连接成星形，减少其他网元的数据流量。

（4）为保证网管与网络连接的可靠性，建议选择一个备份的网关，备份网关的选择条件与主用网关的选择条件一样。同时，也可以让备份网关管理部分网元，使两个网关网元互为主备，这样有利于网络的稳定。

4. Node ID 的规划

PTN 设备使用 Node ID 作为控制平面的节点标识，因此需要为设备配置 Node ID。Node ID 为 42 位的 IP 地址格式，例如，Node ID 为 10.XX.Y1.Y2（同网元 ID 格式）。MPLS 控制平面需要为每个组网业务接口配置一个 IP 地址。Node ID 可以使用标准的 A、B、C 类的 IP 地址，范围为 1.0.0.1 ~ 224.255.255.254，但不能使用广播地址、网络地址和地址 127.x.x.x。子网地址 192.168.x.x 和 192.169.x.x 也不能使用。

Node ID 规划原则如下。

（1）每个网元必须有一个独立的 Node ID，且网络内全局唯一。

（2）不能与设备的网元 IP 地址相同，且不能属于相同网段。

（3）不能与设备上的接口 IP 地址属于同一个网段。

（4）根据端口 IP 规划原则和用户分配的端口 IP 网段，网元的端口 IP 地址直接由 T2000 规划设计完成。

5. 组网业务接口 IP 地址规划原则

（1）每个接口必须有一个独立的 IP 地址，且网络内全局唯一。

（2）不能与设备的网元 IP 地址相同，且不能属于相同网段，也不能重叠。

（3）不能与设备 Node ID 属于同一网段。

（4）同一网元内部的不同端口，IP 地址不能属于相同网段。

（5）以太链路上两端的接口 IP 地址应该在同一个网段。

7.2.4 PTN 网管与 DCN 规划

1. PTN 网管规划原则

（1）PTN 网管采用中心式、图形化界面，具备业务的端到端部署、管理、维护等功能。

（2）网管要具备一定规模设备组网的管理能力，单台网管服务器最少可满足移动通信网络中小规模城市的 4G 承载网的建设需求。

（3）网管系统应能完成配置管理、故障管理、性能管理、安全管理、通信管理、日志管理、中心及报表管理等基本功能。

（4）网管系统推荐选用具备与传统 SDH/MSTP/WDM 设备、汇聚层 Router 统一管理能力的系统，通过归一化降低管理运营维护成本。

（5）在网管部署的架构上，初期采用单机服务器，后续考虑双机容灾备份的解决方案。

（6）网管规划要根据各厂商具体的规格与性能合理选择网管硬件与规划管理域。

（7）网管规划还要考虑到 DCN 的规划与设计，尤其要关注 DCN 通道作为运营网络的可靠性和安全性。

2. 网管管理能力规划

PTN 使用 T2000 进行管理、维护，所以在网络规划时要考虑 T2000 的管理能力，以便选择网管的硬件和管理域。T2000 管理能力是指在保证规定性能指标的情况下所能管理的最大网元数量。综合考虑各种因素，T2000 管理能力的计算公式如下。

$$T2000\ 管理能力（最大管理网元数）= 2000 \times A \div B$$

其中，A 为网管硬件平台的管理能力系数，如表 7-4 所示；B 为 PTN 设备的等效系数，如表 7-5 所示。

表 7-4　网管硬件平台的管理能力系数

品　牌	硬件平台	管理能力系数（T2000 等效网元）	接入客户端的最大值（个）
SUN	SUN SPARC Enterprise	6	64
	MT5520（8CPU）	6	64
	SUN SPARC Enterprise	6	64
	M4000（2CPU）	6	64
IBM	IBM X4850	2	48
DELL	DELL PE 6800	10	100

表 7-5　PTN 设备的等效系数

设备类型		等效系数
PTN 框式系列	PTN 3900	4.5
	PTN 1900	2.5
PTN 盒式系列	PTN 910	1.5
	PTN 912	1

网管根据现网设备部署的类型和数量计算出网管的管理能力，再根据这个管理能力设计需要几套 T2000 网管。例如，计划部署 1872 套 PTN 1900 和 60 套 PTN 3900，则等效网元数为 $1872 \times 2.5 + 60 \times 4.5 = 4950$，可见等效网元数小于 6000，所以可以使用一套 T2000 网管进行管理。

3. DCN 规划

如图 7-11 所示，PTN 的网管通过数据通信网络（Data Communication Network，DCN）与网元建立通信，并对网元进行管理和维护。DCN 系统为网络单元设备提供管理和控制信息的通信功能，属于管理层面，不属于用户业务传输平面，但为用户业务操作提供支撑。

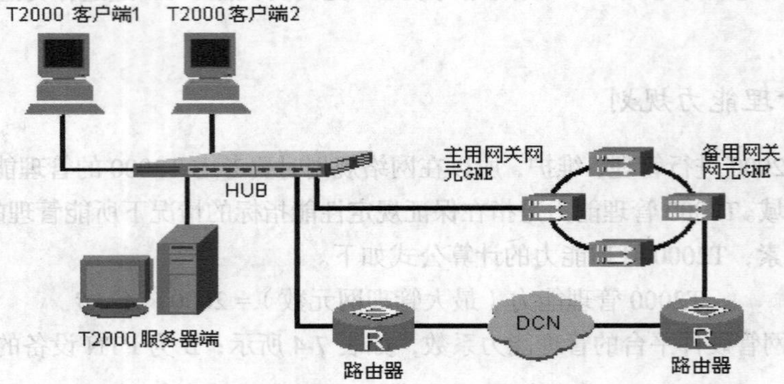

图 7-11 PTN 的网管通过 DCN 与网元通信

在部署网管时，按照网管流量规划为采用带外 DCN 网络承载和采用带内 DCN 网络承载。

其中，采用带内 DCN 网络承载方式如图 7-12 所示，是 PTN 设备利用业务通道完成网络设备管理的组网方式，网络管理流量通过设备的业务通道传输。该方式的优势在于部署灵活，不需要额外的网络设备；缺点主要是占用业务通道的带宽，在 PTN 故障时会影响对于网络的监控。在 PTN 设备独立组网时，一般推荐带内 DCN 网络承载的方式。

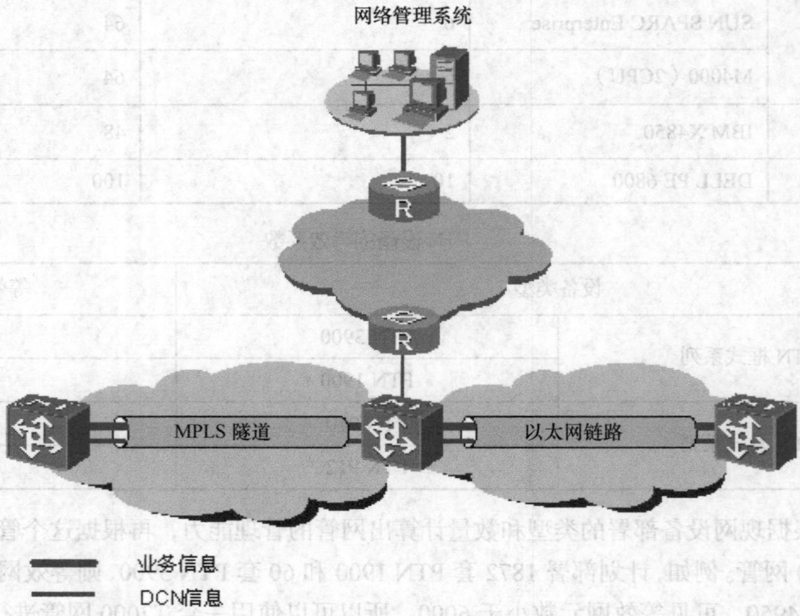

图 7-12 带内 DCN 网络承载方式

带内 DCN 规划原则如下。

（1）使用 T2000 管理网元时，同一个网关网元接入的非网关网元数量不能超过 60 个。

（2）若和第三方设备混合组网，要求第三方设备支持对 DCN 报文设定特定 VLAN（默认值为 4094，网管可配置）。

（3）对于 ETH 端口（EX2、EFG2、EG16）的 DCN 带宽，非网关网元建议配置 1Mbit/s，网关网元 DCN 带宽建议配置成 2Mbit/s，其他场景配置默认 DCN 带宽（512kbit/s）。

（4）关于 E1 端口（CD1、MQ1、MD1）的 DCN 带宽配置，PTN 框式设备（PTN 3900、PTN 2900、PTN 1900）建议配置为 512kbit/s，PTN 盒式设备（PTN 950、PTN 910、PTN912）建议配置为 192kbit/s。

（5）为了保证通信网络的可靠性，DCN 组网应该尽量组成环形，以确保在发生断线或者网元异常时可以提供路由保护。

7.2.5　可靠性规划设计

PTN 设备提供了设备级保护、网络级保护和接入链路保护。设备级保护包括电源板 1+1 保护、主控板 1+1 保护、交叉时钟板 1+1 保护等关键板卡的冗余备份及 TPS N：1 保护等；网络级保护包括 LSP/PW 线性保护、环网保护、线性复用段 LMSP 1：1/1+1 保护及双归属保护；接入链路保护包括链路聚合（LAG）保护、ML-PPP 多链路保护、IMA 保护等。下面主要对 LSP 线性保护和 LAG 保护进行介绍。

1. LSP 线性保护

LSP 线性保护分为路径保护和子网连接保护。路径保护分为单向 1+1 T-MPLS 路径保护和双向 1:1 T-MPLS 路径保护。

（1）单向 1+1 T-MPLS 路径保护

在 1+1 结构中，保护路径是每条工作路径专用的，工作路径与保护路径在保护域的源端进行桥接。业务在工作路径和保护路径上同时发向保护域的宿端，宿端基于某种预先确定的准则（如缺陷指示）来选择接收来自工作路径或保护连接上的业务。为了避免单点失效，工作连接和保护连接走分离的路由。

单向 1+1 T-MPLS 路径保护的倒换类型是单向倒换，即只有受影响的连接方向倒换至保护路径，两端的选择器是独立的。1+1 T-MPLS 路径保护的操作类型可以是非返回或返回的。

单向 1+1 T-MPLS 路径保护倒换结构如图 7-13 所示。在单向保护倒换操作模式下，保护倒换由保护域的宿端选择器完全基于本地（即保护宿端）信息来完成。工作（被保护）业务在保护域的源端永久桥接到工作路径和保护连接上。若使用连接性检查包检测工作路径和保护连接是否发生故障，则它们同时在保护域的源端插入工作路径和保护路径，并在保护域宿端进行检测和提取。需注意，无论路径是否被选择器所选择，连接性检查包都会在上面发送。

如果工作路径上发生单向故障（从节点 A～Z 的传输方向），如图 7-14 所示。此故障将在保护域宿端节点 Z 被检测到，然后节点 Z 选择器将倒换至保护路径。

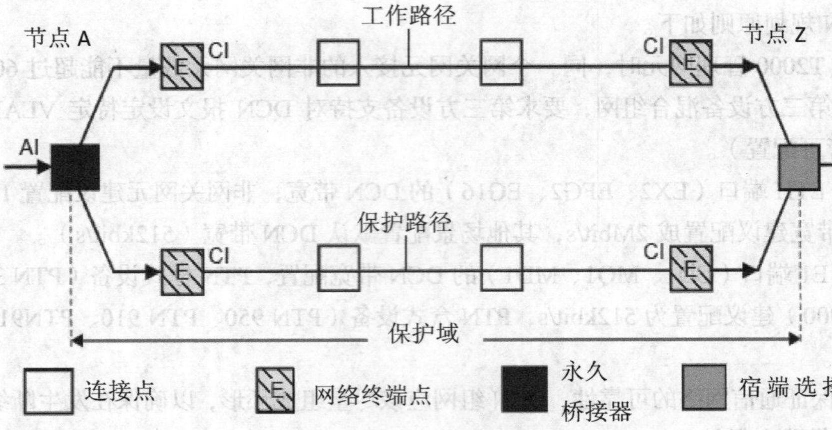

图 7-13 单向 1+1 路径保护倒换结构

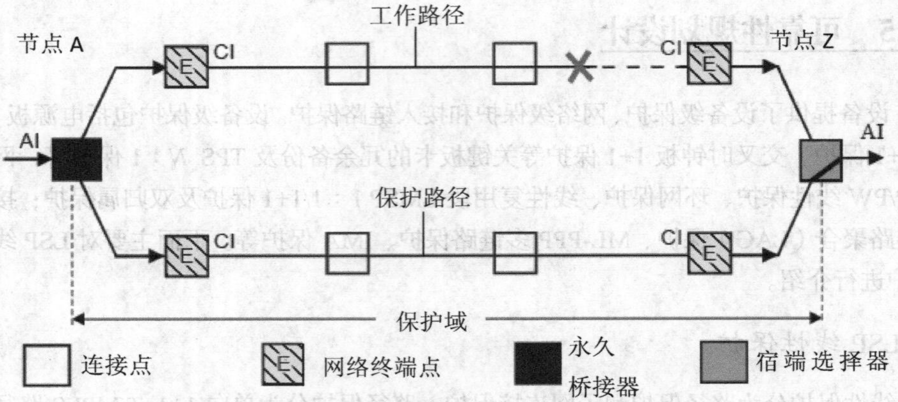

图 7-14 单向 1+1 路径保护倒换（工作连接发生故障）

（2）双向 1:1 T-MPLS 路径保护

在双向 1:1 T-MPLS 路径保护结构中，保护路径是每条工作路径专用的，被保护的工作业务由工作路径或保护路径进行传输。工作路径和保护路径的选择方法由某种机制决定。为了避免单点失效，工作路径和保护路径应该走分离路由。

双向 1∶1 T-MPLS 路径保护的倒换类型是双向倒换，即受影响的和未受影响的连接方向均倒换至保护路径。双向倒换需要用自动保护倒换（APS）协议协调连接的两端。双向 1∶1 T-MPLS 路径保护的操作类型应该是可返回的。

双向 1∶1 T-MPLS 路径保护倒换结构如图 7-15 所示。双向保护倒换是基于本地或近端信息，以及来自另一端或远端的 APS 协议信息的，保护倒换由保护域源端选择器和宿端选择器共同完成。若使用连接性检查报文检测工作路径和保护路径故障，则它们同时在保护域的源端插入工作路径和保护路径，并在保护域宿端进行检测和提取。需要注意的是，无论路径是否被选择器选择，连接性检查报文都会在上面发送。

若工作路径的 Z ~ A 方向上发生故障，如图 7-16 所示，则此故障将在节点 A 被检测到，然后使用动态 APS 协议触发保护倒换，协议流程如下。

① 节点 A 检测到故障。

② 节点 A 选择器桥接倒换至保护路径 A ~ Z（即在 A ~ Z 方向，工作业务同时在工作路径

A～Z 和保护路径 A～Z 上进行传输），节点 A 并入选择器倒换至保护路径 A～Z。

③ 从节点 A～Z 方向发送 APS 命令请求保护倒换。

④ 当节点 Z 确认了保护倒换请求的优先级有效之后，节点 Z 并入选择器倒换至保护连接 Z～A（即在 Z～A 方向，工作业务同时在工作路径 Z～A 和保护路径 Z～A 上进行传输）。

⑤ 然后 APS 命令从节点 Z 传输至节点 A，通知有关倒换的信息；最后业务流在保护路径上进行传输。

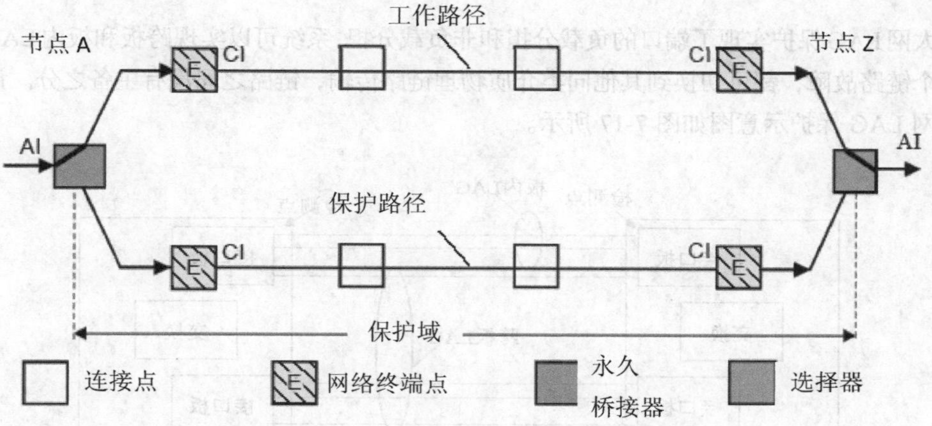

图 7-15　双向 1:1 T-MPLS 路径保护倒换结构（单向表示）

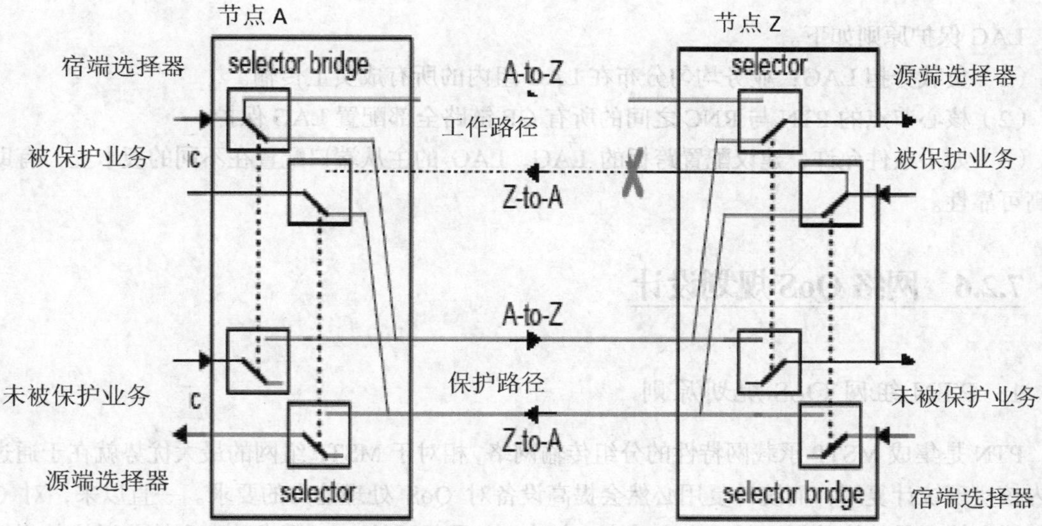

图 7-16　双向 1:1 T-MPLS 路径保护倒换（工作连接 Z～A 发生故障）

LSP 线性保护组保护类型建议如下。

① 设置为 1∶1，以节省带宽。

② 倒换模式配置为双端倒换。

③ 一般将较短路径的 Tunnel 作为工作路径，将较长路径的 Tunnel 配置为保护路径。

④ 将恢复模式设为恢复式，将拖延时间设成 0。

⑤ 进行命名，格式为“本端网元名+对端网元名+保护组 ID”。

2. LAG 保护

LAG 是将一组相同速率的物理以太网接口捆绑在一起，作为一个逻辑接口来增加带宽，并提供链路保护的一种方法。在移动通信网络中，主要利用 LAG 保护来增强以太链路的可靠性。

以太网LAG保护实现了端口的负载分担和非负载分担，系统可以实现跨板和板内LAG 保护，任何一个链路故障，都可切换到其他同类介质物理链路传输，链路之间没有主备之分。设备支持的以太网 LAG 保护示意图如图 7-17 所示。

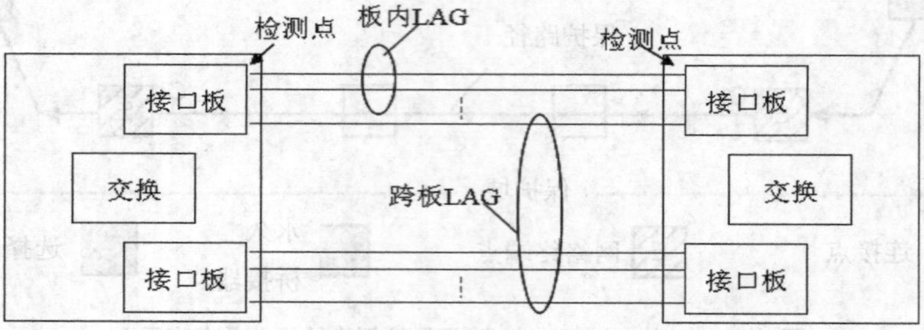

图 7-17　以太网 LAG 保护示意图

LAG 保护原则如下。

（1）负载分担 LAG：业务均匀分布在 LAG 组内的所有成员上传输。

（2）核心节点的 PTN 与 RNC 之间的所有 GE 链路全部配置 LAG 保护。

（3）如果条件允许，建议配置跨板的 LAG，LAG 的主从端口配置在不同的板卡上，有助于提高可靠性。

7.2.6　网络 QoS 规划设计

1. PTN 组网 QoS 规划原则

PTN 是集成 MSTP 承载网特性的分组传输网络，相对于 MSTP 组网的最大优势就在于通过分组内核实现统计复用，而统计复用必然会提高设备对 QoS 处理能力的要求。一直以来，对 QoS 的部署和管理是传统数据网的重点和难点，结合 4G 承载网的 QoS 需求特点和简化运维的规划思路，PTN 的 QoS 规划遵循以下原则。

（1）QoS 应该采用模板化的配置和发放方式，尤其是对于基站的业务承载，QoS 的配置模板必须具备网络级的配置发放能力。

（2）QoS 的规划是为了提高全网的 QoS 控制效率，通常在网络边缘节点上实行 HQoS 控制，在网络中间节点上只做简单的 QoS 调度。

（3）QoS 的规划主要包括流分类、拥塞管理和队列调度等内容。

（4）PTN 必须具备基于业务流的性能检测能力，检测业务流根据 QoS 设计达到业务承载的

SLA 要求（即符合 4GPP 业务承载对丢包率、时延、抖动等方面的需求）。

2. 业务 QoS 规划

（1）4G 业务分类

4G 网络是多业务的网络，不同业务的 QoS 需求不同，所以有必要对 4G 业务进行分类，基本分类如下。

① 语音业务。语音业务的特点是占用带宽不大，但对 QoS 要求高，要求低延迟、低抖动、低丢包率。语音业务收敛由 Node B 和 RNC 完成，由于传输网提供类似刚性管道的传输，因此在网络规划时需要对语音业务带宽需求进行估计和预留设计，在 Node B 和 RNC 设备上对语音业务报文标记高优先级，在传输网络入口进行流量监管，在 PTN 网络内部提供高优先级业务调度的保证。

② 控制报文：占用少量带宽，QoS 要求高。

③ 管理报文：占用少量带宽，QoS 要求高。

④ 控制报文和管理报文需求相同，可由 Node B 和 RNC 标识较高优先级，传输网设备基于优先级调度。

（2）PTN 业务 QoS 规划原则

① 每种业务的带宽需求需要根据无线网络的业务规划进行计算。

② V-UNI 用户侧接入业务做简单流分类时，建议映射用户业务流转发等级不超过 EF。CS7 和 CS6 保留给设备内部协议报文（如动态业务信令）和网络控制报文（如 DCN）用。

③ 规划整个端口带宽时，网络侧（NNI）要预留 5～10Mbit/s 的带宽资源给设备协议报文和 DCN，以保证网络控制平面和管理平面正常高效工作。

④ 建议承载同一个 PW 中的用户高优先级业务流不要超过该 PW 的 25%，以保证低优先级业务有通过的机会，同时高优先级业务实时性也能得到保证。

⑤ PTN 接入设备对 Node B 提供的以太网业务采用简单流分类配置 DS 域，用 VLAN Priority 与 PHB 服务等级进行映射。

⑥ 为了减少过多级别的队列调度对业务形成的时延、抖动影响，HQoS 采用 PW 和输出端口队列（CQ）两级调度，仅在 PW 上应用队列调度策略，端口上 8 级 CQ 采用默认的 PQ 调度。

⑦ MPLS Tunnel 不用规划带宽，直接利用端口的带宽利用率性能，周期性监控网络侧业务总流量，指导网络优化和业务扩容。

⑧ 拥塞管理采用默认的 WRED，发生拥塞时可使得长短包公平和流量均衡。

⑨ Node B 业务同质性。网管提供一个网络级的 PW QoS 策略模版，可以减少设备 QoS 配置工作量，直接应用到接入设备上。

⑩ 所有业务都不推荐配置 V-Uni、PW 和 Tunnel 带宽，而仅用业务转发优先级进行抢占调度，这样基站修改业务流量时不需要同步修改 PTN 设备对应的业务流量，从而可以减少后续网络维护工作量。

规划后的业务 QoS 调度模型如图 7-18 所示。

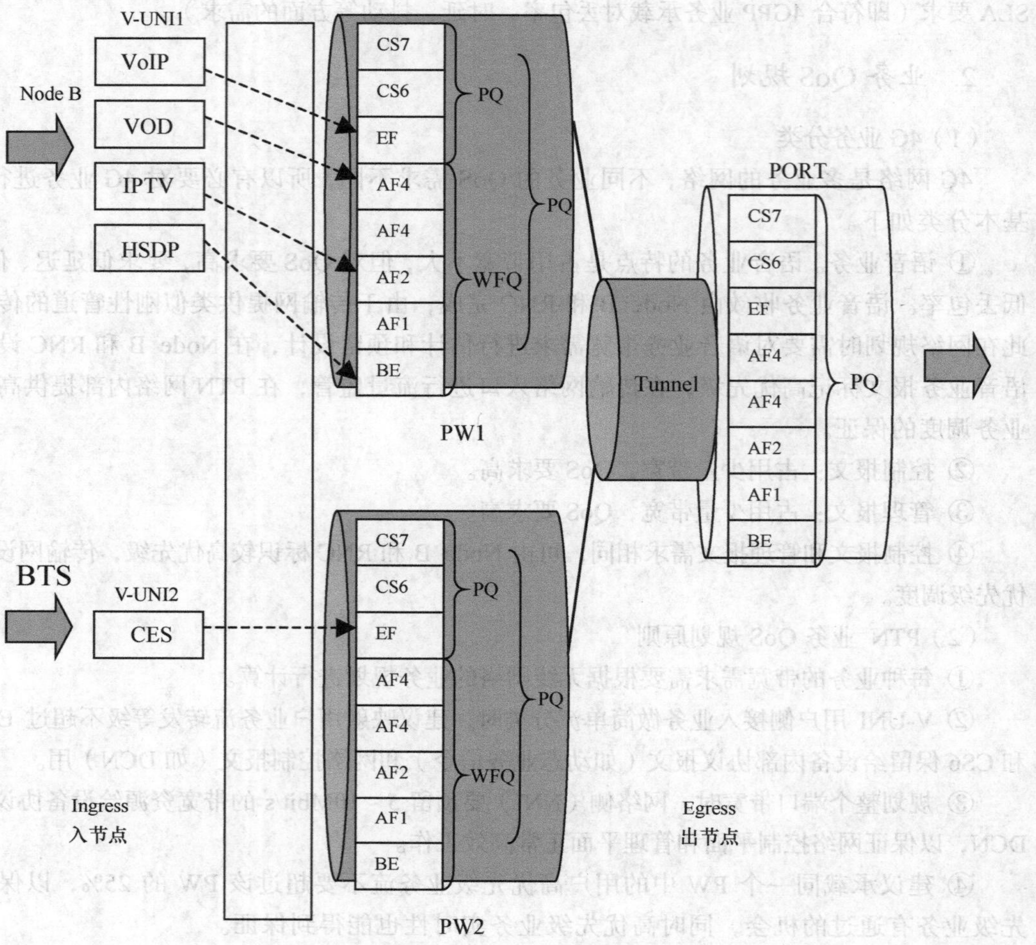

图 7-18 规划后的业务 QoS 调度模型

7.2.7 网络时钟规划设计

移动通信承载网络既需要时钟的频率同步，还需要支持时间同步。传统的 4G 承载网络通常采用 GPS 时钟的方式，但 GPS 时钟在工程实施、管理、安全等方面存在一定的不足。

PTN 支持多种时钟功能，并能通过多种方式实现时钟保护倒换。PTN 支持的物理层时钟频率同步，可以跟踪外部时钟源（2Mbit/s、2MHz）、线路时钟源（SDH 线路、同步以太线路）、支路时钟源（E1），支持线路时钟输出、支路时钟输出、外部时钟输出。PTN 还支持 IEEE 1588v2 时间同步协议，支持标准的同步状态信息（Synchronization Status Message，SSM）、非 SSM 和扩展 SSM。因为物理层频率同步比 IEEE 1588v2 频率同步性能好，所以在网络实际情况允许的条件下，频率同步应尽量选择物理同步方式，时间同步可以采用 IEEE 1588v2。

1. 物理层时钟规划设计原则

（1）骨干层、汇聚层的网络应采用时钟保护，并设置主、备用时钟基准源，用于时钟主备用倒换。接入层一般只在中心站设置一个时钟基准源，其余各站跟踪中心站时钟。

（2）由中心节点或高可靠性节点提供时钟源，合理规划时钟同步网，避免时钟互锁或时钟成环。

（3）线路时钟跟踪应遵循最短路径要求：小于 6 个网元组成的环网，可以从一个方向跟踪基准时钟源；大于或等于 6 个网元组成的环网，线路时钟要保证跟踪最短路径，即 N 个网元的网络，应有 $N/2$ 个网元从一个方向跟踪基准时钟，另外 $N/2$ 个网元从另一个方向跟踪基准时钟源。

（4）对于时钟长链要给予时钟补偿。传输链路中的 G.812 从时钟数量不超过 10 个，两个 G.812 从时钟之间的 G.814 时钟数量不超过 20 个，G.811、G.812 之间的 G.814 的时钟数量也不能超过 20 个，G.814 时钟总数不超过 60 个。

（5）不配置 SSM 信息时，不要在本网元内将时钟配置成环，SSM 信息的接收需要在一定的衰减范围内。超过衰减范围，SSM 信息则无法接收。

（6）局间宜采用从 STM-*N*/同步以太网中提取时钟，不宜采用支路信号定时。

物理层时钟优先级表的配置示例如图 7-19 所示。汇聚层两个落地节点 PTN 的时钟优先级表配置分别如下。

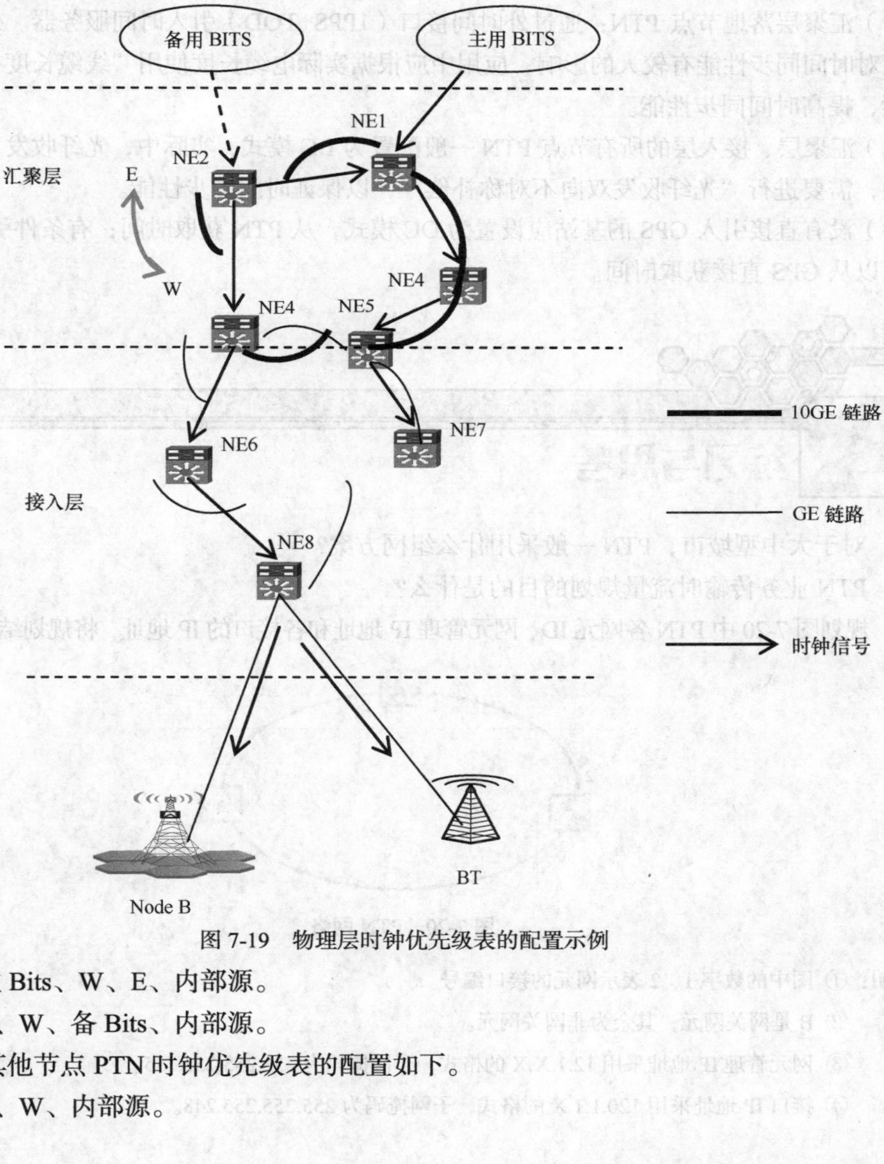

图 7-19　物理层时钟优先级表的配置示例

NE1：主 Bits、W、E、内部源。

NE2：E、W、备 Bits、内部源。

汇聚层其他节点 PTN 时钟优先级表的配置如下。

NE4：E、W、内部源。

NE4：W、E、内部源。

NE5：W、E、内部源。

接入层其他节点 PTN 的时钟优先级表配置如下。

NE6：E、W、内部源。

NE7：W、E、内部源。

NE8：E、W、内部源。

2. 时间同步规划

由于 PTN 对时间同步不透明，所以暂时无法在核心节点的 PTN 引入时间服务器，而需要在汇聚层的 PTN 引入，然后通过 PTN 支持的 BC 时钟设备模式把时间分发到所有基站。未来的 PTN 升级后可将支持 IEEE 1588v2 的时间服务器部署于网络核心节点。

时间同步规划如下。

（1）汇聚层落地节点 PTN：通过外时间接口（1PPS+TOD）引入时间服务器。外时间接口电缆长度对时间同步性能有较大的影响，应用中应根据实际电缆长度使用“线缆长度补偿”给予进行补偿，提高时间同步性能。

（2）汇聚层、接入层的所有节点 PTN 一般配置为 BC 模式，实际中，光纤收发双向可能存在距离差，需要进行“光纤收发双向不对称补偿”，以保证时间同步性能。

（3）没有直接引入 GPS 的基站应设置为 OC 模式，从 PTN 获取时间；有条件引入 GPS 的基站，可以从 GPS 直接获取时间。

练习与思考

1. 对于大中型城市，PTN 一般采用什么组网方案？

2. PTN 业务传输时流量规划的目的是什么？

3. 规划图 7-20 中 PTN 各网元 ID、网元管理 IP 地址和各接口的 IP 地址，将规划结果填入表 7-6。

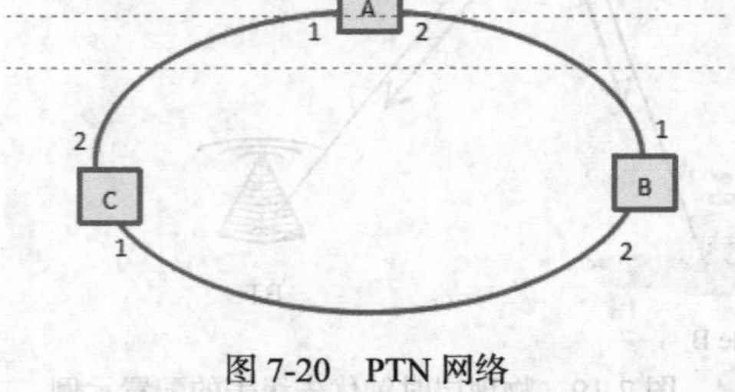

图 7-20 PTN 网络

说明：① 图中的数字 1、2 表示网元的接口编号。

② B 是网关网元，其余为非网关网元。

③ 网元管理 IP 地址采用 12.1.X.X 的格式，子网掩码为 255.255.255.255。

④ 接口 IP 地址采用 120.1.1.X 的格式，子网掩码为 255.255.255.248。

表 7-6 规划结果

项目 网元	网元 ID	网元管理 IP 地址	接口 1 的 IP 地址	接口 2 的 IP 地址
A				
B				
C				

4. PTN 业务的 QoS 等级可以分为哪些？语音和电视业务分别对应的是哪个等级？
5. PTN 可以跟踪的时钟源有哪些？
6. PTN 的时间同步应如何规划？

第8章 PTN网络管理及数据配置

【学习目标】

- 熟悉 PTN 网络管理流程。
- 掌握 PTN 组网配置要点。
- 掌握 PTN 数据配置规范。

8.1 PTN网络管理流程

PTN 网络管理的流程如图 8-1 所示，包括组网配置、时钟配置、业务配置、保护配置、OAM 配置和 QoS 配置等管理流程。

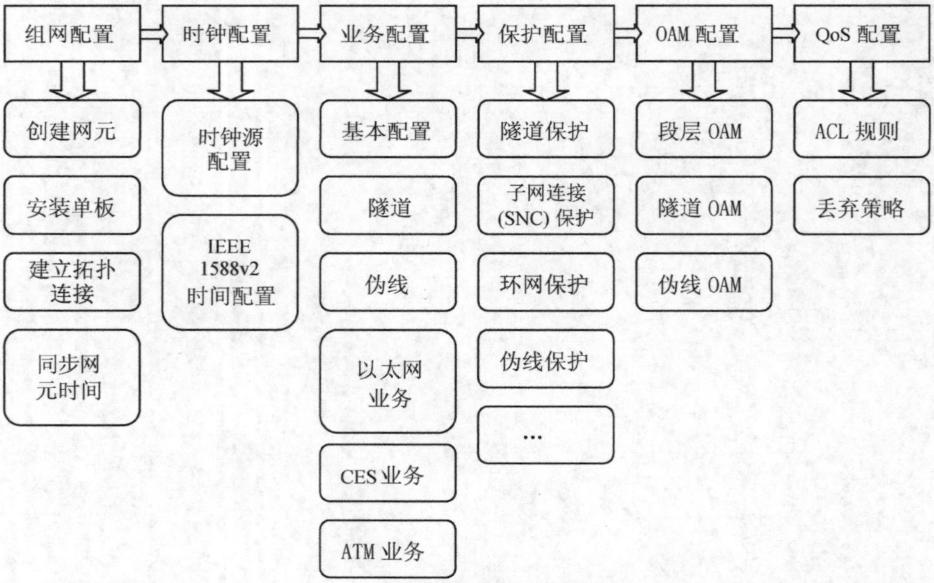

图 8-1　PTN 网络管理的流程

8.1.1　组网配置

组网配置需要进行的操作包括创建网元、安装单板、建立拓扑连接、同步网元时间。

1. 创建网元

网元创建分为手动创建、复制网元和网元自动搜索。

在网管上创建网元，配置的主要属性包括网元 ID、IP 地址、环回 IP 地址、使能 T-MPLS 等。

2. 安装单板

安装单板分为在网管上手动插板或上载单板信息两种方式。手动插板通过网管上的设备管理器在相应的槽位上安装单板，然后下载至网元，达到数据同步；上载单板信息可以在公共配置的数据同步选项中进行，将需要上载数据的网元添加到上载数据库列表中，进行批量上载。

3. 创建拓扑连接

拓扑连接创建分为手动创建和自动创建。手动创建适用于线缆连接条数较少的情况，可通过文本和图形化两种方式进行配置。自动创建适用于光纤连接时使用大量线缆连接的情况。

线缆连接配置端口具有自适应功能，可以自动配置未使用的同速率端口。此外，图形化配置界面可以定位到单板视图中的槽位信息，更具可视化。

线缆连接管理界面用于对线缆的维护操作，可以根据需要过滤出满足期望条件的配置信息，可以删除线缆，也可以定位到线缆告警信息。

4. 同步网元时间

为了故障维护和网络监控的准确性，需要使网元时间与网管或 NTP 服务器时间保持一致，通过网元时间管理设置可选择单个网元或全网网元的时间同步方式。

8.1.2　时钟配置

时钟源用于协调网元各部分之间、上游和下游网元之间的同步工作，为网元的各个功能模块、各芯片提供稳定、精确的工作频率，使业务正确有序地传输。

各个网元通过一定的时钟同步路径跟踪到同一个时钟基准源，从而实现整个网络的同步。通常，一个网元获得时钟基准源的路径并非只有一条。

1. 配置时钟源属性

配置网元的时钟源类型并指定其优先级，可以保证网络中的所有网元都能够建立合理的时钟跟踪关系。

2. 时钟优先级

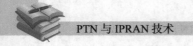

网元设备在不启动 SSM 协议时，时钟优先级是时钟源选择和倒换的主要依据。每一个时钟源都被赋予一个唯一的优先级，网元设备在所有存在的时钟源中选择优先级最高的时钟源进行跟踪。一般在工程中应开启 SSM 信息。

3. 当前同步定时源

当前同步定时源主要用于显示当前设备的时钟状态。主从同步的时钟工作模式有以下 3 种。

正常工作模式：本地时钟同步于输入基准时钟信号，跟踪锁定上级时钟。

保持模式：当所有定时基准丢失后，从时钟进入保持模式，该模式下，设备模拟它在 24 小时以前存储的同步记忆信息来维持设备的同步状态。

自由运行模式：如果从时钟丢失所有外部基准定时或处于保持模式超过 24 小时，则时钟模块从保持模式进入自由运行工作模式，这种模式的时钟精度最低。

4. 配置 SSM 字节方式

使用 SSM 字节功能，可以完成 SSM 字节启用、禁用以及属性配置。SSM 字节有效时，网元将按照 SSM 算法自动选择时钟；SSM 无效时，时钟源排序由定时源配置时的优先级决定，不考虑时钟质量等级。SSM 用于在同步定时链路中传递定时信号的质量等级。

SSM 的使用方式包括 ITU 标准、自定义方式一、自定义方式二、不使用、未知。其中，自定义方式一、自定义方式二采用中兴扩展算法，用扩展 SI 字节作为同步选择，如果使用了其中一项，算法模式都采用 ITU 标准算法。使用未知或 ITU 标准时，算法模式都采用 ITU 标准算法，不使用 SSM 字解释，按照时钟源优先级选择时钟。

5. 时钟源倒换和恢复

时钟源倒换分为闭锁、人工倒换、强制倒换和清除。等待恢复时间可用来保证先前失效的时钟源信号经过一段无故障时间后成为可用信号。

6. 其他时钟配置

E1 端口时钟：完成 CES 时钟的发送和接收。发送时钟默认选择自适应时钟，接收时钟默认选择客户时钟。

强制设置外时钟质量等级：未设置时，默认将本地接收时钟发送出去。

同步网边界连接：本端与对端设备均为中兴设备时设置同步网边界兼容，可以使用中兴通信的专利技术，默认兼容。

外时钟导出：把选定的时钟按照导出规则排序（优先级、质量等级），从时钟端口导出，供给其他设备使用。

7. IEEE 1588v2 配置

通过校准时钟节点的计数器触发频率，可以达到时间同步的目的，包括时钟域配置、时钟节点配置、时钟源端口配置和 IEEE 1588v2 状态查询配置。

8.1.3　业务配置

业务配置包括基本配置、隧道属性配置、伪线属性配置。在伪线建立完成后可进行以太网业务配置、CES 业务配置和 ATM 业务配置。

1. 基本配置

在 PTN 业务配置选项中依次配置端口模式、VLAN 接口、IP 接口、ARP 设置和静态 MAC 配置。

2. 隧道属性配置

隧道式客户业务的端到端传输通道是伪线的承载层，可进行单网元配置和以端到端配置的方式创建隧道。

3. 伪线属性配置

PWE3 是一种端到端的二层业务承载技术，在 PTN 中可以真实地模仿 ATM、以太网、TDM 电路等业务的基本行为与特征。

PW 是一种通过 PSN 把一个承载业务的关键要素从一个 PE 运载到另一个 PE 的机制，其配置有单网元配置和端到端配置两种方式。

4. 配置业务

以太网业务分为端到端以太网专线（Etheret Private Line，EPL）业务、以太网虚拟专线（Ethernet Virtual Private Line，EVPL）业务、以太网虚拟专用 LAN（Ethernet Private LAN，EPLAN）业务和以太网虚拟专用 TREE（Ethernet Private TREE，EPTREE）业务几种类型。

（1）EPL 业务

UNI 接口不存在复用，PE 设备的一个 UNI 口只能接入一个用户，有如下两种配置方式。

① 单网元配置：首先添加 UNI 接口，然后配置 EPL 业务。

② 端到端配置：首先添加 A/Z 端点的 UNI 信息，然后选择业务承载的伪线。

EPL 业务查看：选中网元上的业务线，显示业务记录，选中并双击业务记录（或者在业务右键快捷菜单中选择命令来显示业务管理）后，可显示业务路由，还可以递归展开该业务承载的伪线和隧道。

（2）EVPL 业务

UNI 接口可以存在复用，PE 设备的一个 UNI 接口可以接入多个用户，多个用户之间按 VLAN 区分。EVPL 与 EPL 配置方法类似，业务类型与 VLAN 映射表需要修改，其他配置保持不变。

（3）EPLAN 业务

UNI 接口可以存在复用，PE 设备的一个 UNI 接口可以接入多个用户。EPLAN 业务需要配置每段路径的隧道和伪线，配置 UNI 接口，然后一起添加到端点和路由界面，网管会自动区分计算，其他步骤与 EPVL 业务一致。

（4）EPTREE 业务

UNI 接口不存在复用，PE 设备的一个 UNI 口只能接入一个用户，也就是说不按 VLAN 区分 UNI 接口接入的用户，PE 与 PE 之间的以太网联通性为点到多点。

EPTREE 业务配置前需创建好 Root 到 Leaf 之间的所有伪线，配置步骤与其他以太网业务类似。需要注意的是，节点类型选择原则为 Root 到 Leaf 之间可以通信，但是 Root 到 Leaf 之间不能直接通信；每个 UNI 流点和 PW 流点都需要添加节点类型，因此需要根据规划选择合适的节点类型。

（5）CES 业务

结构化 CES 业务需要首先配置 E1 成帧。

端到端配置 CES 业务：承载业务的伪线可以自动创建，也可以手动创建。自动创建隧道后可直接配置业务，手动创建时，创建业务前需要先创建伪线。

（6）ATM 业务

一侧 CE 设备的 ATM 信元传输到该侧的 PE 设备，并在该 PE 设备上加上 PW 封装，再通过 PTN 的端到端连接传输到另一端的 PE 点，并在该点去掉 PW 封装，还原出 ATM 信元，再传输到另一侧的 CE 设备。

配置 ATM 业务需要网元配有 E1 板或者 ASB 板。如果是 E1 板，需要配置 E1 成帧，然后添加 IMA 端口，再添加 ATM 接口；如果是 ASB 板，则直接添加 ATM 接口后配置业务。

端到端配置 ATM 业务与 E1 类似，可以选择自动创建伪线或手动创建伪线，即选择 A/Z 端口，然后配置伪线并应用。

（7）测试以太网业务联通性

通常通过以太网 OAM 功能对以太网业务的联通性进行测试，确保以太网业务工作正常。以太网业务联通性测试连接示意图如图 8-2 所示。

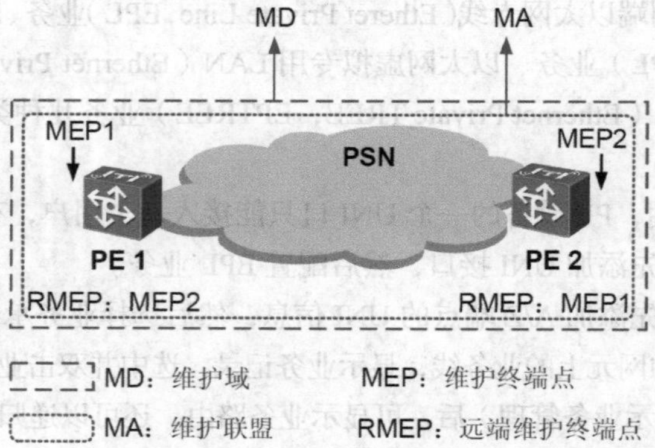

图 8-2　以太网业务连通性测试连接示意图

8.1.4 保护配置

1. 隧道保护

原理：隧道保护是端点到端点的全路径保护，工作路径发生故障时，业务直接倒换到保护路径传输。隧道保护分为 1+1 和 1∶1 两种类型。

配置步骤：端到端创建工作路径 TMP1 和保护路径 TMP2 分别走不同的路径添加隧道保护组，

配置保护参数。端到端配置保护组时，网管会自动生成隧道的 OAM，而单点配置需要手动添加工作和保护路径的 OAM 功能，然后创建 TMP1 上的伪线和业务，验证业务是否正常。保护路径上不配置伪线和业务，当工作路径发生故障时，业务会倒换到保护路径。

2. 子网连接保护

原理子网连接（SNC）保护是工作路径的部分保护，在路径局部发生故障时使用。

配置步骤：SNC 组网至少需要 4 个网元，如果多个网元组网，每两个 SNC 段不能重叠。在端到端配置工作路径 TMP1，保护路径 TMP2，然后创建隧道保护子网组。在工作路径上配置以太网业务，验证是否正常。端到端配置保护组时，网管会自动配置隧道的 OAM。

3. 双归嵌套线性保护

原理：双归嵌套线性保护是级别比较高的一种保护，是隧道保护和伪线保护共同作用的一种保护方式。

配置步骤：创建工作隧道 TMP1、TMP2、TMP3 以及隧道保护组 Group1；创建 TMP1 所承载的伪线 PW1，创建 TMP2 所承载的伪线 PW2，创建 TMP3 所承载的伪线 PW3；创建 PW1 上的业务，并添加网元 4 上的单点业务，与 PW1 的业务类型一致，在网元 1 上添加伪线保护字。伪线隧道分别配置 OAM。

4. 环网保护

环网保护分为环回和回传两种。

环回原理：检测到缺陷节点，通过 APS 发送请求到与缺陷节点相邻的节点，如果一个节点检测到缺陷或接收到发送给本节点的 APS 请求，发往缺陷节点的业务将被倒换到相反的方向（远离缺陷），业务将沿着环的路径到另一个倒换节点，然后重新被倒换回工作路径。

配置步骤：每个网元分别创建段层 TMS 和 TMS 的 OAM 功能；创建 TMS 的保护关系；创建工作路径、环形保护路径（源宿 IP 地址均取本网元环回地址），以及工作路径上的业务；创建隧道的保护关系（隧道保护关系要区分 PE 和 P 节点）。

8.1.5 OAM配置

OAM 配置即为 T-MPLS 的运行、维护和管理配置，主要分为故障管理和性能管理功能两个方面。故障管理的主要功能是连续性检查、告警指示、链路追踪、环回、锁定等。性能管理的功能主要是帧丢失测量、帧时延测量、帧时延抖动测量等。

OAM 网络模型包括维护实体组（MEG）、维护实体组端点（MEP）、维护实体组中间点（MIP）、维护实体组等级（MEL）。

1. 基本配置

基本配置包括配置同一维护域的 MEG 的 ID，配置 TMS、TMP、TMC 和 TMP、TMC、MEG。本端和对端 MEP ID 必须一致。

2. 联通性检查

联通性检查（CC）用于检测一个 MEG 中任意一对 MEP 间的连续性丢失（LOC）和两个 MEG 间的错误连接，也可用于检测在一个 MEG 中出现与错误 MEP 连接的情况及其他一些缺陷情况，参数包括速率模式（分为高速和低速）、CV 包、发送周期（与速率模式对应）、CV 包 PHB 及连接检测（设置是否开启连接检测）。

3. 环回

环回用于检测一个 MEP 与其对等的 MEP 间的联通性。

4. 帧丢失测量（LM）

帧丢失测量用于统计点到点 T-MPLS 连接入口和出口发送及接收业务帧的数量差。其功能分两类，一种是预激活 LM 功能，一种是按需 LM 功能。

5. 帧时延测量

帧时延测量（DM）是一种按需 OAM 功能，主要用于测量帧时延和帧时延抖动，其通过在诊断时间间隔内由源 MEP 和目的 MEP 间周期性传输 DM 帧来执行，具体通过在请求和应答帧中设置的时间戳计算差值实现。

可在当前性能中查询 MEG 的 DM 相关性能，包括单向时延、双向时延、单向时延变化、双向时延变化。

6. 隧道保护

端到端创建隧道保护会自动创建工作路径和保护路径上的 OAM 信息。如果单点配置隧道保护，需要手动创建工作路径和保护路径的 OAM，然后在“设备管理器”中添加保护关系。

8.1.6 QoS 配置

QoS 配置主要包括流分类、流量监管、拥塞避免、拥塞管理、流量整形功能。QoS 功能主要通过 ACL 表的配置实现。配置 ACL 表，通过一系列匹配条件，对 Ingress 方向的数据包进行流分类，分类的结果可以用于丢弃、限速、镜像、流量统计和优先级修改等操作。

8.2 PTN 数据配置规范

1. 子网命名

子网名称命名格式：区域名称环名_Num。

子网命名必须包含环名、Num（环内唯一序号）、区域 3 个要素，各地可以根据具体情况制定相应规范。子网可以按照网络的层次结构来划分，如接入环_1、接入环_2、汇聚环_1、汇聚环_2；也可以分别对应网管上的分组名称，按照区域和网络组网连线关系划分子网，如沙河等。

2. 站点命名

站点名称命名格式：PTN__站点名称__[Num]。

站点名称按照无线基站侧或者用户侧的站点名命名，同一机房的设备使用数字区分。此名称对应于网管上的网元标签名称，为了在网管上区分其他设备的名称，网元名称前加上了 PTN 字样，如 PTN__沙河__1。

3. PTN 业务命名

PTN 业务名称命名格式分为以下 3 种情况。

（1）隧道命名

隧道名称命名格式：Tunnel__[W/P]__源站点名称__to__宿站点名称__Num__[S（单向）]。

业务中的源、宿站点名称表明了隧道的路由方向。默认情况下，新建的隧道都是双向的，当建立单向隧道时，可以增加[S（单向）]与默认的双向隧道进行区分。

使用链形网络保护时，可以使用 W、P 分别表示工作路径和保护路径，例如 Tunnel__W __沙河__to__宝山，表示从沙河站点到宝山站点建立一条双向工作路径。

默认情况下，源、宿站点只需要建立一条双向隧道即可，也可以根据实际工程应用建立多条隧道，并通过业务编号来区分。

（2）伪线命名

伪线名称命名格式：PW__业务类型__源站点名称__to__宿站点名称__Num（业务编号）。

业务名称中的源、宿站点名称表明了伪线的路由方向。

业务类型表示伪线封装的业务分类，用来区分同一路由下不同的业务，如 EPL、EPLAN、EPTREE、EVPL、EVPLAN、EVPTREE 及 E1 等。

业务编号可以用于统计同种业务的数量和业务的唯一性，方便用户根据伪线名称查找伪线，例如 PW__EVPL__沙河__to__宝山__1，表示从沙河站点到宝山站点建立的第一条 EVPL 伪线；PW__E1__沙河__to__宝山__8，表示从沙河站点到宝山站点建立的第 8 条 E1 伪线。

（3）业务命名

PTN 要求以路径方式配置，对相应电路业务的名称做全省统一规划。电路业务名称格式为电路源站点名称-电路宿站点名称/接口带宽/电路编号/电路业务类型/P，格式说明如下。

电路源站点名称：中文标注一条电路的业务侧源站点名称。

电路宿站点名称：中文标注一条电路的业务侧宿站点名称。

接口带宽：标注 FE/GE/CES。

电路编号：取值范围为 0001 ~ 9999，固定 4B 长度。

电路业务类型：表明是 TD 业务、2G 业务还是企业接入。

P：表明为 PTN 网络承载业务，如石塘东路-上塘枢纽楼 FE/0001/TD/P。

练习与思考

1．PTN 网络管理包括哪些主要流程？

2．PTN 组网配置的基本步骤有哪些？

3．“PW__EVPL__沙河堡__to__龙舟路__2”表示的是什么？具体含义是什么？

4．“清江路-贝森路枢纽楼 GE/0002/LTE/P”表示的是什么？具体含义是什么？

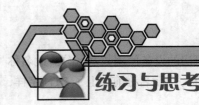

第9章 PTN 运维管理

【学习目标】

- 了解 PTN 运维管理机制。
- 掌握 PTN 设备日常维护规范。
- 掌握 PTN 设备故障处理的流程及方法。

9.1 PTN 运维管理机制

PTN 继承了 SDH 等传输网的运维理念，如业务平面与管理平面逻辑分离、强大的图形化网管、类似于 SDH 的 OAM 机制、强大的保护机制。同时，PTN 采用可运营、可维护、可管理的电信级网络结构，因此易扩展、易调度、易配置、易管理、易维护。

PTN 运维必须重点关注的问题和主要工作内容有 4 个方面：一是在网络建设前的 PTN 规划；二是在网络建设中的 PTN 部署；三是在网络建成后的 PTN 运维；四是网络建设后对 PTN 的评估优化。

1. PTN 的性能监控和维护机制

城域网环境下存在 4G 数据业务和大客户接入业务，不同的商业区域对数据业务的需求不同，需考虑 4G 基站密集覆盖问题。同时，4G 承载网络应能兼容 2G 业务承载，因此在维护体制、网络管理系统上应满足兼容 MSTP 和 PTN 两种设备形态的机制。引入 PTN 技术后，运维系统必须能够实现复杂、灵活的多业务形态的配置和监管。

传统的 SDH/MSTP 技术，通过在其帧结构中的固定位置提供并处理各种开销字节，完成日常网络和业务的分析、预测、规划与配置，并能对网络及其业务进行测试和故障管理。基于 MPLS-TP 的 PTN 技术利用 MPLS/PW 伪线技术进行 PW 多业务传输、TDM 业务仿真，吸收分组交换对高突发业务高效统计复用的优点。通过完善的 OAM 处理机制，不仅可以预防网络故障的发生，而且还能实现网络故障的快速诊断和定位。

2. PTN 的故障管理和维护机制

PTN 设备在网络管理方面提供了丰富的性能告警功能，在设备故障、链路故障、链路质量劣化、环境变化等情况下，设备和网管会及时上报各种不同级别的告警，包括声、光、电等形式。有了这些告警，维护操作人员能够及时发现问题并解决问题。

9.2 PTN 与其他专业的职责划分

根据 4G 承载和全业务发展的需要，PTN 采用基于 MPLS 标签的弹性管道技术，与传统的 SDH 技术在性能指标和维护要求上存在较大差异，需要重新探讨相关的维护实施细则，以确保 PTN 的稳定高效运行。PTN 应按照以下界面与其他专业的职责进行划分。

1. 与工程部门的界面

工程部门负责 PTN 设备安装工程。

工程部门组织设备工程验收工作，维护部门配合，验收合格即正式移交维护。

工程部门在验收后提供维护必需的工程资料，单纯软件升级由维护部门负责。

2. 与业务网的界面

PTN 与业务网之间以 PTN 进入业务网机房的第一个光纤配线架（Optical Distribution Frame，ODF）或数字配线架（Digital Distribution Frame，DDF）接线端子为界，业务网一侧由业务网专业负责，另一侧由传输专业负责。

ODF 或 DDF 安装在业务网机房，由业务网维护人员负责；安装在传输机房，由传输维护人员负责；安装在综合机房，原则上由传输专业负责（也可协商确定）。如果无 ODF 架，PTN 侧连接跳纤由传输专业负责，BBU 侧由无线专业维护。

9.3 PTN 例行维护

在不同的运行环境中，要保证 PTN 的稳定可靠地运行需要有效的例行维护。例行维护的目的就是防患于未然，及时发现并解决问题。

按照维护周期的长短，例行维护可以分为日常维护、周期性维护和突发性维护。

日常维护是指每天必须进行的维护工作。它可以让人们随时了解设备运行情况，及时发现问题、解决问题。对在维护中发现的问题必须详细记录故障现象，以便及时维护和排除隐患。

周期性维护是指定期进行的维护。通过周期性维护，可以了解设备的长期工作情况。此项又分为月度维护、季度维护和年度维护。

突发性维护是指因为 PTN 设备的突发性故障、网络调整等带来的维护任务。

9.3.1 例行维护的原则

例行维护是预防性维护，其基本原则是在维护工作中及时发现问题并及时解决问题，防患于未然，将故障消灭在萌芽状态，保证 PTN 系统和网络的正常运行。

目前的通信设备在机柜、电路板、功能设置等方面都考虑了用户在维护方面的要求，提供了强大的维护功能，具体如下所述。

（1）提供声、光告警，当有紧急情况发生时，提醒维护人员及时采取相应措施。

（2）各电路板运行状态指示，协助维护人员及时定位和处理故障。

（3）通过网管系统动态监视网络中各站点的故障发生情况。

（4）依据网络配置，实时对网络运行状况、服务质量等进行监视，当业务异常中断时自动对业务提供保护。

9.3.2 PTN 机房的具体维护项目与维护周期

PTN 网络的例行维护项目包括日维护项目、周维护项目、月维护项目和年维护项目。具体维护项目和维护周期如表 9-1 所示，网管和设备的日常维护作业如表 9-2 所示，PTN 设备维护作业计划项目如表 9-3 所示。

表 9-1　　PTN 机房具体维护项目与维护周期

序号	维护项目	维护状况	维护周期	备注
1	设备运行环境	湿度（正常 40%~60%）	日	
2		温度（正常 15~30℃）	日	
3		机房清洁度（好、差）	日	
4	设备运行状态检查	机柜顶端指示灯状态	日	
5		单板指示灯状态	日	
6		设备表面温度	日	
7		设备表面、机架与配线架清洁	月	
8		列头柜电源熔丝及告警检查	月	
9		设备风扇状态检查与清洁	月	
10		机房巡检，包括 DDF、ODF 接头目测等	月	
11		定期清洁防尘网	月	
12		接收转换输出电压	年	
13		地线连接检查	年	
14		电源线连接检查	年	
15		槽道侧盖板清洁	年	
16	备件情况检查	备品备件调用、返修情况	月	
17	其他	工具、仪器和资料检查	季	

表 9-2　网管和设备的日常维护作业

序号	作业计划名称	详细内容	周期	备注
1	网管数据与状态	系统重要进程运行状况	日	
		网管网络连接情况检查		
		网管数据完整性、准确性、及时性检查		
2	系统状态检查	系统服务器 CPU、内存及硬盘使用状况检查	周	
		数据库存储空间检查		
		防病毒软件的病毒库更新检查		
		检查系统病毒情况		
		删除旧的临时文件		
		系统日志检查		
		机房设备巡检和系统部件运行状态检查		
3	数据备份及系统补丁检查	备份网元数据库到网管服务器	周	
		数据库安全备份	月	
		网管应用软件及 License 文件备份		
		Windows 补丁发布情况检查和安全补丁下载		
4	系统安全	NTP 服务器运行状态检查和服务器主机状态时钟校准	季	
		网管防火墙策略检查		
		服务器系统账户安全管理		
		网管系统账户安全管理		
		检查系统服务端口开放状态		
5	应急演练	网管 1:N 备份应急方案演练	半年	

表 9-3　PTN 设备维护作业计划项目

序号	作业计划名称	详细内容	周期	备注
1	RMON 性能监测	浏览 RMON 统计组性能	周	
2	设备历史性能检查	检查 24h 性能	周	
3	线路板光功率检查	提供光功率查询功能的所有光口	月	
4	通道流量检查	网管 PTN 设备端口 GE 实际流量带宽统计，每次不低于 24h	月	
		网管 PTN 设备端口 10GE 实际流量带宽统计，每次不低于 24h	月	
5	网元时钟设置与跟踪状态检查	检查网元时钟设备数据，确认跟踪状态	月	
6	安全及倒换测试	APS 倒换	季	
		设备倒换	半年	

9.4 PTN 故障处理

PTN 由于受各种外界环境因素的影响或部分元器件的老化与损坏，有可能不能正常运行。一旦网络出现故障，就需要维护人员能迅速判断故障的性质、位置，以便使业务恢复正常。

9.4.1 故障分类

故障分类如下。

（1）按照故障影响范围和严重程度分为重大故障、严重故障和一般故障。

重大故障：引起业务侧重大故障的传输故障定义为重大故障。

严重故障：业务侧未构成重大故障的情况下，传输骨干层设备、汇聚节点设备或落地设备失效而发生的网络阻断情况的故障。

一般故障：除重大故障和严重故障之外的其他故障为一般故障。

（2）按照故障发生的原因和性质分为业务故障和设备故障。

业务故障：由于设备不能正常运行、数据设置错误、互联互通故障、人为差错等各种原因而造成某项或若干项业务质量下降甚至中断的故障。

设备故障：本地网内的主、备用设备因各种原因不能正常运行，对业务正常运行造成隐患，但尚未影响业务的故障。

在业务故障和设备故障同时出现的情况下，定义为业务故障。

9.4.2 故障处理中的职责划分

省公司维护部门负责跟踪协调跨地区的业务故障处理。地市公司网络维护部门负责属地设备的故障处理以及现场配合省公司处理各类业务和设备故障。

PTN 采用集中监控的维护方式，省、市二级监控中心是 PTN 告警监控及派单的责任部门。各级维护人员在处理业务或设备故障时，要服从上级网管监控值班人员的统一指挥，做好查障、排障的配合工作。障碍的处理要依据先抢通、后维修的原则。

9.4.3 故障定位的原则

故障定位应遵循“先外部，后传输；先单站，后单板；先线路，后支路；先高级，后低级；先调通，再修复”的原则。

“先外部，后传输”：在定位故障时，应首先排除外部的可能因素，如断纤、交换侧故障。

“先单站，后单板”：在故障定位时，首先应尽可能准确地定位出是哪一个局站，然后定位出是该局站的哪一块单板。

“先线路，后支路”：线路板的故障常常会引发支路板告警，因此在进行故障定位时，应遵循“先线路，后支路”原则。

“先高级，后低级”：即进行告警级别分析，首先处理高级别告警，再处理低级别告警。

“先调通，再修复”：在故障发生时，应先把业务恢复起来，再进行故障的查找与处理。

9.4.4 故障处理的基本流程

1. 故障处理流程

PTN 发生故障时，一般按照图 9-1 所示的流程进行处理。

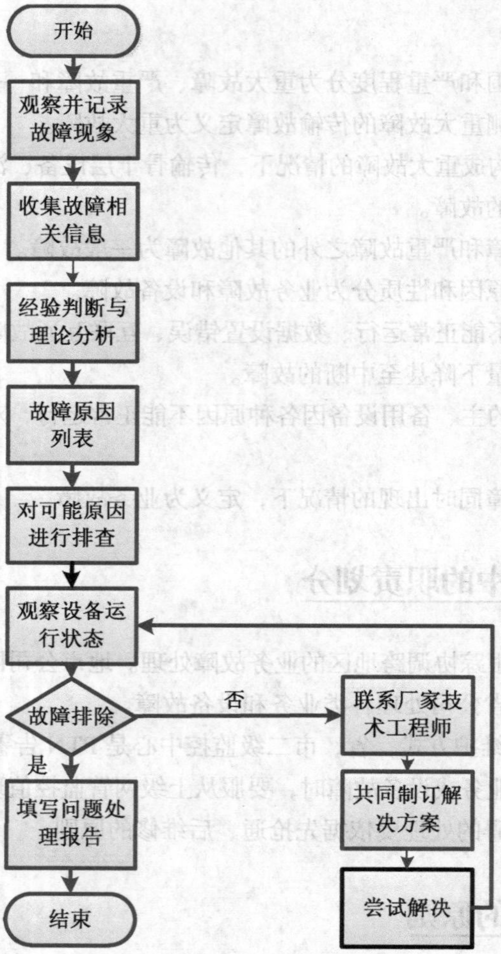

图 9-1 故障处理流程

（1）观察并记录故障现象

首先应该仔细观察和了解故障的各种现象并记录下来。进行故障记录时，力求做到对故障发生的全过程进行真实、详细的记录。对故障发生的时间及故障前后所做的操作等重要信息都要进行详实的记录，同时对网管中的告警信息、性能事件等重要数据也要进行保存。

（2）收集故障相关信息

了解故障现象后，需要收集有助于查找故障原因的更详细信息，如网管结构是否有变动，网管配置是否有更改等。

（3）经验判断和理论分析

利用观察的故障现象和收集的故障信息，根据故障处理经验和所掌握的设备知识分析故障的可能原因。

（4）故障原因列表

列出根据经验判断和理论分析总结出的各种可能原因。

（5）对可能原因进行排查

根据所列出的可能原因制订相应的故障排查计划并进行操作。

（6）观察故障是否排除

当针对某一原因执行排查操作后，需要对结果进行分析，判断问题是否解决，是否引入了新的问题。

（7）联系厂家技术支持工程师共同排查故障

如果故障依然存在，可联系华为技术支持工程师求助，并一同制订解决方案，处理故障。如果故障已解决，则填写问题处理报告。

（8）填写问题处理报告

故障排除后，需要对所做的工作进行及时的记录。对工作经验进行总结的同时，也为类似的故障提供处理参考。处理报告中需要重点记录以下内容。

① 故障现象描述及收集到的相关信息。

② 故障发生的可能原因。

③ 对每一可能原因制订的方案和实施结果。

④ 排查过程中接触到的设备和使用的仪表清单。

⑤ 排查过程的心得体会。

⑥ 在排查过程中使用到的参考资料等其他信息。

根据现网中处理网元脱管或业务中断等故障的经验，一般执行“一分析，二倒换/复位，三换板”的处理方案。为保证 PTN 稳定运行，尽量减少突发事故，应做好设备的日常维护。

2. 处理故障之前的信息采集及分析

处理故障之前，及时采集与记录故障的相关信息，并对各种相关性能进行统计，有助于故障的快速定位和排除。当网络中发生故障时，需要及时收集以下网元或业务的相关信息。

① 故障发生时机，是网元或业务创建后即产生，还是正常运行时突然出现。

② 网络中是否有人为操作。

③ 业务定位信息，包括业务 ID、业务属性等。

④ 业务的完整路径，包括源节点、目的节点、Transit 节点。

⑤ 业务的源、宿端口信息。

⑥ 业务所在的 Tunnel 和 PW 信息。

⑦ 业务涉及的保护信息，包括 APS 保护、LMSP 保护等。

⑧ 告警信息。

⑨ 各种相关性能统计，包括业务涉及的端口性能统计、业务本身的性能统计等。

处理过程中，维护人员要及时记录故障现象、告警、性能及详细的处理过程，便于后期对故障进行准确定位和处理，防止真正的故障还遗留在网络中，对网络稳定运行构成威胁。

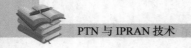

9.4.5 故障分析和定位方法

处理故障时，应从分析故障现象开始，尽快定位到故障的原因。本小节介绍各类分析和定位故障的方法的特点、应用场景和应用示例。

1. 告警分析法

告警分析法是定位故障的常用方法之一。当设备发生故障时，一般会伴随大量的告警，通过对告警的分析，可大概判断出发生故障的类型和位置。

（1）通过 T2000 查询告警

只要在 T2000 主视图中右击网元图标，就可以通过选择命令查询以下告警信息，然后通过分析、定位告警产生的原因清除告警，并排除故障。

① 当前告警。

② 网元侧历史告警。

③ 网管侧历史告警。

注意：通过 T2000 获取告警信息时，应注意网络中各网元的当前时间与网管时间是否同步，倘若网元当前时间与网管时间不同步，将导致信息上报错误。所以在维护过程中，对某网元重配置后，应特别注意将该网元的当前时间与网管时间同步，否则网元会工作在默认时间里，而默认时间并不是当前时间。

（2）示例

简单组网中，一般情况下清除告警的同时，故障也会随之排除。例如图 9-2 所示的链路图，网管计算机连接到 NE2。

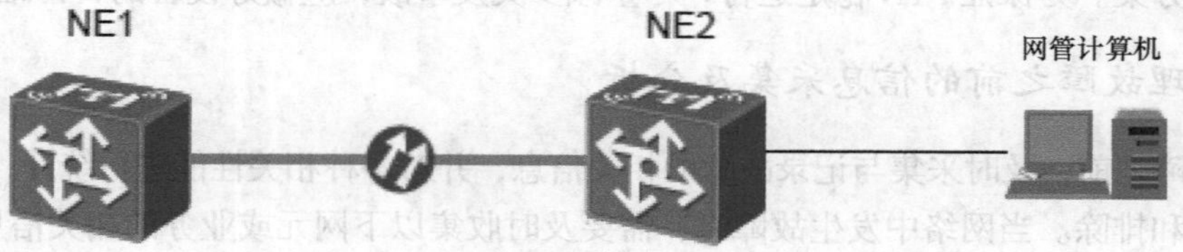

图 9-2 链路图

故障现象：NE1 和 NE2 之间的 E-Line 业务中断，NE2 上报 ETH_LOS 告警。

故障分析定位：排查 ETH_LOS 告警产生的可能原因，最终定位出业务中断故障的原因。清除告警后，业务恢复正常，故障排除。

2. 性能统计分析法

性能统计分析法也是定位故障的常用方法之一。通过判断单板、端口、业务、MPLS Tunnel 的性能统计数据是否正常，可以判断其是否存在故障。

（1）判断标准

对于不同的性能统计对象，相应检查标准如下。

① 对于单板，其工作温度、CPU 占用率以及内存占用率应正常。

② 对于端口，应没有产生或接收误码。

③ 对于 MPLS Tunnel 以及以太网业务，应没有丢包或错包现象。

（2）性能统计的操作步骤

① 进入“网元管理器”。

② 按照表 9-4 所示的方式进入性能浏览界面。

③ 选择监视的对象以及监视周期。

④ 单击“查询”按钮查询网元侧的数据。

⑤ 判断查询到的性能统计数据是否正常。

可选择浏览当前 15min 的性能数据、当前 24h 的性能数据以及连续严重误码秒的情况。

（3）示例

故障现象：两个网元通过 GE 光口对接，业务运行正常，但二者之间的 DCN 通信时断时续，也无告警上报。

故障分析定位：沿 DCN 报文的路由方向对各芯片、端口分别启动性能统计，发现 DCN 报文的某段流队列的入报文统计值为 192，远远大于出报文的统计值 3，导致大量 DCN 报文被丢弃。进一步分析，发现由于单板存在故障，导致处理 DCN 报文的芯片初始化失败。更换故障单板后，故障排除。

表 9-4　进入性能浏览界面的方式

对象	浏览入口
物理端口/单板	在“网元管理器”中选择相应的单板，在功能树中选择“性能＞当前性能”
MPLS _ Tunnel	① 在功能树中选择“配置＞MPLS 配置＞单播 Tunnel 管理” ② 选中并右击一条或多条 Tunnel ③ 在弹出的快捷菜单中选择“浏览性能”命令，弹出“性能管理”窗口 ④ 在“性能管理”窗口中切换到“当前性能”选项卡
以太网业务	① 在功能树中选择“配置＞以太网业务”，选择相应的业务类型 ② 切换到“MEP 点”选项卡，选择一个或多个 MEP 点，右击 ③ 在弹出的快捷菜单中选择“浏览性能”命令，弹出“性能管理”窗口 ④ 在“性能管理”窗口中切换到“当前性能”选项卡

3. MPLS OAM 分析法

MPLS OAM 机制可以有效地检测、确认并定位出源于 MPLS 层网络内部的缺陷，实现对网络性能的监控。设备可以利用 OAM 的检测状态来触发保护倒换，实现快速故障检测和业务保护。

（1）MPLS OAM 简介

MPLS OAM 应用于 PTN 设备组网的网络侧（NNI 侧），该区域具有以下特点。

① 网元多。一条 MPLS Tunnel 往往经过多个网元。

② 组网复杂。Tunnel 可能需要穿通第三方网络，存在很多导致故障的不确定因素。

③ 规划整改，扩容变化多。

（2）MPLS OAM 定位故障

通过在 Tunnel 的两端网元上使能 MPLS OAM 并查看 LSP 状态，可以轻易定位到存在故障的网元，步骤如下。

① 在“网元管理器”的功能树中选择“配置 > MPLS 管理 > 单播 Tunnel 管理”，切换到“OAM 参数”选项卡，选中待操作的 Tunnel，配置合适的参数，在“OAM 状态”选项栏中选中“使能”。

② 单击“应用”按钮，弹出“操作结果”对话框，单击“关闭”按钮。在窗口右下角的“OAM 操作”下拉列表中选择“查询 LSP 状态”，如图 9-3 所示。

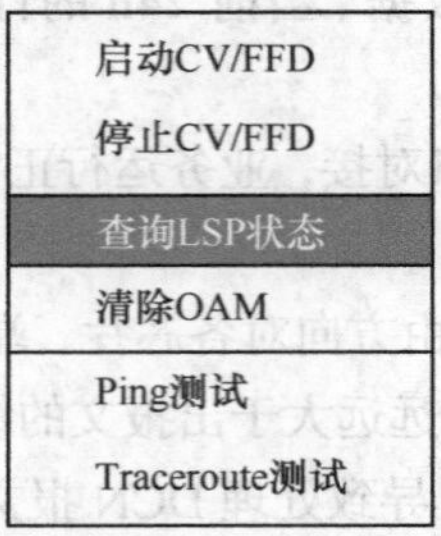

图 9-3　查询 LSP 状态

③ 查询结果如图 9-4 所示，正常情况下应该是“近端可用状态”或“远端可用状态”。若出现其他状态，根据“LSP 缺陷位置”栏所示位置可定位到出现故障的网元。

静态Tunnel | OAM 参数 | FDI

D...	LSP状态	LSP缺陷类型	LSP禁用...	LSP缺陷位置
	近端缺陷不可用状态	dLOCV	655350	46.1.0.10
	远端可用状态	-	-	-

图 9-4　LSP 状态查询结果

④ 根据相应的“LSP 缺陷类型”，选择清除告警，通过检查光纤连接或确认端口、Tunnel、业务的配置参数等方法排除故障。

4. 配置数据分析法

配置数据分析法通过在网管上分析业务的参数配置找到配置错误的参数，从而定位故障。

当 Tunnel 或业务创建后不通，或在网管上修改部分参数后业务突然中断时，可以使用配置数据分析法来定位故障。

一般情况下，对照网元规划表即可找出网元上配置错误的参数。当 PTN 设备与第三方设备对接时，由于两端的某些参数默认取值不一致，要特别注意两端参数的匹配问题。

采用配置数据分析法时，一般可遵循以下步骤。

① 检查网元的网元 ID、网元 IP、LSR ID 等参数是否配置正确。

② 对照网元规划表，检查端口状态和参数配置。端口参数配置错误是现网中导致故障常见的原因之一。

③ 检查 Tunnel 两端网元上的参数配置是否匹配，是否选择了正确的端口。

④ 检查 PW 参数配置。

5. 仪表测试分析法

仪表测试分析法一般用于定位设备的外部问题及与其他设备的对接问题。

（1）常用仪表介绍

定位故障的常用仪表主要有以下几种。

① 万用表。根据不同的需要可以将万用表调至电压档或电阻档，对所怀疑的故障点进行电压或电阻测试，如设备接地电压、电源电压等。

② 误码仪。误码仪用于测试传输通道中存在的误码情况，如误码数、误码率、误码秒等。一般是将需要测试的通道进行环回，再通过误码仪发送伪随机码，并在误码仪上查看所测试到的通道误码情况。

③ 光功率计。光功率计用于测试单板的接收和发送光功率。

④ 电缆测试仪。电缆测试仪用于测试电缆的端子对在最大额定电流下的电压降，由此可推断电缆的联通情况和传输质量。

⑤ 网络分析仪。网络分析仪用于网络性能的测试和分析，测试内容较丰富，如最大线速、数据流量、帧长、吞吐量、丢包率及网络延时等。

（2）示例

以利用网络分析仪定位故障为例，仪表测试法的思路如下。

某网络的业务中断，需要对设备进行逐一排查。如图 9-5 所示，将网络分析仪与设备正确连接，同时在 NE 上进行内环回，对 NE 进行丢包率测试。

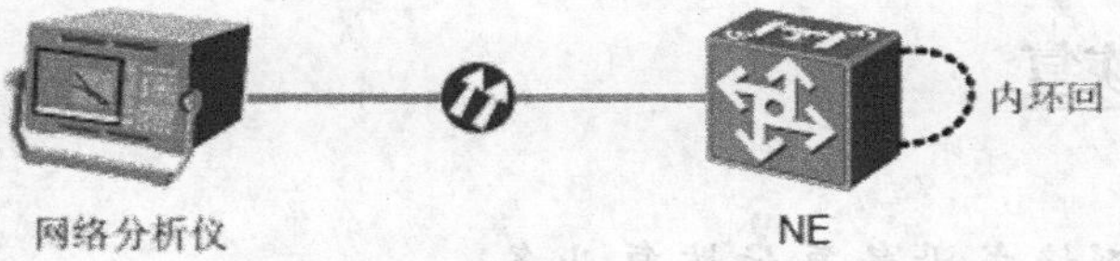

图 9-5　网络分析仪和设备连接

对网络分析仪进行正确的设置，向 NE 发送数据包，根据网络分析仪上显示的丢包率结果，可判定是否由于 NE 丢包过多而导致业务中断。如果数据正常，可确定 NE 工作正常，再对其他网元进行测试。

6. 环回法

环回法是定位故障常用而且行之有效的一种方法，可以将故障尽可能准确地定位到单站，设备维护人员应熟练掌握。

环回操作分为软件环回和硬件环回，这两种方式各有所长。

软件环回即在 T2000 上配置环回，操作方便，但定位故障的范围和位置不够准确。如在单站测试时，配置光口为内环回，即使业务测试正常，也不能确定该单板的接口模块没有问题。

硬件环回使用光纤或者电缆环回端口，相对于软件环回，硬件环回更为彻底。若通过尾纤将光口自环后业务测试正常，则可确定该单板是好的。但硬件环回需要到设备现场才能进行操作。

另外，光接口在硬件环回时要避免接收光功率过载。

7. 排除法

在处理业务故障时，可以首先检查与其他业务的共用路由部分是否存在故障，排除运行正常的部分，以缩小故障定位的范围。

如图 9-6 所示，NE01 与 NE02 之间的动态 Tunnel 创建失败，但 NE03 与 NE02 之间可以正常创建动态 Tunnel，因此可以判断故障发生在 DSLAM 或与其对接的链路上。使用仪表检测，可确定 IS-IS 协议报文在经过 DSLAM 时被丢弃，从而造成了故障。

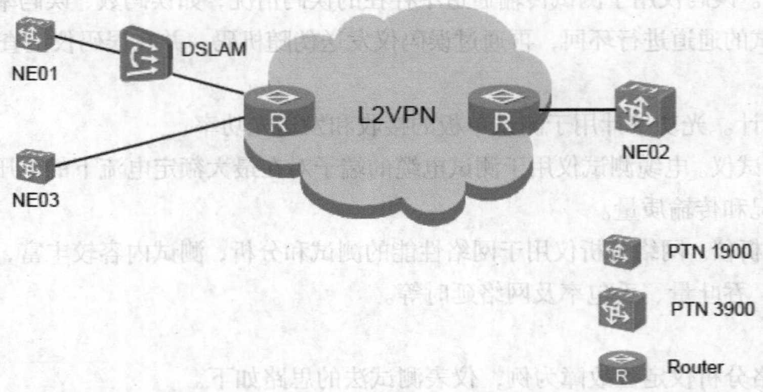

图 9-6 故障网络组网示例

9.4.6 业务恢复

1. 通过保护倒换或设备复位恢复业务

如果一时无法定位到故障原因，无法排除故障，可以先将业务倒换到正常的路径上，或者复位相关的网元或单板，恢复已中断的业务或已脱管的网元。

（1）倒换

倒换可分为单板级倒换和业务级倒换。单板级倒换包括单板 1+1 保护倒换和 TPS 保护倒换。当保护板在位且工作正常时，可以执行保护倒换，尝试恢复业务。若设备没有保护板，可以使用备件创建临时的保护组，再执行保护倒换。

业务级倒换包括 APS 保护倒换和线性复用段（LMSP）保护倒换。如果由于保护倒换失败而导致业务中断，则可以删除已失效的保护组，另行创建可正常运行的新保护组，并将业务倒换到新的路径上。

（2）复位

复位可分为网元级复位和单板级复位。

当网元被攻击并出现以下故障现象时可考虑复位网元。

① DCN 风暴。

② DCN 通信中断，网元脱管。

③ CPU 占用率达到 100%。

单板复位又分为软复位和硬复位。单板复位后可以恢复正确的程序和数据。若单板配置了 1+1 保护组，硬复位会触发保护倒换。

2. 通过更换单板恢复业务

如果暂时无法定位故障原因，又没有备用路由用于业务倒换，而且复位单板无效，则需要考虑更换单板。事实上，很多故障的最终处理方案就是更换单板。

在复杂的组网环境中，尤其是当 PTN 设备与第三方设备对接时，一些故障很难通过常用的分析方法实现定位。为了尽快恢复业务，可以采用替换法，用工作正常的部件去更换被怀疑出现故障的部件。

替换法不仅仅适用于单板，也适用于光纤、电缆和供电设备等，但要求备件必须是完好的。替换时需要注意操作的规范性，防止部件损坏或有其他问题发生。

采用替换法定位故障时，应注意以下情况。

- 确认不会影响被替换部件上承载的正常业务。
- 替换部件可能会导致产生故障的原始数据丢失，为避免对故障的分析造成影响，建议在用替换法定位故障前就采集可能的故障数据。

如图 9-7 所示，如果怀疑 NE1 和 NE2 之间的 E-Line 业务中断是由于单板故障导致的，可用正常的备件替换怀疑故障的单板进行工作。如果业务恢复，说明就是由于单板故障引起了业务中断。

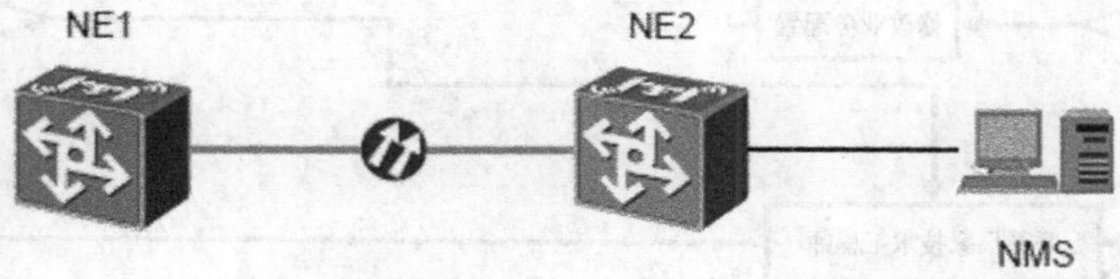

图 9-7 链形组网图

9.4.7 业务中断故障的应急处理

PTN 设备业务中断处理流程如图 9-8 所示，图中以华为 OptiX PTN3900 设备为例对应急处理流程进行说明。

（1）查询误操作

查询故障发生前是否有误操作，如添加或删除业务、更改配置等。如果存在误操作，要根据故障发生前的操作情况进行逆向操作恢复业务。

（2）检查告警

发生业务中断时，需要检查设备是否存在表 9-5 所示的告警。如果存在，应先排除告警指示的故障。

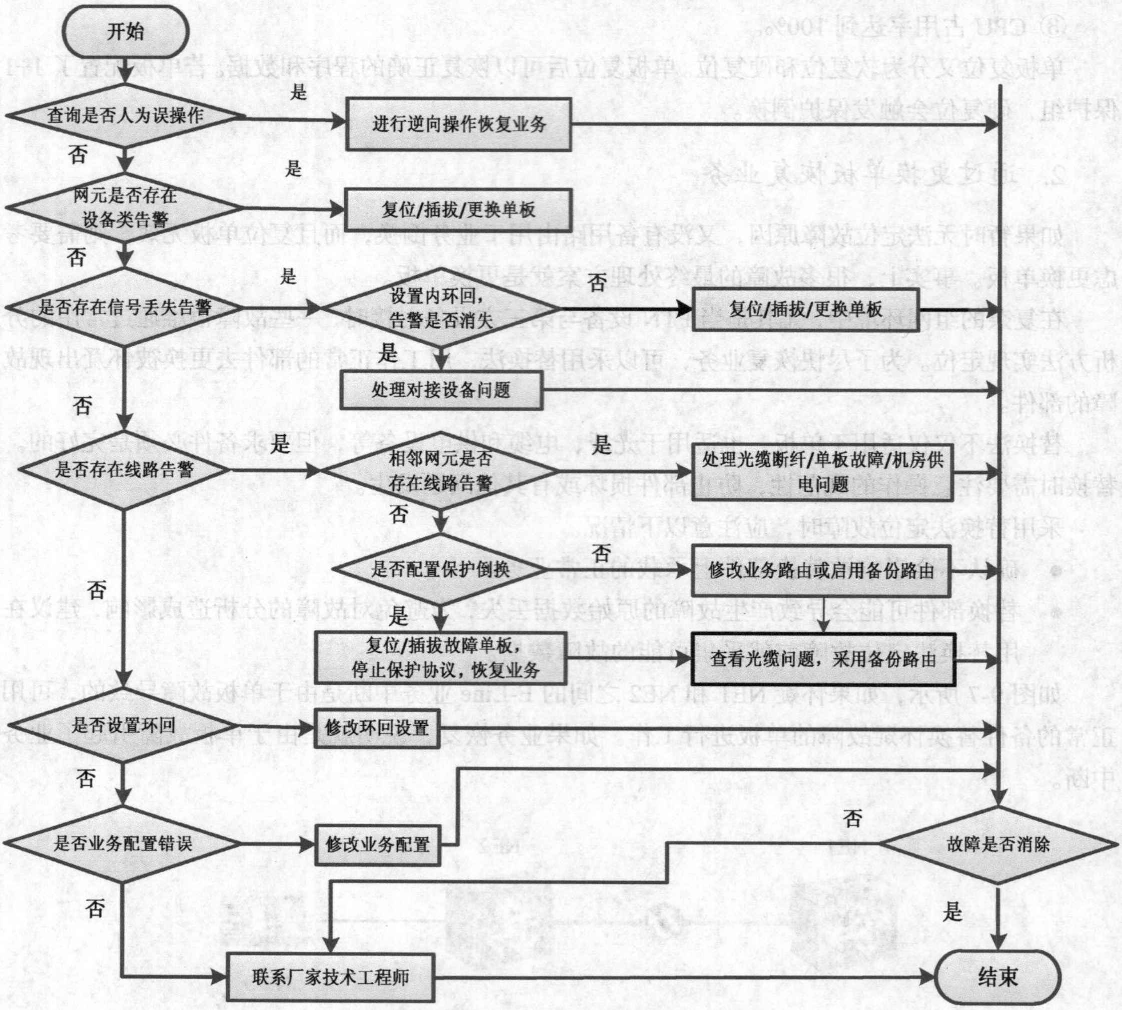

图 9-8　PTN 设备业务中断处理流程

表 9-5　　　　　　　　　　　　　　告警说明

告警类型	告警名称	告警说明
设备类告警	POWER_ABNORMAL	电源失效
	FAN_FAIL	风扇告警，会导致设备温度升高，影响设备正常运行
	BD_STATUS	单板不在位
	HARD BAD	单板硬件错误报告
	SYN_BAD	同步时钟源劣化
	NESTATUS_INSTALL	网元处于安装态
信号丢失类告警	ETH_LOS	以太网口连接丢失

续表

告警类型	告警名称	告警说明
低阶业务失效告警	TU_AIS_VC12	VC12 级别的 TU 告警指示
	TU_LOP_VC12	VC12 级别的 TU 指针丢失
线路告警	R_LOS	接收线路侧信号丢失
	R_LOF	接收线路侧信号帧丢失
	R_LOC	接收线路侧无时钟
	R_OOF	接收线路侧信号帧失步
其他高阶类告警	HP_SLM	高阶通道信号标记失配
	HP_TIM	高阶通道追踪识别符失配
	HP_UNEQ	高阶通道未装载
	LP_UNEQ_VC12	VC12 级别低阶通道未装载

（3）检查环回和装载

检查业务路由上是否设置了环回或通道未装载。

（4）检查业务配置

按照业务路由，逐段检查业务配置的正确性。

9.5 PTN 质量管理

PTN 运行系统为“三层三平面”结构。“三层”即分为信道通道层、通路通道层、传输媒质层，传输媒质层又分为段层和物理层；“三平面”即为数据平面、控制平面和管理平面。PTN 通过在各层建立的检查体系实现完善的质量控制。

省公司负责组织建立 PTN 的质量分析制度，负责定期汇总、分析全网 PTN 运行质量性能指标，监督并引导各地市公司的质量分析工作。

地市公司按照省公司要求，负责定期汇总、分析本地市 PTN 运行质量性能指标，并上报省公司。PTN 运行质量性能指标如表 9-6 所示，运营商按照该表格要求，对 PTN 网络质量以及维护质量进行考核。

表 9-6　PTN 运行质量性能指标

对象	指标名称	详细描述	指标要求
E-Line 性能	以太网专线业务丢包率	丢包率是指单位时间内，源端 MEP 发送的数据包数减去宿端 MEP 接收的数据包数得到的差值与源端 MEP 发送的数据包数的比值	非拥塞情况下，丢包率应为 0；在拥塞情况下，高优先级业务丢包率应不超过 10E-7

续表

对象	指标名称	详细描述	指标要求
E-Line 性能	以太网专线业务丢包个数	通过 OAM 的 PM 机制检测源端发送的数据包数减去宿端接收的数据包数得到的差值	24h 不超过 1000 个包
	以太网专线业务时延	MEP 源端发送请求报文的时间与 MEP 源端接收到应答报文的时间的差值	单设备时延不超过 150μs，端到端单向时延不超过 4ms
	以太网专线业务时延抖动	帧时延抖动是两次帧时延测试结果的差值	单设备时延抖动不超过 15μs，端到端单向时延抖动不超过 1ms
	以太网专线业务严重丢包秒	统计周期内，软件定时统计有丢包的秒数	若按 15min 周期监控，不应超过 50s；若按 24h 周期监控，不应超过 100s
	以太网专线业务连续严重丢包秒	统计周期内，软件统计单位时间内丢包率超过一定门限的秒数	若按 15min 周期监控，不应超过 20s；若按 24h 周期监控，不应超过 50s
	以太网专线业务不可用秒	软件统计严重连续丢包的时间长度（秒数）	24h 不高于 4s
Tunnel 性能	Tunnel 丢包率	Tunnel 中，单位时间内，源端发送的数据包数减去宿端接收的数据包数得到的差值与源端发送的数据包数的比值	非拥塞情况下，丢包率应为 0；在拥塞情况下，高优先级业务丢包率不超过 10E-7（24h 内）
	Tunnel 业务丢包个数	通过 OAM 的 PM 机制检测 Tunnel 源端发送的数据包数减去宿端接收的数据包数得到的差值	24h 不超过 100 个包
	Tunnel 时延	Tunnel 源端发送请求报文的时间与接收到应答报文的时间的差值	单设备时延不超过 150μs，端到端单向时延不超过 4ms
	Tunnel 时延抖动	两次 Tunnel 时延测试结果的差值	单设备时延抖动不超过 15μs，端到端单向时延抖动不超过 1ms
	MPLS 业务丢包秒	统计周期内，软件定时统计有丢包的秒数	若按 15min 周期监控，不应超过 50s；若按 24h 周期监控，不应超过 100s
	MPLS 业务严重丢包秒	统计周期内，软件统计单位时间内丢包率超过一定门限的秒数	若按 15min 周期监控，不应超过 20s；若按 24h 周期监控，不应超过 50s
	MPLS 业务连续严重丢包秒	软件统计严重连续丢包的时间长度（秒数）	24h 不高于 4s
	MPLS 业务不可用秒	统计周期内业务不可用时间长度，以秒为统计单位	若按 15min 周期监控，不应超过 20s；若按 24h 周期监控，不应超过 50s
PE 性能	PW 可用性	统计指定业务的可用性，等于（总包数–丢包数）/ 总包数	不低于 99%，低等级交互业务可放宽至 90%

练习与思考

1．PTN 的故障如何分类？维护分为哪些类型？

2．PTN 故障处理的基本原则是什么？

3．常用的故障定位方法有哪些？

4．简述故障处理的基本流程。

5．简述业务故障应急处理流程。

6．进行操作维护的环回有几种？有什么区别？

7．在操作维护时怎样通过保护倒换来恢复业务？

8．PTN 与业务网之间的职责如何划分？

IPRAN 篇

第10章 IPRAN 技术基础

【学习目标】

- 了解 IPRAN 常用动态路由类型及配置方案。
- 掌握 IS-IS 和 OSPF、BGP 的基本原理。
- 掌握 MPLS VPN 技术的主要原理。

10.1 动态路由协议基础

路由器按照路由协议创建路由表，描述网络拓扑结构，使路由信息在相邻路由器之间传递，确保所有路由器知道到其他路由器的路径。路由协议与路由器协同工作，执行路由选择和数据包转发功能。

路由协议作为 TCP/IP 族中的重要成员之一，其选路过程实现的好坏会影响整个 Internet 的效率。按应用范围不同，路由协议可分为两类，即在同一个自治系统（Autonomous System，AS）内的内部网关协议（Interior Gateway Protocol，IGP）和在不同 AS 之间的外部网关协议（Exterior Gateway Protocol，EGP）。AS 是指把整个 Internet 划分而形成的多个较小的网络范围，一个 AS 有权自主地决定采用何种路由协议。

目前 IPRAN 使用的内部网关路由协议主要有 RIP、IS-IS 和 OSPF。其中 RIP 采用的是距离向量算法，IS-IS 和 OSPF 协议采用的是链路状态算法。由于 RIP 存在局限性，例如不支持大型网络、路由表更新信息占用较大的网络带宽、收敛速度慢等，所以运营商组网中一般不使用 RIP。

外部网关协议最初采用的是 EGP。EGP 是为简单的树形拓扑结构设计的，但是随着越来越多的用户和网络加入 Internet，EGP 出现了很多的局限性。为了摆脱 EGP 的局限性，IETF 边界网关协议工作组制定了标准的边界网关协议 BGP。

10.1.1　IS-IS 协议

1. 协议概述

中间系统（Intermediate System，IS）就是 IP 网络中的路由器，中间系统到中间系统（Intermediate System-to-Intermediate System，IS-IS）协议是一种使用链路状态算法的路由协议，首先收集网络内的节点和链路的状态信息来构建链路状态数据库，然后运行最短路径优先（Shortest Path First，SPF）算法来计算出到达已知目标的最优路径。IS-IS 最早是 ISO 为无连接网络协议（Connectionless Network Protocol，CLNP）而设计的动态路由协议，使用 CLNP 地址来标识路由器。随着 IP 网的蓬勃发展，IS-IS 协议被扩展应用到 IP 网中，扩展后的 IS-IS 称为集成 IS-IS（Integrated IS-IS）协议。与大多数路由协议不同，IS-IS 协议直接运行于链路层之上，支持 IP、OSI 两种路由。由于协议扩展性好，路由收敛速度快，结构清晰，适用于大规模网络。

2. NET 地址

在完成网络规划后，为了管理方便，通常会为网络中的每一台路由器创建一个 Loopback 接口，并在该接口上单独指定一个 IP 地址作为管理地址。Loopback 接口是一个类似于物理接口的逻辑接口，其特点是只要路由器不关机，该接口就始终处于 UP 状态，因此该接口经常用于线路环回测试或对路由器远程登录（Telnet）。Loopback 地址可以配置多个，一般在 IPRAN 中使用 Loopback0。

动态路由协议在运行过程中均需要指定一个 Router ID 作为路由器在 AS 中的唯一标识，在 OSPF、BGP 中通常将路由器的 Router ID 指定为与该设备上的 Loopback 接口地址相同。但是在 IS-IS 协议中则使用 CLNP 地址对路由器进行标识。在 OSI 模型中，CLNP 地址也称为网络服务接入点（Network Service Access Point，NSAP），用于标识网络节点的特殊 NSAP 被称为网络实体标识（Network Entity Title，NET）地址。NET 地址长度为 8 ~ 20 位，可以分为 3 段，如图 10-1 所示。

IDP		DSP		
AFI	IDI	High Order DSP	System ID	NSEL
变长的区域地址空间（即 Area ID）			6B	1B

图 10-1　NET 地址

其中各部分说明如下。

- Area ID（区域 ID）：标识路由器所在的区域，长度在 1 ~ 3B 之间可变。由于 IS-IS 中的区域以路由器为边界，因此，同一台路由器每个接口上的区域 ID 都是相同的，每台路由器最多可以具有 3 个区域 ID。如果一组路由器有相同的区域 ID，则它们属于同一区域。如果一台路由器属于多个区域，则可以配置多个具有不同区域 ID 和相同 System ID 的 NSAP。
- System ID（系统 ID）：在一个 AS 中用于唯一标识一个路由器，长度固定为 6B。

- NSEL（或 SEL、N 选择器）：用于标识 IS-IS 协议应用的网络，长度固定为 1B。当该字段设置为“0”时，用于 IP 网络。

在 IS-IS 中，所有 NET 地址必须满足以下限制条件。

- 一个路由器至少有一个 NET，但是实际中最多可以有 3 个 NET，所有 NET 必须有相同的系统 ID。不同的路由器，NET 必须不相同。
- 一个路由器可以有一个或多个区域 ID，只有当区域进行重新划分时，才需要使用多 NET 设置，例如，将多个区域进行合并或者将一个区域划分成多个区域，多 NET 设置才能在进行重新配置时仍然能够保证路由的正确性。
- NET 地址至少需要 8B：1B 的区域 ID，6B 的系统 ID 和 1B 的 NSEL，最多为 20B。

在使用 IS-IS 协议的网络中，一台路由器除了用 Router ID 进行标识外，还会用到 NET 地址。在 IPRAN 中，通常用 Loopback0 地址构造系统 ID，以 Loopback0 地址 100.11.1.12 为例，首先将 Loopback0 地址 100.11.1.12 中的每个十进制数都扩展成 3 位，不足 3 位的在前面补 0，即成为 100.011.001.012；然后将扩展后的数字分为 3 段，每段由 4 个数字组成，划分后成为 1001.1100.1012，即得到了系统 System ID。

通过这种方法，在 IPRAN 中，可以实现 Loopback0 地址与系统 ID 的相互转换。网络中的每个节点都分配到一个 NET 地址后，只要链路连接完成，路由器和路由器之间就可以找到邻居。

3. IS-IS 分层

IS-IS 是一个分层的链接状态路由协议，可以在不同的子网上进行部署，包括广播型的 LAN、WAN 和点到点链路，本书主要介绍点到点链路相关的部分。IS-IS 支持以下两种分层。

- Level-1：对应于普通区域（Areas），也可以缩写为 L1。
- Level-2：对应于骨干区域（Backbone），也可以缩写为 L2。

如图 10-2 所示，在分区域的分层结构中，有 3 种不同的路由器角色，包括 L1 路由器、L2 路由器和 L12 路由器。

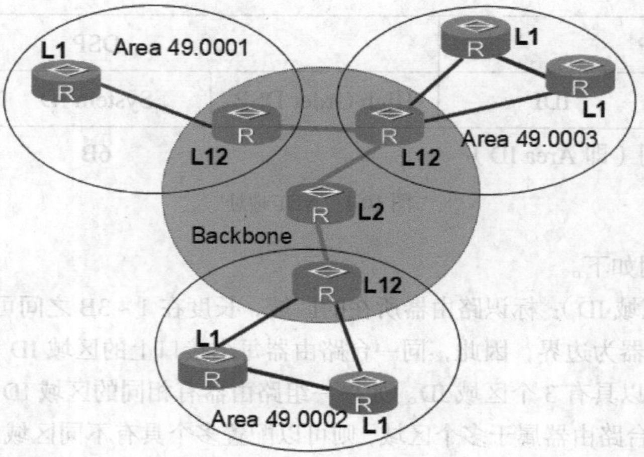

图 10-2　划分区域和层次的网络

在 IS-IS 中，路由器必须属于某个特定的区域，普通区域内只保存区域内 L1 的数据库信息，骨干区域内既有 L1 数据库又有 L2 数据库信息。同一区域内的路由器交换信息的节点组成一层（L1），区域内的所有 L1 路由器知道整个区域的拓扑结构，负责区域内的数据交换。区域之间通过 L12 路由器相连接，各个区域的 L12 路由器与骨干 L2 路由器共同组成骨干网，是二层（L2），L12 负责区域之间的数据交换。

（1）L1 路由器

L1 路由器只与本区域的路由器形成邻居，只参与本区域的路由，只保留本区域内的数据库信息。通过与自己相连的 L1/L2 路由器寻找离自己最近的 L1/L2 路由器；通过发布指向离自己最近的 L1/L2 路由器的默认路由访问其他区域。

（2）L2 路由器

L2 路由器可以与其他区域的 L2 路由器形成邻居，参与骨干区的路由，保存整个骨干区的路由信息。L1/L2 路由器同时可以参与 L1 路由。

（3）L12 路由器

L12 路由器可以与本区域任何级别的路由器形成邻居，也可以和其他区域的相邻的 L2 或 L12 路由器形成邻居关系；它可以有两个级别的链路状态数据库，L1 用于作为区域内路由；L2 用于作为区域间路由，完成它所在的区域与骨干区之间的路由信息交换，将 L1 数据库中的路由信息转换到 L2 数据库中，实现在骨干区域中的传播。L12 路由器既承担 L1 的职责，也承担 L2 的职责，通常位于区域边界上。

目前在 IPRAN 中普遍实施 IGP 多进程部署，如图 10-3 所示。在 IPRAN 中，每个接入环通常都部署一个 IS-IS 进程，汇聚和核心环路部署一个 IS-IS 进程，在汇聚节点设备上启用 IS-IS 多进程，各进程之间互相独立，这样就将整个网络划分成多个独立通信的组。这种划分方式使接入环路的 IGP 域设备数量减少，对接入设备的压力较小。

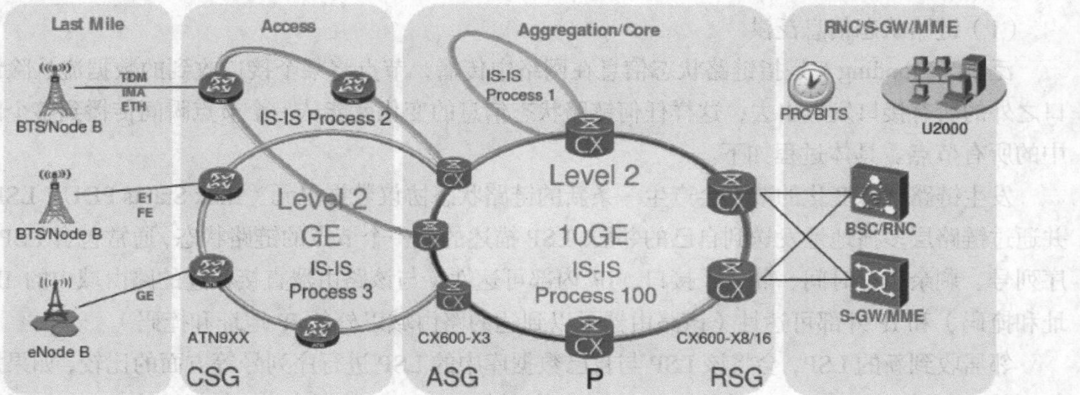

图 10-3 IGP 多进程部署

IPRAN 的 IGP 多进程部署方式与 L1、L2 的划分是有一定区别的：在一个网络中，L1、L2 区域之间的信息沟通是由 IS-IS 协议本身规定的；而多进程 IGP 中各进程之间相互独立，互不来往，因此进程之间如果需要进行信息交互，就要通过人工进行路由引入的方式实现。在 IPRAN 中，部署 IGP 多进程后，同一 IS-IS 进程内的路由器一般全部设置为 L2 区域，在一些更大规模的网络中，多进程和多区域可以同时部署。

4. 工作原理

两台运行 IS-IS 协议的路由器在交互协议报文实现路由功能之前，之间必须首先建立邻接关系，建立邻接关系需要遵循以下原则。

- 只有同一层次的相邻路由器才有可能成为邻接体，L1 路由器只能与 L1 路由器或 L12 路由器建立 L1 邻接关系，L2 路由器只能与 L2 路由器或 L12 路由器建立 L2 邻接关系，L12 路由器能与 L12 路由器建立 L1、L2 邻接关系。需要注意的是，L1 邻接关系与 L2 邻接关系是完全独立的，两台 L12 路由器之间可以只形成 L1 邻接关系，也可以只形成 L2 邻接关系，还可以同时形成 L2 和 L1 邻接关系。
- 形成 L1 邻接关系要求区域号一致。
- 一般建立邻接关系的接口 IP 地址只能在同一网段。

相邻路由器互相发送 Hello 报文，验证相关参数后即可建立邻接关系。Hello 报文的参数中，如下 3 个参数在配置中经常出现。

- 抑制时间：指邻居路由器在宣告始发路由器失效前等待接收下一个 Hello 报文的时间，通常设置为发送时间间隔的 3 倍，即如果每 10s 发送一个 Hello 报文，则抑制时间应设置为 30s。
- 认证时间：出于安全考虑，为防止设备随意接入网络，IPRAN 中通常对 IS-IS 进行认证时间配置，同时通过认证时间的配置可以预防多进程、多区域网络部署和维护中的误操作。
- 填充：IS-IS 可以对 Hello 报文进行填充，使其达到 1492B 或链路消息传输单元（Message Transmission Unit，MTU）的大小，一般路由设备默认开启填充功能，但 IPRAN 中一般不对 Hello 报文进行填充。

（1）链路状态信息泛洪

泛洪（Flooding）是指链路状态信息在网络中传播，节点将某个接口收到的数据流从除该接口之外的所有接口发送出去，这样任何链路状态信息的变化就能从一个节点瞬间传播到整个网络中的所有节点。具体过程如下。

发生链路状态变化的节点会产生一条新的链路状态协议数据单元（Link Status PDU，LSP），并通过链路层多播地址发送到自己的邻居。LSP 描述的是一个节点的链路状态，通常包含 LSP ID、序列号、剩余生存时间、邻居、接口、IP 内部可达性（与该路由器直接相连的路由域内的 IP 地址和掩码）和 IP 外部可达性（该路由器可以到达的路由域以外的 IP 地址和掩码）。

邻居收到新的 LSP，会将该 LSP 与自己数据库中的 LSP 进行序列号等方面的比较，如果发现收到的 LSP 为更新的 LSP，就将新的 LSP 安装到自己的 LSP 数据库中，并标记为 Flooding，同时通过时序协议数据单元（Partial Sequence Number PDU，PSNP）进行确认。

邻居将新的 LSP 发送给自己的所有邻居，这样一条新的 LSP 就从网络节点的邻居扩散到邻居的邻居，然后进一步扩散。在网络中泛洪，由于 IPRAN 的 IGP 多进程部署中单进程内的路由器数量不多，所以完成一次泛洪的时间很短。

链路状态信息泛洪在 IS-IS 协议中的作用非常重要，IS-IS 协议通过泛洪得到各节点链路状态数据库的一致性。

（2）计算路由

IS-IS 协议中，一个网络节点完成链路状态数据库的构建和更新后，就可以根据 SPF 算法进行路径计算。

最短路径优先算法（Shortest Path First，SPF）也叫 Dijkstra（荷兰数学家）算法，在链路状态路由协议中用来计算到目的地的最短路径。它以路由器为根，计算出到网络中所有目的地的度量值，并从中选择最短路径，依据网络拓扑生成一棵最短路径树（SPT），如图 10-4 所示。

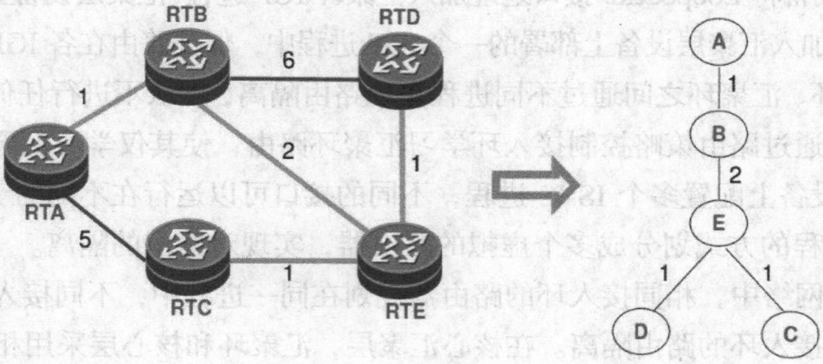

图 10-4　SPF 算法计算最小生成树

链路的度量值（Cost）是链路传输信息花费的代价，与传输时延、丢包率等相关。度量值在每台路由器的接口上单独配置，用于衡量接口出方向的开销，一般在同一条链路两端的接口应配置相同的度量值，实际中只使用默认度量值，一般接口的度量值为 10，也可通过人工进行配置调整。

在 IS-IS 协议中，SPF 算法分别独立地在 L-1 和 L-2 数据库中运行，通过可靠的扩散算法，各路由器将其他路由器扩散来的拓扑信息收集起来，组成一张一致的、完整的拓扑图，依靠 SPF 算法来计算出自己的路由表。

5. 增强属性

随着网络的发展，IS-IS 协议在基础特性上发展出以下增强特性。

（1）路由渗透。可以将 L2 的 IP 路由引入 L1 中去，这样可以允许 L1 路由器对某些或全部 L2 路由选出区域的最佳路径。

VRP 命令：import-route isis level-2 into level-1 acl<1-199>[

IOS 命令：redistribute isis ip Level-2 into level-1 distribute-list <100-199>

（2）宽度量（Wide Metric）。在大型网络设计中，较小的 Metric 范围不能满足需求。为此，在 Draft-Ietf-IsIs-Traffic-04 中提出了宽度量（WideMetric）。

（3）流量工程。Draft-Ietf-IsIs-Traffic-04 中定义了 IS-IS 对于流量工程的支持，扩展了两个类型/长度/数值字段（Type/Length/Value，TLV）。

6. IPRAN 中 IS-IS 的应用

在移动通信网络中，由于设备数目较多，并划分成不同的接入环，所以在一个设备上最多只能配置 3 个 NET 地址。如果采用多区域划分方式，最多只能划分 3 个路由域，无法满足移动场景的需求，因此在移动通信网络中采用多进程多区域的方式进行部署，即接入层部署 IGP 单进程，汇聚层部署下挂的所有接入层 IGP 进程和汇聚层进程，核心层部署汇聚层 IGP 单进程。

（1）IS-IS 多进程组网

在多进程组网的情况下，需要注意以下问题。

① 设备上端口根据所在链路所属的区域加入相应的 IS-IS 进程。

② 成对的汇聚层节点之间的互联端口，汇聚环进程一般使用主接口，同时为所有接入环使能子接口，并加入相应进程中，保证各域内闭环。

③ 汇聚层设备将 Loopback0 接口地址加入汇聚环 IGP 进程，汇聚层设备互联主接口上配置子接口，每个子接口加入汇聚层设备上部署的一个 IGP 进程中，保证路由在各 IGP 进程内优先转发。

④ 各接入环、汇聚环之间通过不同进程实现路由隔离，默认不进行任何路由重发布。如果需要相互渗透，可通过路由策略控制接入环学习汇聚环路由，使其仅学习汇聚区域所需要的路由。

⑤ 在一个设备上配置多个 IS-IS 进程，不同的接口可以运行在不同的 IS-IS 进程中，一台路由器可以用多进程的方式划分成多个虚拟的路由器，实现对路由的隔离。

在移动通信网络中，相同接入环的路由器规划在同一进程中，不同接入环使用不同进程，这样才能实现不同接入环的路由隔离。在核心汇聚层，汇聚环和核心层采用相同的 IGP 进程。接入层如果是以单归方式连接到汇聚层节点的环或链，则 IGP 进程单独编号；如果是以双归方式连接到汇聚层节点的环，则 IGP 进程单独编号；如果是主接入环下同时有二级接入环，则主接入环和二级接入环可以采用相同的 IGP 进程编号。

（2）IS-IS 路由引入

一般情况下，不同路由协议之间不能共享各自的路由信息，当需要使用其他途径学习到的路由信息时，需要配置路由引入。

在移动通信网络中，由于使用 IS-IS 多进程方式，路由信息默认只能在相同进程的环中进行发布，要在不同进程的环之间发布路由信息，就要配置路由引入功能。例如图 10-5 所示，箭头所指就是分别将 IS-IS 进程 100 的路由引入到 IS-IS 进程 1、2、3。

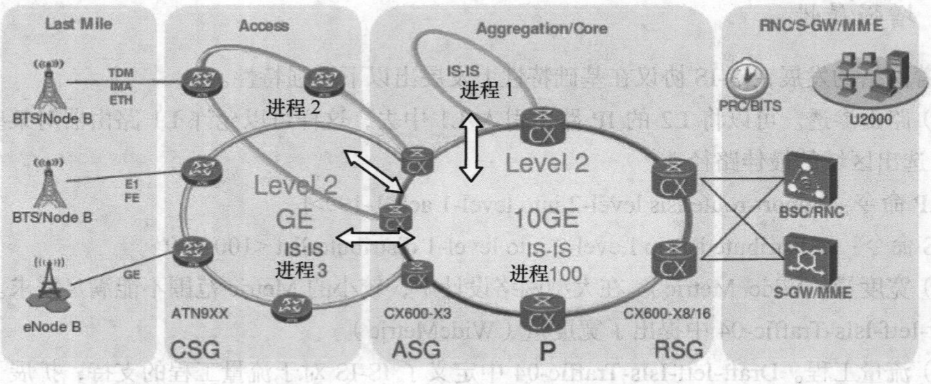

图 10-5　IS-IS 的路由引入

学习路由信息一般有直连网段、静态配置和动态路由协议 3 种途径，可以把这 3 种途径学习到的路由信息引入路由协议中。一般将直连网段引入 IS-IS 中叫作引入直连；把静态路由引入 IS-IS 中叫作引入静态路由；把 IS-IS 进程 2 引入 IS-IS 进程 1 中叫作引入 IS-IS 进程 2。

当把路由信息引入路由进程后，这些路由信息就可以在相应的路由协议进程中进行通告。

在移动通信网络中，由于相同接入环的路由器规划在同一进程，不同接入环使用不同进程，因此能实现不同接入环的路由隔离。当接入环和汇聚环的路由器需要相互学习路由信息时，就应该在 IS-IS 进程之间进行路由引入。

在引入路由时，一般并不需要引入全部路由，因此可以使用路由过滤来精确控制路由引入的过程。路由过滤的作用主要体现在如下 3 个方面。

① 避免路由引入导致的次优路由。

② 避免路由环路。

③ 进行精确路由引入和路由通告控制。

在移动通信网络中，路由引入往往发生在协议的多进程之间或不同路由协议之间相互通信的场景。

（3）IS-IS 的 Cost

在 IS-IS 多进程方式下，为了控制汇聚环、接入环之间的路由选路方式，引入了 Cost 的概念。通过 IGP Cost 的配置，可以保证高流量局限在本接入环或本汇聚环中转发，不会在不同汇聚层节点之间或核心层节点之间绕行，示例如图 10-6 所示。

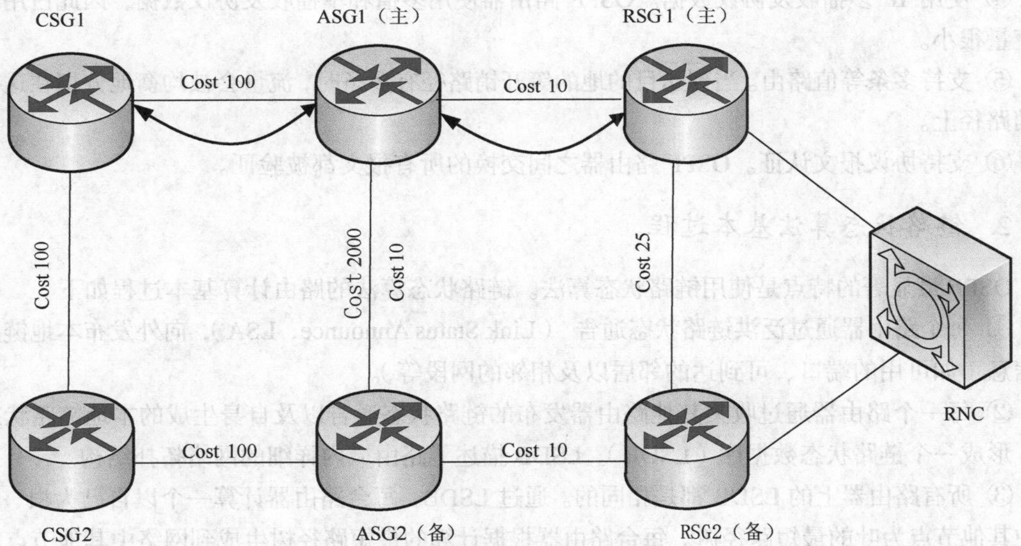

图 10-6 IS-IS 的 Cost 设置示例

说明如下。

- 接入层链路统一使用 Cost 值为 100。
- 成对的汇聚层节点设备在接入层的接口链路 Cost 值设置要大于接入环 Cost 值的总和。若按照一个接入环不大于 20 个节点计算，则汇聚层节点设备在接入层的接口链路的 Cost 值必须大于 2000。
- 汇聚层链路统一使用 Cost 值为 10。
- 成对核心层节点设备之间的链路 Cost 值设置小于最小的汇聚环 Cost 值总和。

通过设置 Cost 值，在保障正常通信的情况下，接入层节点都经主用汇聚层节点和主用核心层节点进行通信。

10.1.2 OSPF 协议

OSPF（Open Shortest Path First，开放式最短路径优先）协议是一个内部网关协议，用于在单一AS内决策路由。

1. OSPF的基本特点

OSPF的基本特点如下。

① 专为TCP/IP环境开发。OSPF是专门为TCP/IP环境开发的路由协议，支持无类域内路由（CIDR）和可变长子网掩码（VLSM）。

② 无路由自环。由于路由的计算基于详细的链路状态信息（即网络拓扑信息），因此OSPF计算的路由无自环。

③ 收敛速度快。OSPF采用触发式更新，一旦拓扑结构发生变化，新的链路状态信息立刻泛洪，对拓扑变化敏感。

④ 使用IP多播收发协议数据。OSPF路由器使用多播和单播收发协议数据，因此占用的网络流量很小。

⑤ 支持多条等值路由。当到达目的地的等开销路径有多条时，流量会被均衡地分担在这些等开销路径上。

⑥ 支持协议报文认证。OSPF路由器之间交换的所有报文都被验证。

2. 链路状态算法基本过程

OSPF最显著的特点是使用链路状态算法。链路状态算法的路由计算基本过程如下。

① 每个路由器通过泛洪链路状态通告（Link Status Announce，LSA），向外发布本地链路状态信息（如可用的端口、可到达的邻居以及相邻的网段等）。

② 每一个路由器通过收集其他路由器发布的链路状态通告以及自身生成的本地链路状态通告，形成一个链路状态数据库（LSDB）。LSDB描述了路由域内详细的网络拓扑结构。

③ 所有路由器上的LSDB都是相同的。通过LSDB，每台路由器计算一个以自己为根、以网络中其他节点为叶的最短路径树。每台路由器根据计算的最短路径树生成到网络中其他节点的路由表。

3. 基本概念

（1）AS和Router ID

在OSPF中，有两个基本的概念需要介绍，一个是AS，一个是Router ID。

- AS是指使用同一种路由协议交换路由信息的一组路由器，AS即一个OSPF路由域。
- 由于LSDB描述的是整个网络的拓扑结构，包括网络内的所有路由器，所以网络内的每个路由器都需要有一个唯一的标识，用于在LSDB中标识自己。Router ID就是这样一个用于在AS中唯一标识一台运行OSPF协议的路由器的32位整数。每个运行OSPF协议的路由器都有一个Router ID。Router ID一般需要手工配置，一般将其配置为该路由器的某个接口的IP地址。由于IP地址是唯一的，所以这样就很容易保证Router ID

的唯一性。在没有手工配置 Router ID 的情况下，一些厂家的路由器（包括 Quidway 系列）支持自动从当前所有接口的 IP 地址中自动选举一个作为 Router ID。

Router ID 选择时应选取最大的 Loopback 接口地址，如果没有配置 Loopback 接口，就选取最大的物理接口地址作为 Router ID。

VRP 平台系统视图下，可以通过命令“router id <ip address>”强制改变 Router ID。

如果一台路由器的 Router ID 在运行中改变，则必须重启 OSPF 协议或重启路由器才能使新的 Router ID 生效。

（2）邻居（Neighbor）和邻接（Adjacency）

OSPF 作为一个路由协议，运行 OSPF 的路由器之间需要交换链路状态信息和路由信息，在交换这些信息之前首先需要建立邻接关系。

邻居（Neighbor）路由器：有端口连接到同一个网段的两个路由器就是邻居路由器。邻居关系由 OSPF 的 Hello 协议维护。

邻接（Adjacency）：从邻居关系中选出的为了交换路由信息而形成的关系。

并非所有邻居关系都可以成为邻接关系，因为不同的网络类型，建立邻接关系的规则也不同。

（3）DR 和 BDR

每一个含有至少两个路由器的广播型网络和 NBMA 网络都有一个指定路由器（Designated Router，DR）和备份指定路由器（Backup Designated Router，BDR）。DR 和 BDR 的作用如下。

① 减少邻接关系的数量，从而减少链路状态信息以及路由信息的交换次数，这样可以节省带宽，降低对路由器处理能力的压力。一个既不是 DR 也不是 BDR 的路由器只与 DR 和 BDR 形成邻接关系并交换链路状态信息以及路由信息，这样就大大减少了大型广播型网络和 NBMA 网络中的邻接关系的数量。

② 在描述拓扑的 LSDB 中，一个 NBMA 网段或者广播型网段是由单独的一条链路状态通告来描述的，而该链路状态通告是由该网段上的 DR 产生的。

4. OSPF 的区域划分

区域是一组网段的集合，OSPF 支持将一组网段组合在一起，称为一个区域。OSPF 区域划分如图 10-7 所示。

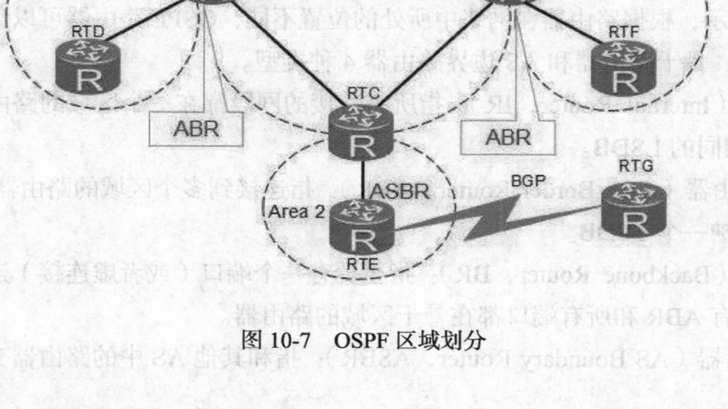

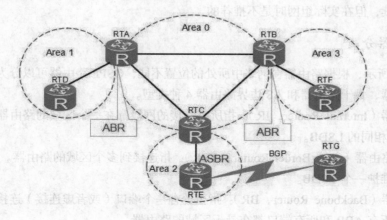

图 10-7 OSPF 区域划分

划分区域可以缩小 LSDB 的规模，减少网络流量。区域内的详细拓扑信息不向其他区域发送，区域间传递的是抽象的路由信息，而不是详细的描述拓扑结构的链路状态信息。每个区域都有自己的 LSDB，不同区域的 LSDB 是不同的，路由器会为每一个自己所连接到的区域维护一个单独的 LSDB。由于详细的链路状态信息不会被发布到区域以外，因此 LSDB 的规模大大缩小了。

Area 0 为骨干区域，负责在非骨干区域之间发布由区域边界路由器汇总的路由信息（并非详细的链路状态信息）。为了避免区域间路由环路，非骨干区域之间不允许直接相互发布区域间路由信息。因此，所有区域边界路由器都至少有一个接口属于 Area 0，即每个区域都必须连接到骨干区域。

除了上述物理网络类型之外，还有一种虚拟链路类型——虚连接。骨干区域必须是连续的，但在物理上不连续的时候，可以使用虚连接使骨干区域逻辑上连续。虚连接可以在任意两个区域边界路由器上建立，但是要求这两个区域边界路由器都有端口连接到一个共同的非骨干区域。这个非骨干区域称为 Transit 区域。

如图 10-8 所示，RTB 作为一个 ABR 没有物理连接到骨干区域，此时可以在 RTA 和 RTB 之间配置一条虚拟链路，使 RTB 连接到骨干区域。Area1 就是此虚连接的 Transit 区域。

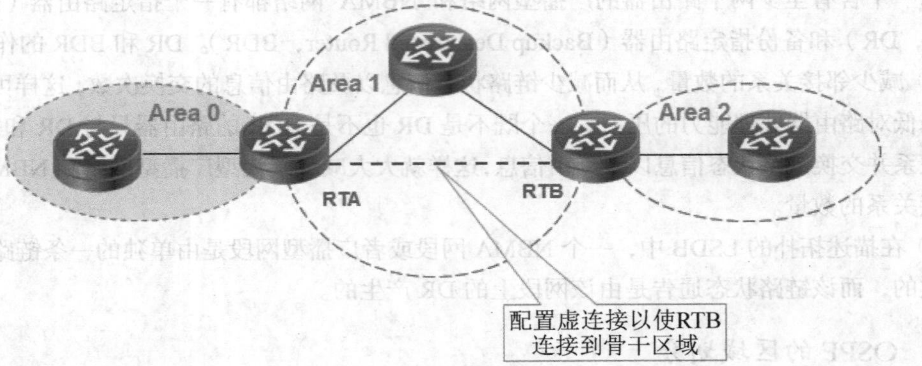

图 10-8　OSPF 虚连接

虚连接是属于骨干区域（Area 0）的一条虚拟链路。虚连接技术虽然理论上使骨干区域可以在物理上不连续，但在实际组网时是不推荐的。

5. 路由器分类

如图 10-9 所示，根据路由器在网络中所处的位置不同，OSPF 路由器可以分为内部路由器、区域边界路由器、骨干路由器和 AS 边界路由器 4 种类型。

内部路由器（Internal Router，IR）：指所有连接的网段都在一个区域的路由器。属于同一个区域的 IR 维护相同的 LSDB。

区域边界路由器（Area Border Router，ABR）：指连接到多个区域的路由器。ABR 为每一个所连接的区域维护一个 LSDB。

骨干路由器（Backbone Router，BR）：指至少有一个端口（或者虚连接）连接到骨干区域的路由器，包括所有 ABR 和所有端口都在骨干区域的路由器。

AS 边界路由器（AS Boundary Router，ASBR）：指和其他 AS 中的路由器交换路由信息的路由器，这种路由器向整个 AS 通告 AS 外部路由信息。AS 边界路由器可以是 IR 或者 ABR，可以属于骨干区域，也可以不属于骨干区域。

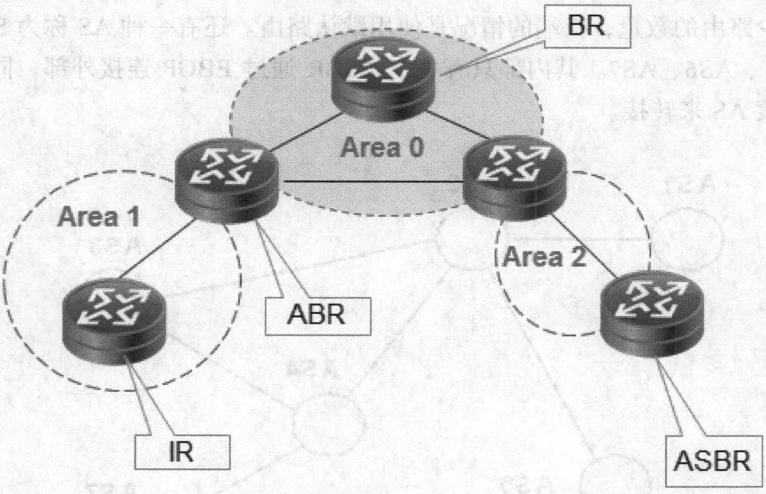

图 10-9　OSPF 路由器分类

10.1.3　BGP

1. 协议概述

BGP 是唯一的 EGP 路由协议，主要用来在 AS 之间传递路由信息，是一种距离矢量的路由协议，路由信息携带丰富的属性，应用了特定的属性来避免发生环路。BGP 用 TCP 传输，端口号为 179。BGP 支持 CIDR（无类别域间选路）和路由更新。

2. 工作机制

BGP 系统作为应用层协议运行在一个特定的路由器上。系统初启时通过发送整个 BGP 路由表交换路由信息，之后为了更新路由表，只交换更新消息（Update Message）。系统在运行过程中，通过接收和发送 Keep-Alive 消息来检测相互之间的连接是否正常。

发送 BGP 消息的路由器称为 BGP 发言人（Speaker），它不断接收或产生新的路由信息，并将其广告（Advertise）给其他 BGP 发言人。当 BGP 发言人收到来自其他 AS 的新路由广告时，如果该路由比当前已知路由更优，或者当前还没有可接收路由，它就把这个路由广告给 AS 内的所有其他 BGP 发言人。一个 BGP 发言人和与它交换消息的其他 BGP 发言人称为同伴（Peer），若干相关的同伴可以构成同伴组（Group），如图 10-10 所示。

一般情况下，一条路由是从 AS 内部产生的，它由某种内部路由协议发现和计算，传递到 AS 的边界，由 ASBR 通过 EBGP 连接传播到其他 AS 中。路由在传播过程中可能会经过若干个 AS，这些 AS 称为过渡 AS，如图 10-10 中的 AS5。若该 AS 有多个 BR，则这些路由器之间运行 IBGP（内部 BGP）来交换路由信息。这时内部的路由器并不需要知道这些外部路由，它们只需要在 BR 之间维护 IP 联通性即可，如图 10-10 中的 AS2、AS3、AS4。路由到达 AS 边界后，若内部路由器需要知道这些外部路由，ASBR 可以将路由引入内部路由协议。外部路由的数量是很大的，通常会超出内部路由器的处理能力，因此引入外部路由时一般需要过滤或聚合，以减少路由的数量，极端的情况是使用默认路由。还有一种 AS 称为 Stub AS，如图 10-10 中的 AS1、AS6、AS7。其内部只有一个 ASBR 通过 EBGP 连接外部，同外部其他 AS 的通信要靠过渡 AS 来转接。

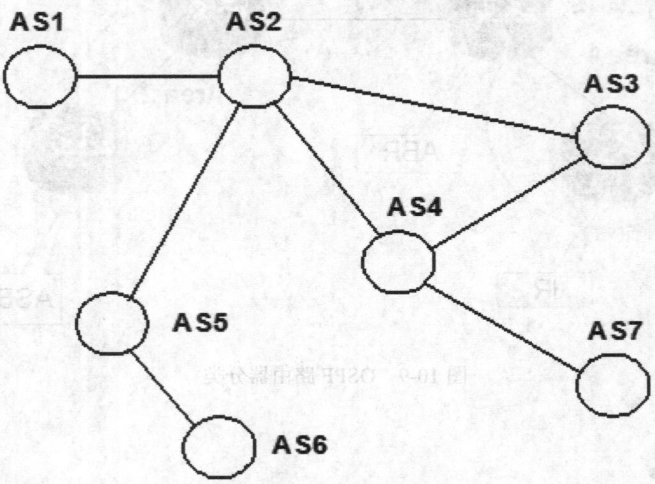

图 10-10　BGP 工作机制

对一个具体的 ASBR 来说，其路由的来源有从对等体接收的或者从 IGP 引入的两种方式。对于接收的路由，根据其属性（如 AS 路径、团体属性等）进行过滤，并设置某些属性（如本地优先、MED 值等），如果有必要，还可以将具体的路由聚合为超网路由。BGP 可能会从多个对等体收到目的地相同的路由，其会根据规则选择最佳路由，并加入 IP 路由表。对于 IGP 路由，则要经过引入策略的过滤和设置。BGP 发送优选的 BGP 路由和引入的 IGP 路由给对等体。

BGP 邻居刚建立时，发送整个 BGP 路由表交换路由信息，之后为了更新路由表，只交换更新消息。系统在运行过程中，通过接收和发送 Keep-Alive 消息来检测相互之间的连接是否正常。一般情况下，一条路由是由 AS 发现和计算产生，由 ASBR 通过 EBGP 连接传播到其他 AS 中。

3. 路由通告原则

路由通告原则如下。

- 存在多条路径时，BGP 发言人只选取最优的使用（非负载分担）。
- BGP 发言人只把自己使用的路由通告给相邻体。
- BGP 发言人从 EBGP 获得的路由会向它的所有 BGP 相邻体通告（包括 EBGP 和 IBGP）。
- BGP 发言人从 IBGP 获得的路由不向它的 IBGP 相邻体通告。
- BGP 发言人从 IBGP 获得的路由是否通告给它的 EBGP 相邻体，要根据 IGP 和 BGP 同步的情况来决定。

连接一建立，BGP 发言人就会按照以上原则，把自己的所有 BGP 路由通告给新的相邻体。

10.1.4 BGP 的路由控制

1. BGP 路由属性的分类

BGP 着重于控制路由的传播，可扩展性好，这两个特点都是基于 BGP 路由属性实现的。

BGP 路由属性是一组参数，它对特定的路由进行进一步描述，使得 BGP 路由器能够对路由进行过滤和筛选，BGP 路由属性分为以下 4 类。

① 公认必须遵守（Well-Known Mandatory）：简称公认必遵，所有 BGP 路由器都必须能够识别的属性，且必须存在于 Update 消息中。如果缺少这种属性，路由信息就会出错。

② 公认可选（Well-Known Discretionary）：所有 BGP 路由器都可以识别的属性，不要求必须存在于 Update 消息中，可以根据具体情况来选择。

③ 可选过渡（Optional Transitive）：在 AS 之间具有可传递性的属性，BGP 路由器可以不支持这种属性，但它仍然会接收带有这种属性的路由，并通告给其他对等体。

④ 可选非过渡（Optional Non-transitive）：如果 BGP 路由器不支持这种属性，该属性被忽略，且不会通告其他对等体。

2. 重要的 BGP 路由属性

（1）源属性

Origin（源）属性定义路由信息的来源，是公认必遵属性，它标记一条路由是怎么成为 BGP 路由的。它有以下 3 种类型。

① IGP：优先级最高，说明路由产生于本 AS 内。

② EGP：优先级次之，说明路由是通过 EGP 学习得到的。

③ Incomplete：优先级最低，它并不是说明路由不可达，而是表示路由的来源无法确定，例如引入的其他路由协议的路由信息。在进行路由注入时，如果使用 Import 方式和 Network 方式，会造成 Origin 属性的不同。使用 Import 方式，按照协议类型将 IS-IS、OSPF、静态路由、直连路由等某一协议路由注入 BGP 路由表中时，BGP 路由表中会显示该路由的源属性为 Incomplete；使用 Network 方式，将指定前缀和掩码的一条路由注入 BGP 路由表中时，BGP 路由表中会显示该路由的 Origin 属性为 IGP。

（2）AS 路径属性

AS 路径（AS_Path）属性是公认必遵属性，它按一定次序记录了某条路由从本地到目的地所要经过的所有 AS 号。当 BGP 将一条路由通告到其他 AS 时，便会把本地 AS 号添加在 AS_Path 列表的最前面，收到此路由的 BGP 路由器根据 AS_Path 属性就可以知道去目的地所要经过的 AS。如果某个 BGP 路由器收到一条 BGP 路由，发现 AS_Path 属性中已经有自己所在的 AS 号，则会直接丢弃这条路由，这样可以防止路由环路。

（3）下一跳属性

下一跳（Next-Hop）属性属于公认必遵属性。BGP 的下一跳属性和 IGP 有所不同，不一定就是邻居路由器的 IP 地址。

下一跳属性取值情况分为如下 3 种。

① BGP 发言人把自己产生的路由发给所有邻居时，将把该路由信息的下一跳属性设置成自己与对端相连的接口地址。

② BGP 发言人把接收到的路由发给 EBGP 对等体时，将把该路由信息的下一跳属性设置为本地与对端相连的接口地址。

③ BGP 发言人把从 EBGP 邻居得到的路由发给 IBGP 邻居时，并不改变该路由信息的下一跳属性。如果设置了负载分担，路由被发给 IBGP 邻居时，则会修改下一跳属性。

（4）MED 属性

MED（MULTI_EXIT_DISC）属性属于可选非过渡属性。MED 属性仅在相邻的两个 AS 之间交换，收到此属性的 AS 一方不会再将其通告给任何第三方 AS。它相当于 IGP 使用的度量值（Metric），用于判断流量进入 AS 的最佳路由。当一个运行 BGP 的路由器通过不同的 EBGP 对等体得到目的地址相同但下一跳属性不同的多条路由时，在其他条件相同的情况下，将优先选择 MED 值较小的作为最佳路由。

（5）本地优先属性

本地优先（Local Preference）属性属于公认可选属性。本地优先属性仅在 IBGP 对等体之间交换，不通告给其他 AS。它表明 BGP 路由器的优先级，用于判断流量离开 AS 时的最佳路由。当 BGP 路由器通过不同的 IBGP 对等体得到目的地址相同但下一跳属性不同的多条路由时，将优先选择本地优先属性值较高的路由。

（6）团体属性

团体（Community）属性属于可选过渡性属性。团体属性用来简化路由策略的应用和降低维护管理的难度。它是一组具有相同特征的目的地址的集合，没有物理上的边界，与其所在的 AS 无关。BGP 定义了一组公认的团体属性，如表 10-1 所示。

表 10-1 团体属性

团体名称	团体标识	说　明
Internet	0（0×00000000）	默认情况下，所有路由都属于 Internet 团体，具有此属性的路由可以被通告给所有 BGP 对等体
No-Export	4294967041（0×FFFFFF01）	具有此属性的路由被接收到后，不能被发布到本地 AS 之外。如果使用了联盟，则不能发布到联盟之外，但是可以发布给联盟中的其他子 AS
No-Advertise	4294967042（0×FFFFFF02）	具有此属性的路由被接收后，不能被通告给其他任何 BGP 对等体
No-Export-subconfed	4294967043（0×FFFFFF03）	具有此属性的路由被接收后，不能被发布到本地 AS 之外，也不能发布给联盟中的其他子 AS

3. BGP 选路原则

BGP 选择路由有不同优先级的多条规则，华为设备主要使用以下原则。

- 优选 Preferred-value 值最大的路由。

- 优选本地优先级最高的路由。
- 优选聚合路由。
- 本地 Network 方式注入优先级高于本地 Import 方式注入。
- 依次选择 Origin 类型为 IGP、EGP、Incomplete 的路由。
- 优选 MED 值最低的路由。
- 优选 EGP 路由。
- 优选下一跳 Cost 值最低的路由。

10.2 MPLS VPN 技术基础

10.2.1 VPN 技术简介

VPN 属于远程访问技术，就是利用公用网络链路假设用户私有网络。例如，公司员工出差，在外地需要访问公司内部网络，VPN 的解决办法是在内网中架设一台 VPN 服务器，VPN 服务器有两块网卡，一块连接内网，另一块连接公网。员工在外地连接到互联网后，通过互联网找到 VPN 服务器，然后通过 VPN 服务器进入企业内部网。为了保证数据安全，VPN 服务器和客户机之间的通信数据都进行了加密处理，这样就相当于给数据建立了一条专用的数据链路进行安全传输。如同架设了一个专用网络，但是实际上 VPN 使用的是互联网上的公用链路，因此只能称为虚拟专用网。因此 VPN 实质上就是利用加密技术在公网上封装出的专用数据通信隧道。有了 VPN，用户无论是在外地出差还是在家办公，只要能连上互联网，就能利用 VPN 方便地访问企业内网资源，因此 VPN 在企业中的应用十分广泛。

10.2.2 MPLS VPN

1. 简述

在传统的传输网中，网络为业务提供一条静态的、面向连接的、固定带宽的、透明而且独立的传输管道；传统 IP 网络中，业务的传输是逐跳转发的，由各个路由器设备根据路由表自主决定将数据包发往哪个方向，因此提供的是动态的、无连接的、弹性带宽的、不透明不独立的传输。能否在无连接的网络中模拟出相对透明且独立的传输管道，为不同用户和业务提供“专用”服务，是 VPN 需要解决的问题。

MPLS 技术的出现提供了解决方案。围绕 MPLS 技术又扩展和开发出了各种协议，形成了 MPLS VPN 体系，实现了各种 VPN 方案。因此，MPLS VPN 是 VPN 的一种，只是实现技术采用的是 MPLS。因为 MPLS VPN 不用传统的 IP 网络转发，是在 2.5 层采用标签转发，在转发通道上通过计算好的 MPLS 隧道进行转发，天然形成了业务隔离，所以也称为 VPN。

VPN 按照实现层次划分可以分成二层 VPN（L2VPN）和三层 VPN（L3VPN）。MPLS 二层 VPN 是在目前流行的 IP 网络上基于 MPLS 方式实现的服务。MPLS 二层 VPN 在 MPLS 网络上透明传输用户二层数据。从用户角度来看，MPLS 网络是一个二层交换网络，可以在不同节点之间建立二层连接，提供不同用户端介质的二层 VPN 互联，如 ATM、FR、Ethernet、PPP 等。

二层 VPN 可以分为点到点的虚拟租用线（Virtual Leased Line，VLL）和点到多点的虚拟专用网业务（Virtual Private Lan Service，VPLS）。MPLS 的二层 VPN 有 4 种实现方式，即 Martini 方式、Kompella 方式、电路交叉连接（Circuit Cross Connection，CCC）方式和 SVC 方式。Martini 方式使用 LDP 为信令协议传递二层信息和 VC 标签；Kompella 方式使用 BGP 为信令协议传递二层信息和 VC 标签；CCC 方式、SVC 方式不使用信令协议，通过静态配置 VC 标签的方式实现 MPLS 二层 VPN。Martini 方式和 Kompella 方式是最主要的两种实现方式。中兴、华为、贝尔、思科的设备中采用的主要是 Martini 方式。

MPLS 三层 VPN 是一种基于 PE 的技术，它通过在运营商骨干网络上发布 VPN 路由，使用 MPLS 方式转发 VPN 报文，组网方式灵活，可扩展性好，并能够方便地支持 MPLS QoS 和 MPLS-TE。

2. 设备角色

如图 10-11 所示，MPLS VPN 中定义了如下 3 种设备角色。

（1）用户边缘设备（Custom Edge，CE）：直接与服务提供商相连的用户设备，可以是路由器或交换机，也可以是一台主机。通常情况下，CE 感知不到 VPN 的存在，也不需要支持 MPLS。

（2）运营商网络边缘路由器（Provider Edge Router，PE）：指与 CE 相连的运营商网络边缘路由器，主要负责 VPN 业务的接入。在 MPLS 网络中，对 VPN 的所有处理都发生在 PE 上。

（3）运营商路由器（Provider Router，PR）：指运营商网络的核心路由器，主要完成路由和快速转发功能。P 设备只需要具备基本的 MPLS 转发功能，不维护 VPN 信息。在 MPLS 网络中，PE 就是 LER，P 就是 LSR。

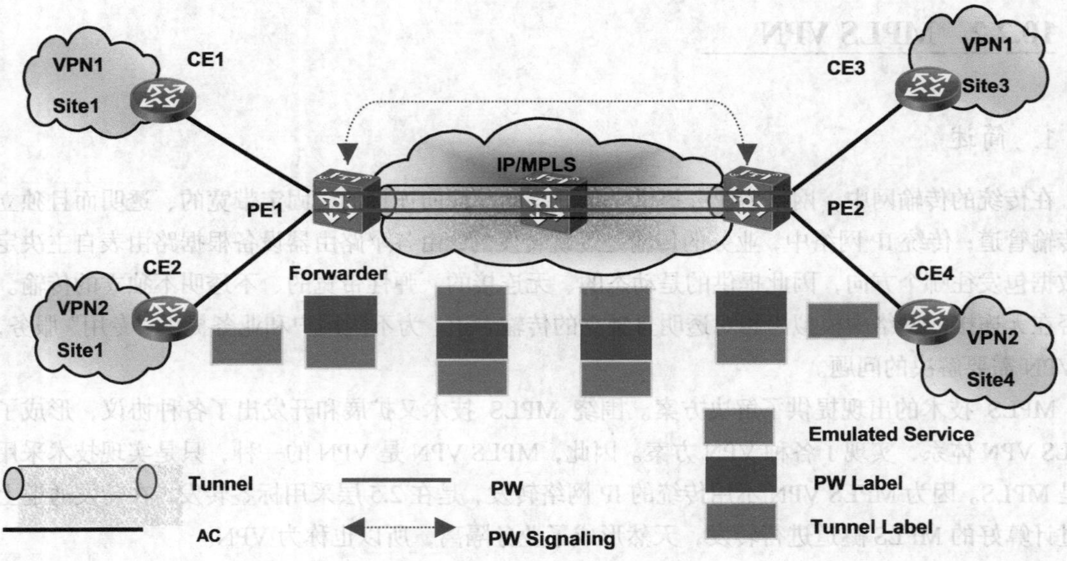

图 10-11　MPLS VPN 示意图

3. MPLS-TE 隧道

在 MPLS-TE 把多条 LSP 联合起来使用，并将这些 LSP 与一个虚拟的隧道接口关联，这样的一组 LSP 隧道就称为 MPLS-TE 隧道。通常采用以下两个概念来唯一标识一条 MPLS-TE 隧道。

- 隧道接口：隧道接口是为实现报文的封装而提供的一种点对点类型的虚拟接口，与 Loopback 接口类似，都是一种逻辑接口。隧道接口名称格式为“接口类型+接口编号”。
- 隧道标识（Tunnel ID）：采用十进制数字唯一标识一条 MPLS-TE 隧道，以便对隧道进行规划和管理。用户在配置 MPLS-TE 的隧道接口时需要指定一个 ID。

例如图 10-12 中所示，其中有两条 LSP，路径 LSR A—LSR B—LSR C—LSR D—LSR E 作为主用路径（LSP ID=2），另一条路径 LSR A—LSR F—LSR G—LSR H—LSR E 作为备用路径（LSP ID=1024），两条 LSP 隧道都对应于同一个隧道标识为 100 的 MPLS-TE 隧道 Tunnel 1/0/0。

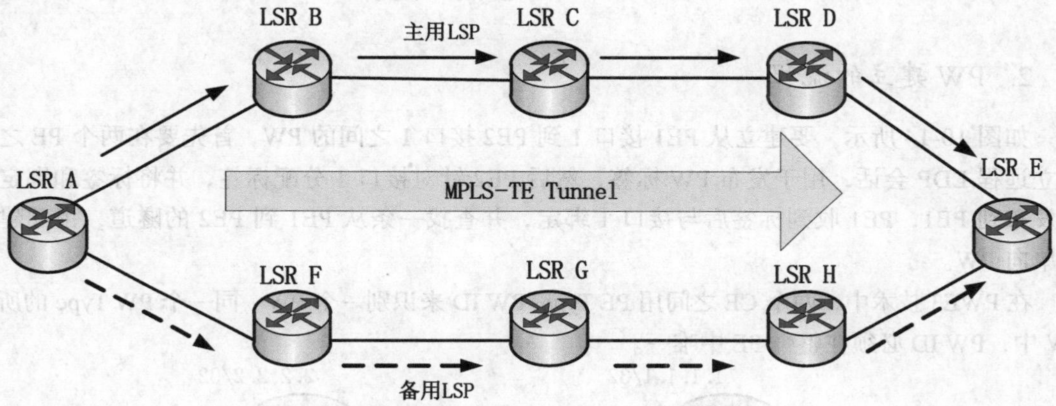

图 10-12　MPLS-TE 隧道和 LSP 隧道

10.2.3　PWE3 技术

PW 是一种在设备之间提供逻辑连接实现二层业务承载的技术，PWE3 是利用 PW 提供的端到端业务，在以 PSN 为基础的满足其他业务需求的情况下被设计出来的一种二层 VPN 技术。

1. 基本概念

在 MPLS VPN 的基础上，PWE3 定义了如下 3 种连接，如图 10-13 所示。

（1）接入链路（Attachment Circuit，AC）：一条 CE 到 PE 之间的独立链路或电路。AC 接口可以是物理接口，也可以是逻辑接口。

（2）PW 或虚电路（Virtual Circuit，VC）：两个 PE 节点之间的一种逻辑连接。VC 提供用户二层数据穿越运营商骨干网络的通道，可以理解为连接两个 AC 接口之间的虚拟线路（点到点连接），因此在 MPLS 二层 VPN 的实现中，VC 又称为 PW，PW 是在接口到接口之间创建的。

（3）隧道（Tunnel）：在 PE 节点到 PE 节点之间创建的连接，用于在 PE 之间透明传输用户数据。

PW 可以分为静态 PW 和动态 PW。静态 PW 不使用信令协议进行参数协商，而是通过命令手工指定相关信息，数据通过隧道在 PE 之间传递；动态 PW 是通过信令协议建立起来的。

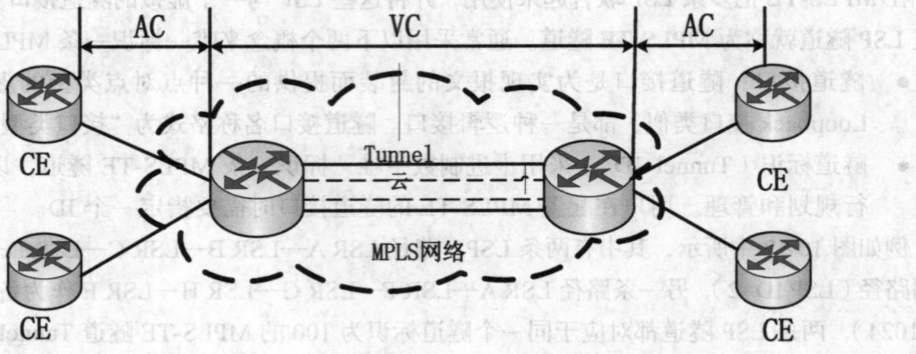

图 10-13　PWE3 定义的 3 种连接

2. PW 建立的流程

如图 10-14 所示，要建立从 PE1 接口 1 到 PE2 接口 1 之间的 PW，首先要在两个 PE 之间建立远程 LDP 会话，用于发布 PW 标签，然后 PE2 针对接口 1 分配标签，并将标签和绑定关系发布到 PE1，PE1 收到标签后与接口 1 绑定，并查找一条从 PE1 到 PE2 的隧道，由此建立起单向 PW。

在 PWE3 技术中，两个 CE 之间用 PE Type+PW ID 来识别一个 PW。同一个 PW Type 的所有 PW 中，PW ID 必须在整个 PE 中唯一。

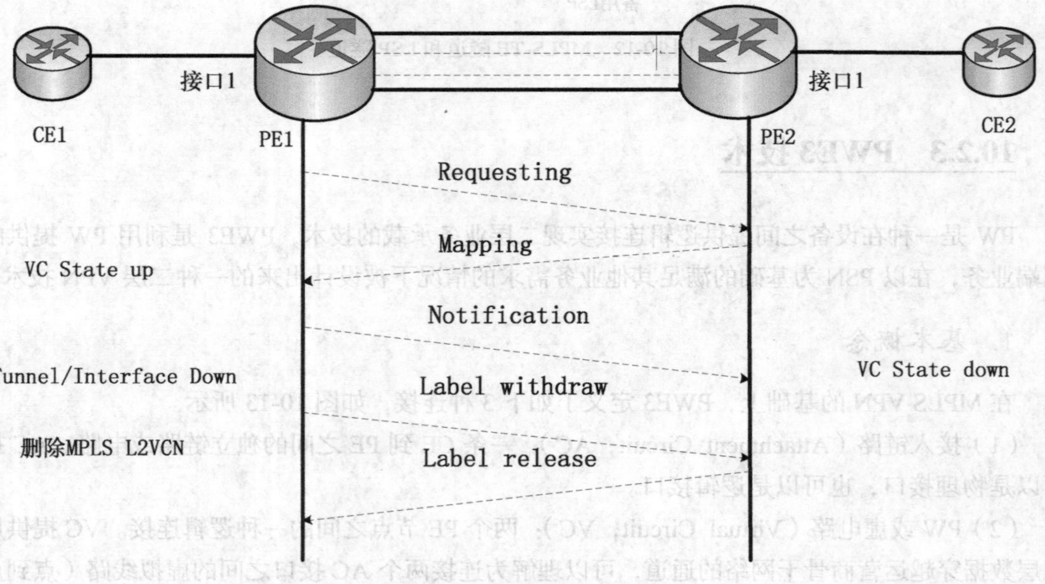

图 10-14　PW 建立的流程

IP 网络传输可能会造成数据包错序，因此在仿真二层业务时可能需要在末端进行报文重组，这个时候就需要启动控制字。控制字是一个 4B 的封装报文头，在 MPLS PSN 里用来传递报文信息，位于内层标签之后。控制字主要有如下 3 个功能。

（1）携带报文转发的序号，在支持负载分担时报文可能错序，可以利用控制字对报文进行编号，以便收端对报文进行重组。

（2）填充报文，防止报文过短。

（3）携带二层帧头控制信息。

3. PWE3 报文转发流程

如图 10-15 所示，以 CE1 到 CE3 的 VPN1 报文流向为例，单跳 PWE3 报文的走向如下所述。

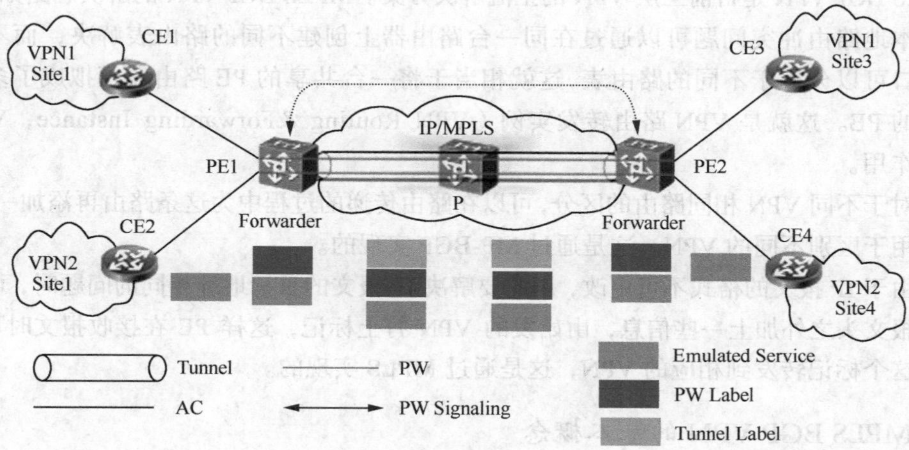

图 10-15　PWE3 报文转发流程

（1）在 CE1 上送二层报文，通过 AC 接入 PE1。

（2）PE1 在收到报文后，由转发器（Forwarder）选定转发报文的 PW。

（3）PE1 再根据 PW 的转发表项生成二层 MPLS 标签，私网标签用于标识 PW，公网标签用于穿越隧道到达 PE2。

（4）二层报文经公网隧道到达 PE2 后，系统弹出私网标签，公网标签在 P 设备上经倒数第二跳弹出。

（5）PE2 转发器选定转发报文的 AC，将该报文转发给 CE3。

10.2.4　三层 VPN

1. 需求

三层 VPN（L3 VPN）和二层 VPN 相比，需要解决更多的问题。三层 VPN 一般有如下需求。

- 动态性：需要传播私网路由。
- 独立性：不同客户的地址空间可以重复。
- 安全性：私网路由不能泄露在公网上。
- 低成本：不同的 CE 可以共享 PE 设备。

要满足以上需求，需要解决以下问题。

- 在同一台 PE 上如何区分不同 VPN 的相同路由？
- 两条相同路由在网络中传播，接收者如何辨别彼此？
- 即使成功解决了路由表冲突，但是当 PE 收到一个 IP 报文时，它又如何识别将该报文转发给哪个 VPN？因为 IP 报文头中唯一可用的信息就是目的地址，而很多 VPN 中都可能存在这个地址。

2. MPLS BGP VPN 思路

MPLS BGP VPN 是目前三层 VPN 的主流解决方案。MPLS BGP VPN 的解决思路如下。

- 本地路由冲突问题可以通过在同一台路由器上创建不同的路由表解决，而不同的接口可以分属于不同的路由表，这就相当于将一台共享的 PE 路由器模拟成了多台专用的 PE。这就是 VPN 路由转发实例（VPN Routing &Forwarding Instance，VRF）的作用。
- 对于不同 VPN 相同路由的区分，可以在路由传递的过程中为这条路由再添加一个标识，用于区别不同的 VPN。这是通过 MP-BGP 实现的。
- 由于 IP 报文的格式不可更改，因此要解决 IP 报文的目标地址相同的问题时，可以在 IP 报文头之外加上一些信息，由始发的 VPN 打上标记，这样 PE 在接收报文时可以根据这个标记转发到相应的 VPN，这是通过 MPLS 实现的。

3. MPLS BGP VPN 的基本概念

（1）站点（Site）

站点（Site）的含义可以从以下几个方面进行理解。

- Site 是指相互之间具备 IP 联通性的一组 IP 网络，并且这组 IP 网络的 IP 联通性不需要通过服务提供商网络实现。
- Site 的划分是根据设备的拓扑关系的，而不是地理位置，尽管大多数情况下一个 Site 中的设备地理位置相邻。
- 一个 Site 中的设备可以属于多个 VPN，即一个 Site 可以属于多个 VPN。
- Site 通过 CE 连接到运营商网络，一个 Site 可以包含多个 CE，但是一个 CE 只能属于一个 Site。

对于多个连接到同一运营商网络的 Site，通过制定策略，可以将它们划分为不同的集合，只有属于同一集合的 Site 之间才可以通过服务提供商网络互访，这种集合就是 VPN。

（2）地址空间重叠

VPN 是一种私有网络，不同的 VPN 独立管理自己的地址范围，也称为地址空间（Address Space）。不同的 VPN，地址空间可能会在一定范围内重合，例如 VPN1 与 VPN2 都可以使用 10.110.10.0/24 网段地址，这就发生了地址空间的重叠。因为一般情况下不同 VPN 之间不会互通，所以 IP 地址重叠是没有问题的，同时也提高了 IP 地址的利用率。

在如下两种情况下，允许 VPN 使用重叠的地址空间：

- 两个 VPN 没有共同的 Site。
- 两个 VPN 有共同的 Site，但是此 Site 中的设备不与两个 VPN 中使用重叠地址空间的设备互访。

4. VPN 实例

VPN 实例（VPN-Instance）是 PE 为直接相连的 Site 建立并维护的一个专门实体，每个 Site 在 PE 上都有自己的 VPN 实例。VPN 实例也称为 VPN 路由转发表（VPN Rorting&Forwarding Table，VRF）。PE 上存在多个转发表，包括一个公用路由表以及一个或多个 VRF。公网路由转发表中包括所有 PE 和 P 路由器的路由，由骨干网的 IGP 产生。

VPN 实例中包括直连 Site 的路由，通过 CE 与 PE 之间的路由发布获得。

VPN 实例是与 Site 对应的，即每条 CE 与 PE 之间的连接对应一个 VPN 实例。PE 上的各 VPN 实例之间相互独立，并与公网路由转发表相互独立。每个 VPN 实例可以看作一条虚拟路由器，维护独立的地址空间，有连接到该路由器的接口。

每个 VRF 可以看成虚拟的路由器，还像一台专用的 PE 设备，该虚拟路由器包括如下元素。

- 一张独立的路由表，当然也包括独立的地址空间。
- 一组归属于这个 VRF 的接口的集合。
- 一组只用于本 VRF 的路由协议。

对于每个 PE，可以维护一个或多个 VRF，同时维护一个公用的路由表（也叫全局路由表），多个 VPN 实例相互分离独立。要实现 VRF，关键在于怎样在 PE 上使用特定的策略规则来协调各个 VRF 和全局路由表之间的关系。

VPN 实例通过路由标识符（Route Distinguisher，RD）实现地址空间独立，通过路由目标（Route Target，RT）实现直连 Site 的 VPN 成员关系和路由规则控制。

（1）VPN-IPv4 地址

PE 从 CE 接收到普通的 IPv4 路由后，需要将这些私网路由引入公网路由表中，进而发布给其他 PE。传统 BGP 无法正确处理地址空间重叠的 VPN 的路由。假设 VPN1 与 VPN2 都使用 10.110.10.0/24 网段地址，并各自发布了一条通往此网段的路由，由于 BGP 将只选择其中一条路由，从而导致去往另一个 VPN 的路由丢失。

产生上述问题的原因是 BGP 无法区分不同 VPN 中的相同的 IP 地址前缀。为解决这一问题，BGP/MPLS 三层 VPN 使用了 VPN-IPv4 地址族。

VPN-IPv4 地址族主要用于 PE 路由器之间传递 VPN 路由，仅用于服务提供商网络内部，在 PE 发布路由时添加，在 PE 接收之后放在本地路由表中，用来与后来接收到的路由进行比较。CE 不知道使用的是 VPN-IPv4 地址。但要注意，VPN-IPv4 地址仅用于控制平面的路由通告。在转发平面，VPN 数据流量穿越供应商骨干网络时，包头中并不携带 VPN-IPv4 地址，而是通过私网标签进行区分。

VPN-IPv4 地址共有 12B，包括 8B 的 RD 和 4B 的 IPv4 地址前缀，如图 10-16 所示。

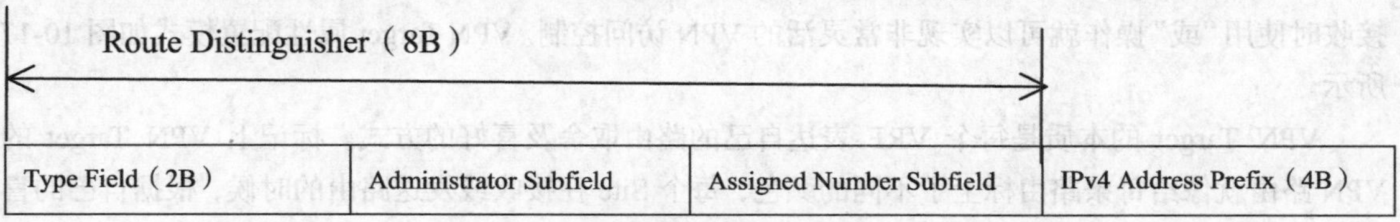

图 10-16　VPN-IPv4 地址结构

RD 有以下两种格式。

- type 为 0 时，Administrator 子字段占 2B，Assigned Number 子字段占 4B，格式为 16bits 的 AS 号：32bits 的用户自定义数字，例如 100:1。
- type 为 1 时，Administrator 子字段占 4B，Assigned Number 子字段占 2B，格式为 32bits 的 IPv4 地址：16bits 的用户自定义数字，例如 172.1.1.1:1。

RD 用于区分使用相同地址空间的 IPv4 前缀，不能用于判断某条路由的发起者，也不能判断某条路由属于哪个 VPN。服务供应商可以独立分配 RD，但必须保证 RD 全局唯一，防止 CE 双归属的情况下不能正确路由。这样，即使来自不同服务提供商的 VPN 使用了相同的 IPv4 地址空间，PE 路由器也可以向各 VPN 发布不同的路由。增加了 RD 的 IPv4 地址称为 VPN-IPv4 地址，RD 为 0 的 VPN-IPv4 地址相当于普通 IPv4 地址。为了保证 RD 的唯一性，建议不要使用私有 AS 号或者私有 IP 地址作为 Administrator 子字段的值。

理论上可以为每个 VPN 实例配置一个 RD，通常建议为每个不同的 VPN 配置不同的 RD，但是实际上只要保证存在相同地址的两个 VPN 实例的 RD 不同即可，不同的 VPN 可以配置相同的 RD，相同的 VPN 也可以配置不同的 RD。如果两个 VRF 中存在相同的地址，则一定要配置不同的 RD，而且两个 VRF 一定不能互访。

（2）VPN Target 属性

MPLS 三层 VPN 使用 BGP 扩展团体属性 VPN Target（也称为路由目标 RT）来控制 VPN 路由信息的发布。

与 RD 类似，VPN Target 也有两种格式，具体如下。

- 16bits 的 AS 号：32bits 的用户自定义数字，例如 100:1。
- 32bits 的 IPv4 地址：16bits 的用户自定义数字，例如 172.1.1.1:1。

VPN Target 同样适用于同一 PE 上不同 VPN 之间的路由发布控制，即同一 PE 上的不同 VPN 之间可以设置相同的 VPN Target 实现路由的相互引入。

VPN Target 属性有如下两类。

- Export Target：本地 PE 在把从与自己直接相连的 Site 学习到的 VPN-IPv4 路由发布给其他 PE 前，会为这些路由设置 Export Target 属性，并作为 BGP 扩展团体属性随路由发布。
- Import Target：本地 PE 收到其他 PE 发布的 VPN-IPv4 路由时，检查其 Export Target 属性，只有此属性与 PE 上某个 VPN 实例的 Import Target 匹配时，才把路由加入到相应的 VPN 路由表中。

一个 VPN 实例中，在发布路由时使用 VPN Target 属性的 Export 规则直接发送给其他 PE 设备，接收端的 PE 设备接收所有路由，并根据每个 VPN 实例配置 VPN Target 属性的 Import 规则进行检查，如果与路由中的 VPN Target 属性匹配，则将该路由加入到相应的 VPN 实例中。

由于每个 VPN 实例的 Export Target 与 Import Target 都可以配置多个值，而且可以配置不同值，接收时使用“或”操作就可以实现非常灵活的 VPN 访问控制。VPN Target 属性配置模式如图 10-17 所示。

VPN Target 的本质是每个 VRF 表达自己的路由取舍及喜好的方式。标记上 VPN Target 的 VPN 路由就像给每条路由标上了不同的颜色，每个 Site 在接收或发送路由的时候，根据自己的喜好来选择“合适颜色”的路由。

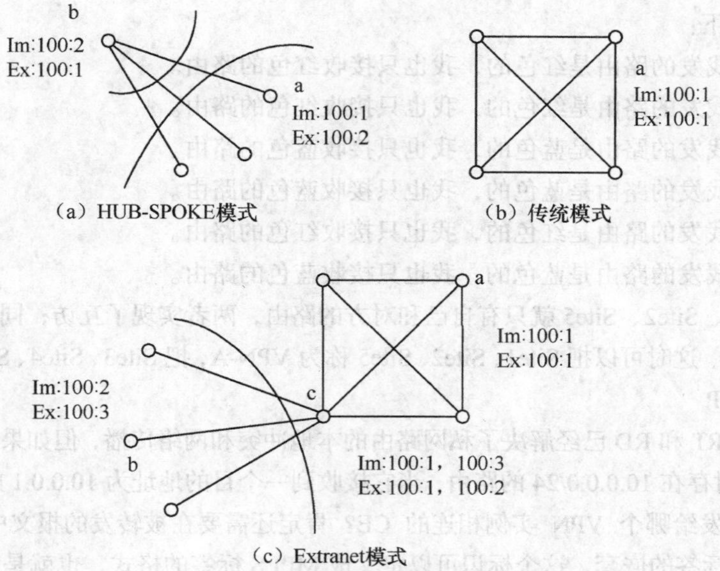

（a）HUB-SPOKE模式　　（b）传统模式

（c）Extranet模式

图 10-17　VPN Target 属性配置模式

Export Target 表示发出的路由的属性，而 Import Target 则表示对哪些路由感兴趣。同时，VPN Target 的应用是比较灵活的，每个 VRF 的 Export Target 与 Import Target 都可以配置成多个不同的值，接收时使用“或”操作。例如，“我”对红色或者蓝色的路由感兴趣，接收时是“或”操作，红色的、蓝色的以及同时具备两种颜色的路由都会被接收。

下面通过一个实例分析来说明 VPN Target 的应用。例如图 10-18 所示，每个红色的公司站点与 PE 路由器上的红色 VRF 相关联。PE 为每个红色 VRF 配置一个全局唯一的 VPN Target（Red），作为其输入/输出目标。该 VPN Target 不会再分配给其他任何 VRF 作为它们的 VPN Target（如蓝色 VRF），这样就能保证红色公司的 VPN 中只包含自己 VPN 中的路由。

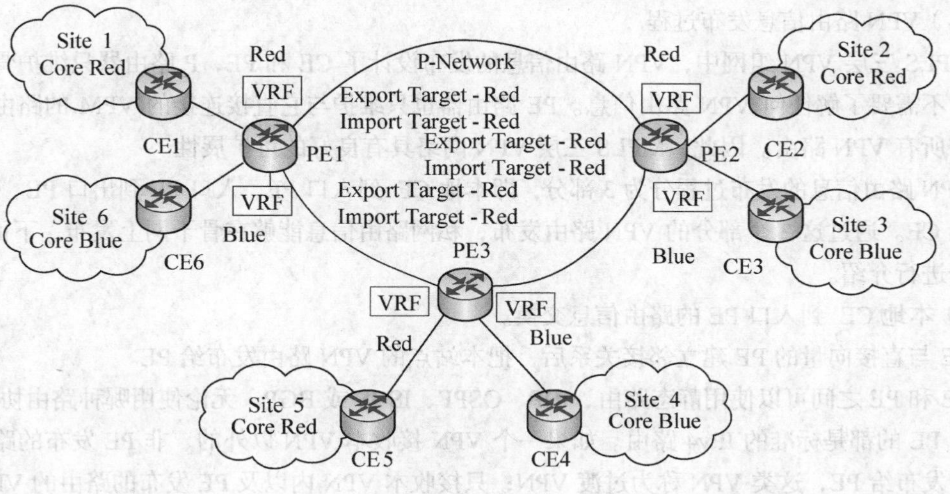

图 10-18　RT 的应用实例

具体步骤如下：

- Site1：我发的路由是红色的，我也只接收红色的路由。
- Site2：我发的路由是红色的，我也只接收红色的路由。
- Site3：我发的路由是蓝色的，我也只接收蓝色的路由。
- Site4：我发的路由是蓝色的，我也只接收蓝色的路由。
- Site5：我发的路由是红色的，我也只接收红色的路由。
- Site6：我发的路由是蓝色的，我也只接收蓝色的路由。

这样，Site1、Site2、Site5 就只有自己和对方的路由，两者实现了互访；同理，Site3、Site4、Site6 之间也一样。这时可以把 Site1、Site2、Site5 称为 VPN-A，把 Site3、Site4、Site6 称为 VPN-B。

（3）MP-BGP

通过 VRF、RT 和 RD 已经解决了私网路由的本地冲突和网络传播，但如果一个 PE 的两个本地 VPN 实例同时存在 10.0.0.0/24 的路由，当它接收到一个目的地址为 10.0.0.1 的报文时，它如何知道把这个报文发给哪个 VPN 实例相连的 CE？肯定还需要在被转发的报文中增加标识。由于 MPLS 支持多层标签的嵌套，这个标识可以定义成 MPLS 标签的格式，也就是私网标签。

二层 VPN 的公网标签可以通过 LDP 或者 MPLS-TE 架构中的 RSVP-TE 协议进行分配，私网标签通过远程 LDP 进行分配，三层 VPN 的私网标签通过 MP-BGP（由于公网通常使用 IBGP 进行 VPN 路由传播，因此也称为 MP-IBGP）进行分配。MP-IBGP（MultiProtocol extensions for BGP-4）在 PE 路由器之间传播 VPN 组成信息和 VPN-IPv4 路由。MP-IBGP 向下兼容，既支持传统的 IPv4 地址族，也支持其他的地址族。

选用 BGP 进行扩展来实现 VPN 的需求的主要原因有以下 3 点。

- BGP 是唯一支持大量路由的路由协议。
- BGP 基于 TCP 来建立连接，可以在不直接相连的路由器之间交换信息。
- BGP 可扩展性好，可以运载附加在路由后的任何信息作为可选的 BGP 属性，任何不了解这些属性的 BGP 路由器都将透明地转发它们。

（4）VPN 路由信息发布过程

MPLS 三层 VPN 组网中，VPN 路由信息的发布设计了 CE 和 PE，P 路由器只维护骨干网的路由，不需要了解任何 VPN 路由信息。PE 路由器也只维护与它直接连接的 VPM 的路由信息，不维护所有 VPN 路由。因此，MPLS 三层 VPN 网络具有良好的可扩展性。

VPN 路由信息的发布过程分为 3 部分，即本地 CE 到入口 PE、入口 PE 到出口 PE、出口 PE 到远端 CE。通过这 3 个部分的 VPN 路由发布，私网路由信息能够在骨干网上发布。下面对这 3 个部分进行介绍。

① 本地 CE 到入口 PE 的路由信息交换。

CE 与直接向量的 PE 建立邻接关系后，把本站点的 VPN 路由发布给 PE。

CE 和 PE 之间可以使用静态路由、RIP、OSPF、IS-IS 或 BGP。无论使用哪种路由协议，CE 发布给 PE 的都是标准的 IPv4 路由。如果一个 VPN 接收本 VPN 以外的、非 PE 发布的路由，并将路由发布给 PE，这类 VPN 称为过渡 VPN；只接收本 VPN 内以及 PE 发布的路由的 VPN 称为 Stub VPN。通常情况下，静态路由只用于 Stub VPN 的 CE 与 PE 之间交换路由。

② 入口 PE 到出口 PE 的路由信息交换。

PE 从 CE 学习到路由信息后，为这些标准 IPv4 路由增加 RD 和 VT 属性，形成 VPN-IPv4 路由，存放在 CE 创建的 VPN 实例中。入口 PE 通过 MP-BGP 把 VPN-IPv4 路由发布给出口 PE。出口 PE 将接收到的 VPN-IPv4 路由的 Export Target 属性与自己维护的 VPN 实例的 Import Target 相比较，决定是否将该路由加入 VPN 实例的路由表。PE 之间通过 IGP 来保证内部的联通性。

③ 出口 PE 到远端 CE 的路由信息交换。

远端 CE 有多种方式可以从出口 PE 学习 VPN 路由，包括静态路由、RIP、OSPF、IS-IS。在 BGP/MPLS 三层 VPN 的路由信息发布过程中需要注意，当 PE 和 CE 之间运行 EBGP 时，由于 BGP 具有自身 AS 路由环路检测的特点，需要为物理位置不同的节点分配不同的 AS 号。如果物理分散的 CE 复用相同的 AS 号，则 PE 上应配置 BGP 的 AS 号替换功能。此功能是 BGP 的出口策略，在发布路由时生效。启用了 BGP 的 AS 号替换功能后，当 PE 向指定对等体中的 CE 发布路由时，如果路由的 AS-Path 中有与 CE 相同的 AS 号，将被替换成 PE 的 AS 号后再发布。

AS 号的替换功能应用如图 10-19 所示，CE1 和 CE2 都使用 AS 号 800，在 PE2 上启用了对 CE2 的 AS 号替换功能。当 CE1 发来的 Update 信息从 PE2 发布给 CE2 时，PE2 发现 AS_Path 中存在与 CE2 相同的 AS 号 800，就把它替换成自己的 AS 号 100，这样，CE2 就可以正确接收 CE1 的路由信息。

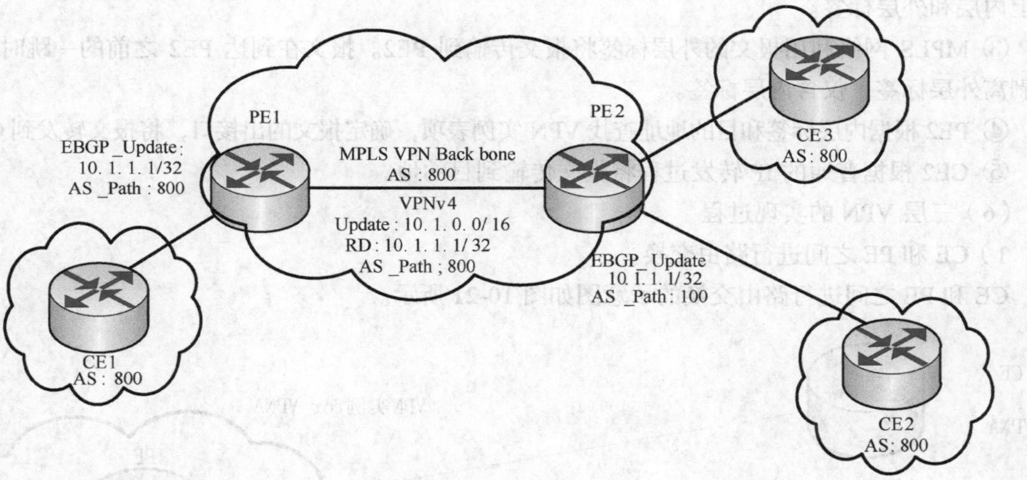

图 10-19　AS 号的替换功能应用

对于 PE 使用不同接口连接多个 CE 的情况，图 10-19 中的 CE2 和 CE3，也可以使用 BGP 的 AS 号替换功能。

（5）MPLS 三层 VPN 报文转发

在 MPLS 三层 VPN 骨干网中，P 路由器并不知道 VPN 路由信息，VPN 报文通过隧道在 PE 之间转发。PE 之间可以使用的隧道类型包括 LSP、GRE 和 CR-LSP。下面以 LSP 隧道为例，简单介绍 VPN 报文的内外层标签和转发过程。

外层标签在骨干网内部进行交换，指示从 PE 到对端 PE 的一条 LSP，也就是公网隧道。VPN 报文利用这层标签，可以沿 LSP 到达对端 PE。

内层标签在从出口 PE 到远端 CE 时使用，指示报文应被送到哪个 Site，或者到哪个 CE。对端 PE 根据内层标签可以找到转发报文的端口。

特殊情况下，属于同一个 VPN 的两个 Site 连接到同一个 PE，这时需知道如何到达对端 CE。

图 10-20 标识了 VPN 报文转发的过程。

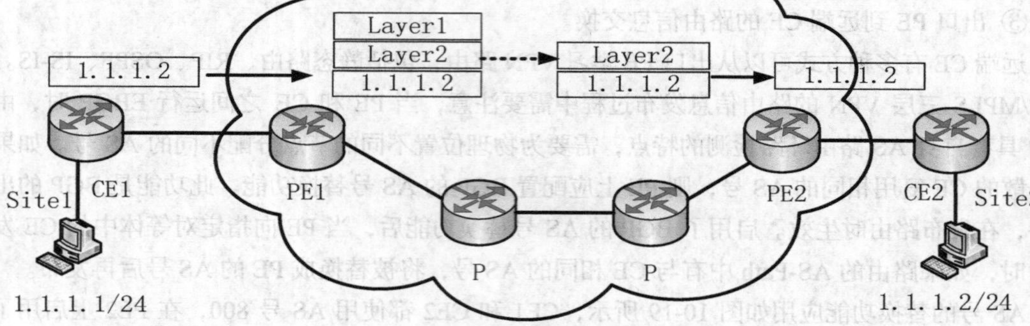

图 10-20　VPN 报文转发的过程

① Site1 发出一个目的地址为 1.1.1.2 的 IP 报文，由 CE1 将报文发送到 PE1。

② PE1 根据报文到达的目的地址及接口查找 VPN 实例表项，匹配后将报文转发出去，同时打上内层和外层标签。

③ MPLS 网络利用报文的外层标签将报文传输到 PE2。报文在到达 PE2 之前的一跳时已经被剥离外层标签，仅含内层标签。

④ PE2 根据内层标签和目的地址查找 VPN 实例表项，确定报文的出接口，将报文转发到 CE2。

⑤ CE2 根据普通的 IP 转发过程将报文传输到目的地。

（6）三层 VPN 的实现过程

1）CE 和 PE 之间进行路由交换。

CE 和 PE 之间进行路由交换的示意图如图 10-21 所示。

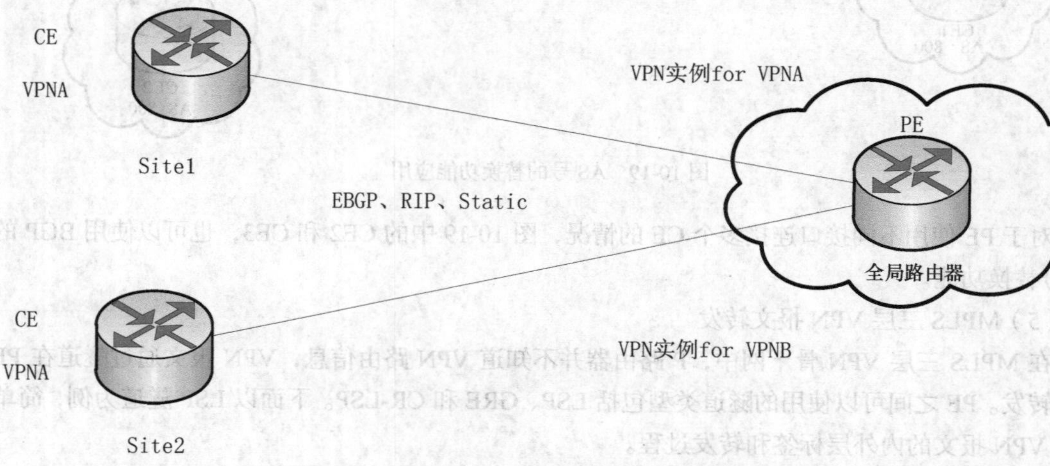

图 10-21　CE 和 PE 之间进行路由交换的示意图

CE 与直接相连的 PE 建立邻接关系后，把本站点的 VPN 发布给 PE。

PE 和 CE 通过标准的 EBGP、RIP、OSPF、IS-IS 或静态路由交换路由信息，通常使用 EBGP。无论使用哪种路由协议，CE 发布给 PE 的都是标准的 IPv4 路由。在 PE 上维护独立的路由表，包括公网路由表和私网路由表。其中，公网路由表包含全部 PE 和 P 路由器之间的路由，由骨干网 IGP 产生；私网路由表包含本 VPN 用户可达信息的路由和转发表。

2）将 VRF 路由注入 MP-IBGP。

图 10-22 所示为 VRF 路由注入 MP-IBGP 示意图。

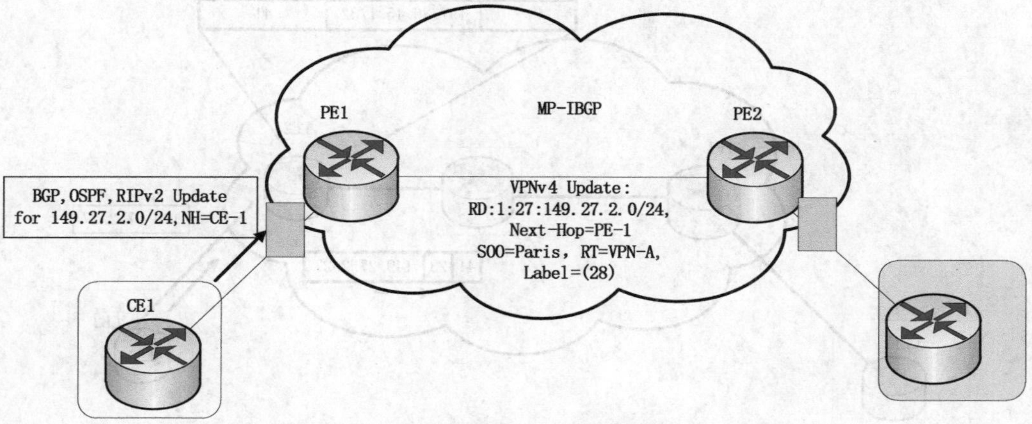

图 10-22　VRF 路由注入 MP-IBGP 示意图

其中，PE 路由器需要对一条路由进行如下操作。

- 加上手工配置的 RD，变为一条 VPN-IPv4 路由。
- 更改下一跳属性为自己，通常是自己的 Loopback 地址。
- 加上私网标签，标签为随机自动生成的，不需配置。
- 加上 RT 属性，RT 需要手工配置。
- 发给所有 PE 邻居。

① 将 MP-IBGP 路由注入 VRF。

图 10-23 所示为 MP-IBGP 路由注入 VRF 示意图。

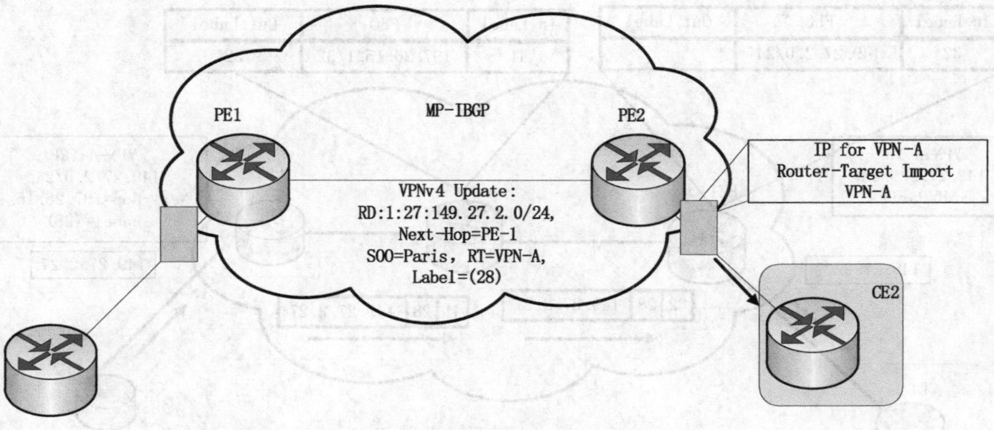

图 10-23　MP-IBGP 路由注入 VRF 示意图

其中，PE 邻居收到 MP-IBGP 路由后，将接收到的路由的 Import RT 值与本地 VRF 配置的 Import RT 值相比较，若相同，则根据私网标签将路由放到对应的接口中（当然还要做 VPN-IPv4 地址到普通 IPv4 地址的还原），再将本地 VRF 的路由协议引入并转告给相应的 CE。至此完成控制平面的工作。

② 从入口 CE 到 Ingress PE 的报文转发。

图 10-24 所示是入口 CE 到 Ingress PE 的报文转发示意图。

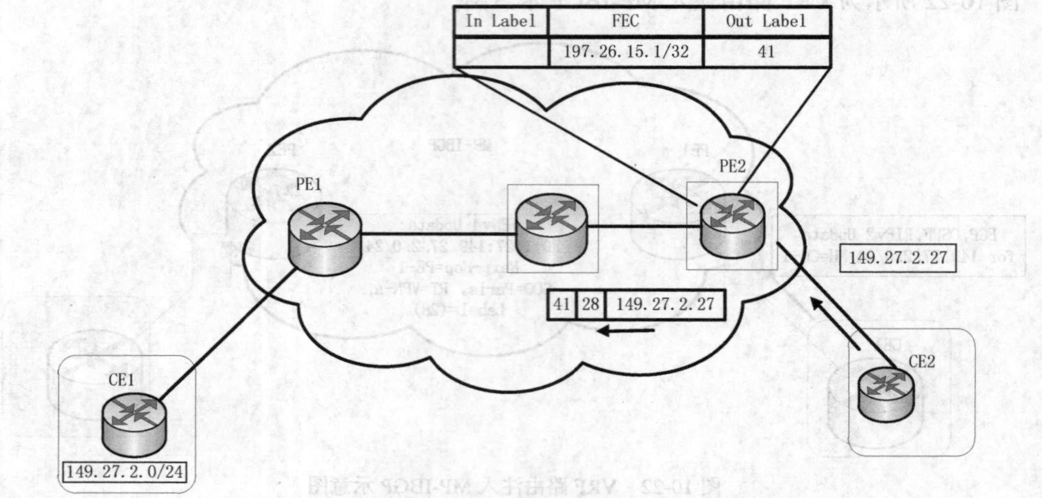

图 10-24 入口 CE 到 Ingress PE 的报文转发示意图

入口 CE 将报文发给与其相连的 VRF 接口，PE 在本 VRF 的路由表中进行查找，得到该路由的公网下一跳地址（即对端 PE 的 Loopback 地址）和私网标签。在对该报文封装一层私网标签后，在公网标签转发表中查找下一跳地址，再封装一层公网标签后交给 MPLS 转发。

这里需要注意控制层面路由的发起是 CE1 发给 CE2，在 CE2 知道有一条到 CE1 的路由后，这里的报文转发就是从 CE2 到 CE1 方向。

③ 从 Ingress PE 到对端 CE 的报文转发。

图 10-25 所示为从 Ingress PE 到对端 CE 的报文转发示意图。

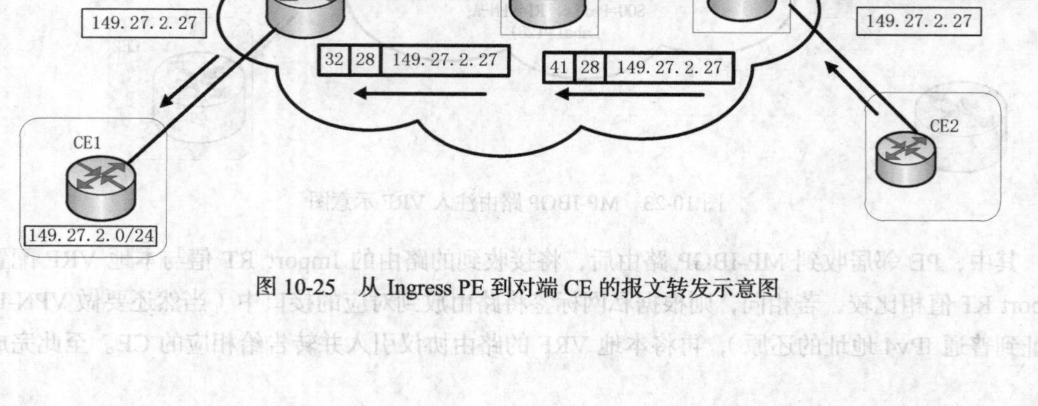

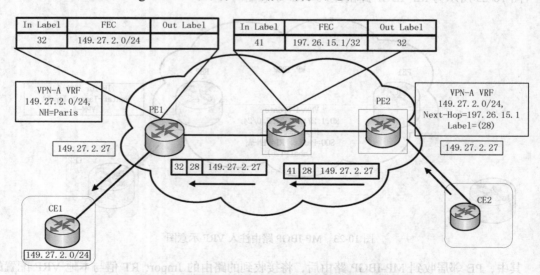

图 10-25 从 Ingress PE 到对端 CE 的报文转发示意图

该报文在公网上沿着 LSP 转发，并根据途经的每一台设备的标签转发表进行标签交换；到达对端 PE 设备后将外层标签弹出，并根据内层的私网标签判断报文的出接口和下一跳；去掉私网标签后，将报文转发给相应的 VRF 中的 CE。至此完成整个数据报文转发工作。

练习与思考

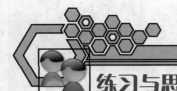

1．IPRAN 常用的内部路由协议有哪些？一般如何部署？

2．画图简述 NET 地址结构。

3．已知 Loopback 0 地址为 129.9.11.3，转换成 IS-IS 协议的 System ID 地址为多少？

4．简述 OSPF 路由器的分类及特点。

5．BGP 路由属性主要有哪些？

6．简述华为设备的 BGP 选路原则。

7．简述 VPN-IPv4 地址的作用并画图说明其结构。

第11章 IPRAN网络保护技术

【学习目标】

- 掌握 VRRP、FRR 网络保护技术的原理及特点。
- 掌握 IPRAN 网络保护技术的部署应用。
- 掌握 BFD 故障检测技术原理及应用。

11.1 VRRP 技术

IPRAN 具备在发生故障时对业务提供快速有效保护的能力。目前在 IPRAN 中部署的网络保护技术，主要包括故障检测技术——双向转发检测（Bidirectional Forwarding Detection，BFD）、网络冗余技术——虚拟路由冗余协议（Virtual Router Redundancy Protocol，VRRP）和快速切换技术——快速重路由（Fast Re-Route，FRR）等。

通常情况下，用户通过网关设备与外部网络通信，如果内部网络中的所有主机都设置一条相同的默认路由，指向单一出口网关，进而实现主机与外部网络之间的通信，那么当网关设备发生故障时，主机与外部网络的通信就会全部中断。因此配置多个出口网关是提高设备可靠性的常用方法。但是这时如何在多个出口网关之间进行选路就成为需要解决的问题。终端用户设备通常不支持动态路由协议，无法实现多个出口网关的选路。VRRP 是一种容错协议，通过物理设备和逻辑设备分离，将多个物理网关设备模拟成一个逻辑网关，提高了网关设备的可靠性，可以实现在多个出口网关之间选路，承担起业务保护的职责。

11.1.1 基本概念

1. 虚拟路由器

虚拟路由器（Virtual Router，VR）又称 VRRP 备份组，由一个 Master 设备和若干个 Backup 设备组成，被当作一个共享局域网内主机的默认网关。虚拟路由器是 VRRP 创建的，是逻辑概念，它包含一个虚拟路由器标识和一组虚拟 IP 地址。

虚拟路由器标识（Virtual Router ID，VRID）：是虚拟路由器对外表现的唯一的虚拟 MAC 地址，具有相同 VRID 的一组设备组成一个虚拟路由器。

虚拟 IP 地址（Virtual IP Address）：虚拟路由器的 IP 地址。一个虚拟路由器可以有一个或多个 IP 地址，由用户配置。用户能通过 ping 命令检测主机与网关之间的链路可达性。

虚拟 MAC 地址（Virtual MAC Address）：是虚拟路由器根据 VRID 生成的 MAC 地址。一个虚拟路由器拥有一个虚拟 MAC 地址，格式为 00-00-5E-00-01-{VRID}，其中，00-00-5E-00-01 值是固定的。当虚拟路由器回应 ARP 请求时，使用虚拟 MAC 地址，而不使用接口的真实 MAC 地址。

2. VRRP 设备

VRRP 设备即 VRRP 路由器，是运行 VRRP 的设备，由一个或多个虚拟路由器组成。正常运行的 VRRP 设备通常有以下的两种角色。

（1）Master 设备（主用设备）：虚拟路由器中承担报文转发或 ARP 请求任务的设备。

（2）Backup 设备（备用设备）：一组没有承担转发任务的 VRRP 设备，当 Master 设备出现故障时，Backup 设备可能通过 VRRP 选举机制成为新的 Master 设备，代替原有 Master 设备的工作。

3. IP 地址拥有者

IP 地址拥有者（IP Address Owner）是指接口 IP 地址与虚拟 IP 地址相同的 VRRP 设备。

11.1.2　基本原理

VRRP 适用于支持多播或广播的局域网（如以太网等），提供逻辑网关，确保高可用度的传输链路，不仅能够避免因某网关设备故障带来的业务中断，而且无须修改路由协议的配置。

VRRP 将局域网的一组路由器构成一个备份组，相当于一台虚拟路由器。局域网内的主机仅知道这个虚拟路由器的 IP 地址，并不知道备份组内具体某台设备的 IP 地址，它们将自己的默认路由下一跳地址设置为该虚拟路由器的 IP 地址，就可以通过这个虚拟路由器与其他网络进行通信。

备份组中仅有 Master 设备处于活动状态，其余设备都处于备份状态，并随时按照优先级高低做好接替 Master 设备的工作的准备。图 11-1 所示为由 3 台路由器组成的备份组。

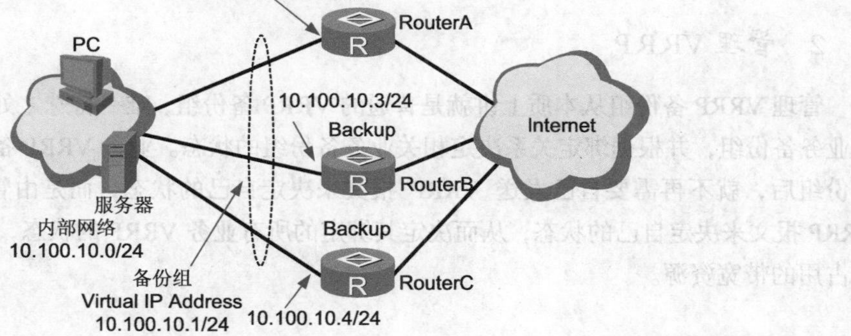

图 11-1　VRRP 组网图

路由器 RouterA、RouterB 和 RouterC 共同组成一个备份组，即一台虚拟路由器。该虚拟路由器拥有和备份组内各路由器相同网段的 IP 地址。虚拟路由器的 IP 地址可以取如下两类值。

- 备份组所在网段中未分配的 IP 地址。
- 备份组内某个路由器的接口 IP 地址。这种情况下，该接口所在的路由器称为 IP 地址拥有者。

11.1.3 VRRP 工作方式

VRRP 技术将虚拟路由器动态关联到承担传输业务的物理路由器上。当该物理路由器出现故障时，再选择新路由器来接替其进行业务传输工作，整个过程对用户完全透明，实现了内部网络和外部网络不间断通信。

在 IPRAN 解决方案中，使用比较多的是 BFD for VRRP 和管理 VRRP，下面分别进行介绍。

1. BFD for VRRP

如图 11-2 所示，BFD 机制能够快速检测、监控网络中的链路或者 IP 路由的联通状况，VRRP 通过监视 BFD 会话状态实现主备快速切换，主备切换的时间控制在 50ms 以内。

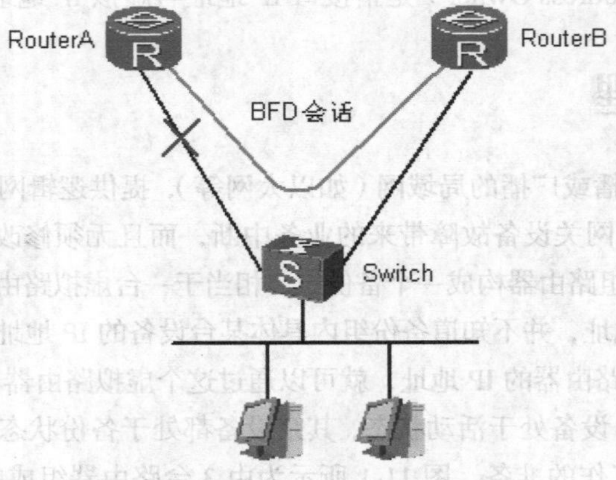

图 11-2 BFD for VRRP

2. 管理 VRRP

管理 VRRP 备份组从本质上讲就是普通的 VRRP 备份组，唯一特殊之处在于，其可以绑定其他业务备份组，并根据绑定关系决定相关业务备份组的状态。业务 VRRP 备份组加入管理 VRRP 备份组后，就不再需要自己发送 VRRP 报文来决定自己的状态，而是由管理 VRRP 通过发送 VRRP 报文来决定自己的状态，从而决定其绑定的所有业务 VRRP 的状态，大大节约了 VRRP 报文占用的带宽资源。

11.2 FRR

传统的 IP 网络故障检查手段是，首先路由器检测到接口状态为 DOWN，然后通知上层路由系统对路由数据库进行更新，重新计算路由。该过程通常需要等待几秒的时间，对于某些对时延、丢包等非常敏感的业务（如 VoIP），会直接降低业务的质量。随着互联网应用的发展，实时性业务越来越多，这就需要新的快速倒换技术。FRR 就是一种快速倒换技术，其保护方式是为主用路由（或路径）建立备份路由（或路径），当主用路由（或路径）发生故障时，能够快速切换到备份路由（或路径）上；当主用路由（或路径）恢复正常后，又可以快速切换回来。FRR 实现的方式有多种，目前常用的有 TE FRR、LDP FRR、VPN FRR、IP FRR 等。

11.2.1　TE FRR

1. 技术简介

流量工程的快速重路由（Traffic Engineering Fast Re-Route，TE FRR）是 MPLS TE 中实现网络局部保护的技术，用于保护 LSP 的链路和节点故障，为 LSP 提供快速保护倒换能力。TE FRR 的基本思路是在两个 PE 设备之间建立端到端的 TE 隧道，并为需要保护的主用 LSP 事先建立备份 LSP；当设备检测到主用 LSP 不可用时，将流量倒换至备份 LSP 上，从而实现业务的快速倒换。

TE FRR 技术对网络业务的保护示意如图 11-3 所示，主隧道 LSP 路径为 A→B→C→D→E。隧道 A→G→C 用于对节点 B 及其相关链路进行保护，隧道 B→G→D 用于对 C 及其相关链路进行保护，隧道 C→F→E 对节点 D 及其相关链路进行保护，隧道 D→F→E 用于对 D→E 链路进行保护。当 C 点出现故障时，B 点会将业务流量切换到 B→G→D 上，从而减少数据丢失。

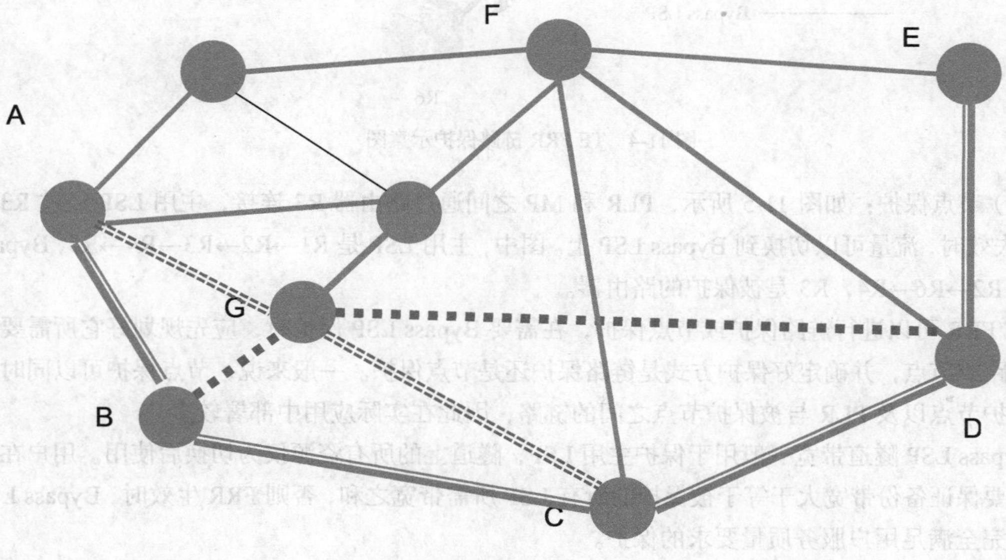

图 11-3　TE FRR 技术对网络业务的保护示意图

目前快速重路由的方式主要有 Bypass 方式和 Detour 方式两种。在 Bypass 方式下，一个预先配置的 LSP 用于保护多个 LSP。当链路失效时，主用 LSP 被路由到预先配置的 LSP 上，通过这个 LSP 到达下一跳路由器，达到保护目的。Detour 方式即 LSP1：1 保护，分别为每一条被保护的 LSP 创建一条保护路径，该保护路径称为 Detour LSP。Detour 方式实现了对每条 LSP 的保护，相对需要更大的开销，因此在实际应用中，Bypass 方式应用更广泛。华为 LSP 热备份就相当于 Detour 方式。

2. 重要概念

TE FRR 中有如下几个重要概念需要掌握。

（1）主用 LSP：对于 Bypass LSP 和 Detour LSP 而言，主用 LSP 就是被保护的 LSP。

（2）PLR（Point of Local Repair，本地修复点）：是 Bypass LSP 和 Detour LSP 的头节点，它必须在主用 LSP 上，且不能是尾节点。

（3）MP（Merge Point，合并点）：是 Bypass LSP 和 Detour LSP 的尾节点，必须在主用 LSP 上，且不能是头节点。

（4）链路保护：PLR 和 MP 之间由直接链路连接，主用 LSP 经过这条链路。当这条链路失效时，业务可以切换到 Bypass LSP 上。如图 11-4 所示，主用 LSP 是 R1→R2→R3→R4，Bypass LSP 是 R2→R6→R3。

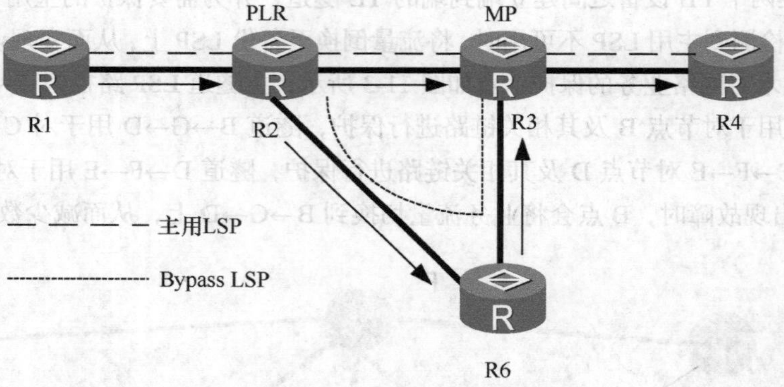

图 11-4　TE FRR 链路保护示意图

（5）节点保护：如图 11-5 所示，PLR 和 MP 之间通过路由器 R3 连接，主用 LSP 经过 R3，当 R3 失效时，流量可以切换到 Bypass LSP 上。图中，主用 LSP 是 R1→R2→R3→R4→R5，Bypass LSP 是 R2→R6→R4，R3 是被保护的路由器。

TE FRR 可以进行链路保护或节点保护，在需要 Bypass LSP 保护时，应先规划好它所需要保护的链路或节点，并确定好保护方式是链路保护还是节点保护。一般来说，节点保护可以同时保护被保护节点以及 PLR 与被保护节点之间的链路，因此在实际应用中部署较多。

Bypass LSP 隧道带宽一般用于保护主用 LSP，隧道上的所有资源仅为切换后使用。用户在配置时需要保证备份带宽大于等于被保护的所有 LSP 所需带宽之和，否则 FRR 生效时，Bypass LSP 将不能完全满足用户服务质量要求的保护。

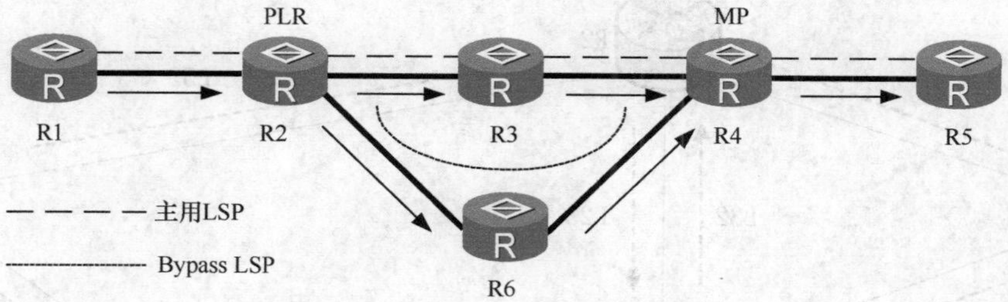

图 11-5　TE FRR 节点保护示意图

3. 不足之处

TE FRR 方式虽然可以实现路由的快速恢复功能，但在实际部署中仍存在一些不足，具体表现如下。

（1）依赖复杂的 TE 技术，设备开销大。

（2）备份 LSP 需要手工显式指定，配置工作量大；为进行链路、节点和路径保护，需要分别建立备份 LSP，带来不必要的开销。

（3）要求备份 LSP 不能经过被保护的链路节点，要求过于严格，有时即使目的地可达，仍不能建立备份 LSP。

11.2.2　LDP FRR

1. 技术简介

标签分发协议的快速重路由（Label Distribution Protocol Fast Re-Route，LDP FRR）是借助 LDP 实现的，通常工作在下游自主的标签分发和自由的标签保持模式下，并为路由分配标签，而不是为一个端到端连接分配标签。LDP FRR 可以达到 50ms 保护切换的要求，其工作过程如下。

（1）网络中运行 LDP，其工作方式为 DU（下游自主）标签分发+有序的标签控制+自由的标签保持。如图 11-6 所示，R1 ~ R5 有两个路径，R5 向上游发起多标签映射信息，最终 R2 和 R3 分别给 R1 分配了到 R5 的标签，其中为 R2 分配的标签为主用，为 R3 分配的标签可以作为备用。

（2）指定 LSP 的一个设备端口作为另外一个设备端口的备份端口，这两个端口既可以是物理端口，也可以是逻辑端口。

（3）新的设备维护标签转发表。在没有端口备份时，一个标签转发表仅有一个下一跳及标签，其中的标签是 FEC 的路由下一跳所连接的 LDP 对等体为 FEC 分配的标签。在实施端口备份后，若某个标签转发表的下一跳是被保护端口，则为这个表项增加一个下一跳及标签，其中的标签是备份下一跳连接的对等体为 FEC 分配的标签。如表 11-1 所示，R2 针对 FEC（到达 R5 的报文）生成两个 NHLFE（下一跳标签转发项）。

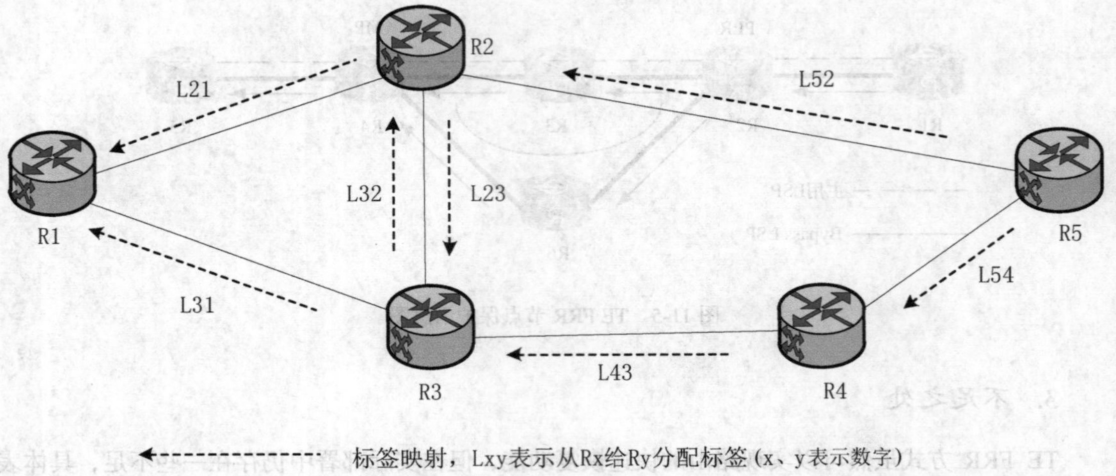

图 11-6　标签映射示意图

表 11-1　　　　　　　　　　　　　　　　标签转发表

入标签	主用 NHLFE	备份 NHLFE
L21	R2～R5，L52	R2～R3，L32

（4）设备维护每个端口的工作状态（正常/失效）。当检测到某个端口不能正常工作时，立即更新其状态。在报文转发过程中，查找标签转发表可以获得报文的下一跳端口，如果检查到其状态为失效，则倒换到备份的端口，并设置对应的标签，发送报文。

（5）报文到达下一跳，由于标签是它自己分发的，则下一跳上一定有对应的标签转发表，从而可以继续转发报文到目的地。

2. LDP FRR 与 TE FRR 的比较

- LDP FRR 技术与 TE FRR 相比具有明显的优势：不需要采用复杂的 TE 技术，设备开销小。
- 本地化实现，无须邻居设备配合。
- 多个节点分布式处理，备份端口可以同时实现链路保护、节点保护和路径保护，无须分别建立针对链路、节点和路径保护的备份 LSP。

11.2.3　VPN FRR

1. 技术简介

虚拟专用网的快速重路由（Virtual Private Network Fast Re-Route，VPN FRR）是一种基于 VPN 的私网路由快速切换技术，采用双 PE 归属的网络结构，主要用于 VPN 路由的快速切换保护。它预先在远端 PE 中设置指向主用 PE 和备用 PE 的主备用转发项，并结合 PE 故障快速探测，旨在解决 CE 双归 PE 的网络场景中 PE 节点故障导致端到端业务收敛时间长（大于 1s）的问题，同时解决 PE 节点故障恢复时间与其承载的私网路由数量相关的问题。在 PE 节点故障的情况下，端到端业务收敛时间小于 1s。

传统 L3VPN 网络中，本端 PE 对于远端 PE 的故障，需要通过 BGP hello 报文的超时感知。这个感知时间的典型配置是 90s，也就是说远端 PE 故障 90s 后，本端 PE 上的 VPN 路由才能重新收敛。

VPN FRR 可以解决超时感知的问题。在 CE 双归属的情况下，当远端 PE 发生故障时，VPN FRR 可以实现 VPN 业务快速倒换到备份隧道和备份 PE，从而保证流量传输在很短的时间内可以恢复。

以 MPLS L3VPN 为例，CE 双归 PE 典型组网如图 11-7 所示。

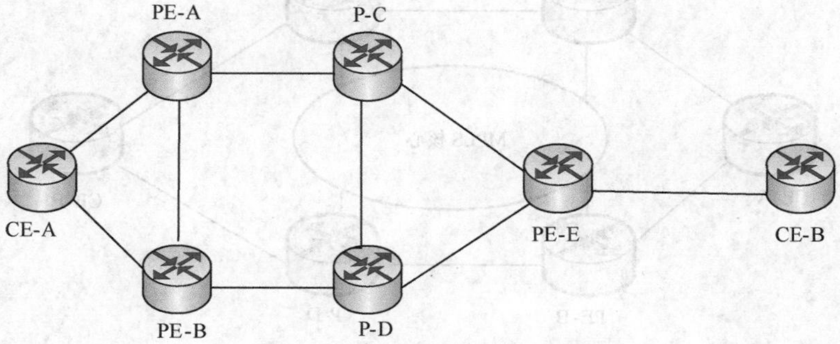

图 11-7　CE 双归 PE 典型组网示意图

假设 CE-B 访问 CE-A 的正常路径为 CE-B→PE-E→P-C→PE-A→CE-A，当 PE-A 节点故障后，CE-B 访问 CE-A 的路径收敛为 CE-B→PE-E→P-D→PE-B→CE-A。

按照标准的 MPLS L3VPN 技术，PE-A 和 PE-B 都会向 PE-E 发布指向 CE-A 的路由，并分配私网标签。在传统技术中，PE-E 会根据策略优选一个 MBGP 邻居发送的 VPN-IPV4 路由，本例中优选的是 PE-A 发布的路由，即 CE-B→PE-E→P-C→PE-A→CE-A，并且只把 PE-A 发布的路由信息（包括转发前缀、内层标签、选中的外层 LSP 隧道）填写在转发引擎使用的转发项中以指导转发。当 PE-A 节点故障时，PE-E 会感知到 PE-A 的故障（BGP 邻居 DOWN 或外层 LSP 隧道不可以），将重新优选 PE-B 发布的路由，并重新下发转发项，完成业务的端到端收敛。在 PE-E 重新下发 PE-B 发布的路由对应的转发项之前，由于转发引擎的转发项指向的外层 LSP 隧道的终点是 PE-A，而 PE-A 故障，则在这段时间之内，CE-B 是无法访问 CE-A 的，端到端业务中断。

VPN FRR 技术对这一点进行了改造，它不仅将优选的 PE-A 发布的路由信息存储在转发表中，同时将次优的 PE-B 发布的路由信息也填写在转发项中。当 PE-A 节点故障时，PE-E 感知到 MPLS VPN 依赖的外层 LSP 隧道不可用之后，便将 LSP 隧道状态表中的标志位设置为不可用，并下发至转发引擎中；转发引擎在数据转发时，发现主用 LSP 隧道的标志位不可用，则使用转发表中的次优路由进行转发，这样，报文就会打上 PE-B 分配的内层标签，沿着 PE-A 和 PE-B 之间的外层 LSP 隧道交换到 PE-B，再转发给 CE-A，从而恢复 CE-B 到 CE-A 方向的业务，整个业务切换时间在 50ms 以内，实现了 PE-A 节点故障情况下的端到端业务快速收敛。

VPN FRR 的特点是通过 LSP 隧道中的标志位进行 LSP 切换，不需要等待 VPN 路由收敛，与 VPN 的路由条目数量无关，因此在 MPLS VPN 网络承载大量 VPN 信息时，可以迅速地进行 LSP 保护。

2. 典型应用

CE 双归属是 MPLS VPN 的常用组网模式。VPN FRR 技术立足于此种网络模型，为了提高网络可靠性，一般还会在 PE-A 和 PE-B 上部署 VRRP，当作为 VRRP 主用设备的 PE-A 出现故障时，PE-B 成为新的 VRRP 主用设备，使 CE-A 访问 CE-B 的流量从 PE-B 上传输，如图 11-8 所示。

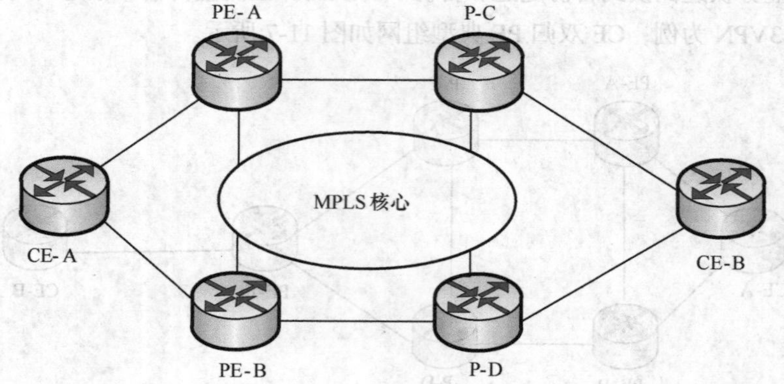

图 11-8　CE 双归属示意图

11.3 其他保护方式

11.3.1 PW Redundancy

PW Redundancy 即 PW 冗余保护，是指在 CE 双归属场景中，主用和备份 PW 在不同的远端 PE 节点终结时，若 AC 链路或远端 PE 故障，即对 PW 提供保护功能。它的主要特点是动态协商 PW 和 Bypass PW。PW Redundancy 是 PW FRR 的增强特性。PW FRR 中，PW 的主备关系是静态配置确定的；而 PW Redundancy 中，PW 的主备关系是动态协商确定的，即 PW 的主备关系与 E-Trunk、E-APS 协商结果联动。

如图 11-9 所示，假设 PW1 是主用 PW，PW2 是备用 PW。单向流量路径是 CE2→PE3→PE1→CE1。

PW 的主备状态在如下情况下会发生倒换。

（1）改变 E-Trunk 的优先级，PW 重新进行协商。

（2）PE1 节点故障。E-Trunk 感知到节点故障后，PE2 的状态由 Backup 变为 Master，PW 重新进行协商。

（3）如果是 Backup 节点 PE2 发生节点故障，则不影响 PW 的主备关系。

（4）PE1 和 CE1 之间的 AC 链路故障，与 PE1 节点故障的处理流程相同。

（5）PE2 与 CE1 之间的 AC 链路故障，不影响 PW 的主备关系。

PW 的主备状态倒换后，单向流量路径为 CE1→PE2→PW2→PE3→CE2。

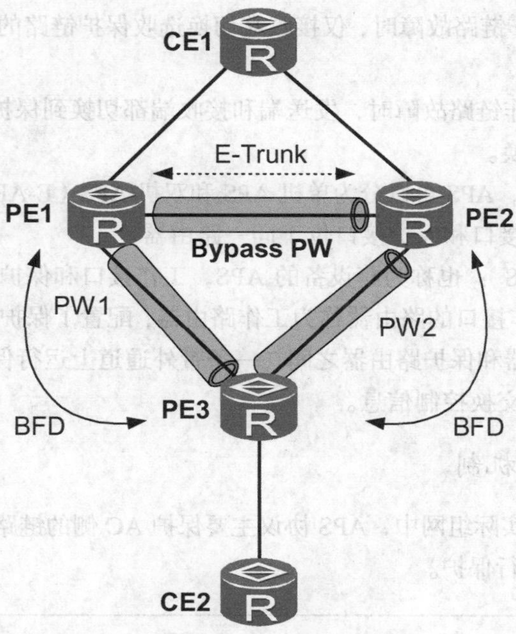

图 11-9　PW Redundancy 示意图

11.3.2　APS

自动保护倒换（Automatic Protection Switching，APS）由 ITU G.783 和 G.841 定义，在 SDH 网络上已经有很长的应用历史。APS 作为一种冗余保护机制，为了保护某个通道的业务，需要有冗余的备份通道存在。APS 协议利用复用段开销（Multiplex Section Over Header，MSOH）中的 K1、K2 字节来传递，K1 传递倒换请求信号，K2 传递倒换证实信号，从而达到倒换和回切的目的。

1．分类

（1）根据保护结构，APS 可以分为 1+1 保护和 1∶N（当 N=1 时，为 1∶1）保护。

- 1+1 保护：发送端在工作和保护两个链路上发送同样的信息（双发），接收端在正常情况下接收工作链路上的业务（选收）。它具有切换时间短、可靠性高等优点，但缺点是信道利用率低。
- 1∶1 保护：正常时，工作链路发送主要业务，保护链路空闲，接收端从工作链路接收主要业务，优点是信道利用率高，但是切换性能不如 1+1 保护。

（2）按照恢复模式，APS 可以分为恢复模式和非恢复模式。

- 恢复模式：就是在工作链路的故障消除后，通过一段倒回等待时间（Wait-to-Restore，WTR）的稳定，将业务及时倒回原工作通道，以让出保护通道的一种机制。
- 非恢复模式：在故障消除后仍然使用保护链路，直至保护链路故障或者有其他链路请求保护倒换时才将业务倒回。仅 1+1 模式支持非恢复模式。

（3）按照发生链路故障时两端是否同时切换，APS 可以分为单向倒换和双向倒换。

- 单向倒换：当工作链路故障时，仅接收端切换选收保护链路的数据。仅 1+1 模式支持单向倒换。
- 双向倒换：当工作链路故障时，发送端和接收端都切换到保护链路上。1∶1 和 1+1 模式都支持双向倒换。

（4）按照保护的层次，APS 可以分为单机 APS 和双机 APS（E-APS）。

- 单机 APS：工作接口和保护接口位于同一路由器。
- 双机 APS（E-APS）：也称为跨设备的 APS，工作接口和保护接口位于不同的路由器。其中，配置了工作接口的路由器称为工作路由器，配置了保护接口的路由器称为保护路由器。工作路由器和保护路由器之间在一条带外通道上运行保护组协议（Protect Group Protocal，PGP）交换控制信息。

2. E-APS 的工作机制

如图 11-10 所示，在实际组网中，APS 协议主要保护 AC 侧的链路可靠性，而公网侧的链路可靠性一般都使用 PW 进行保护。

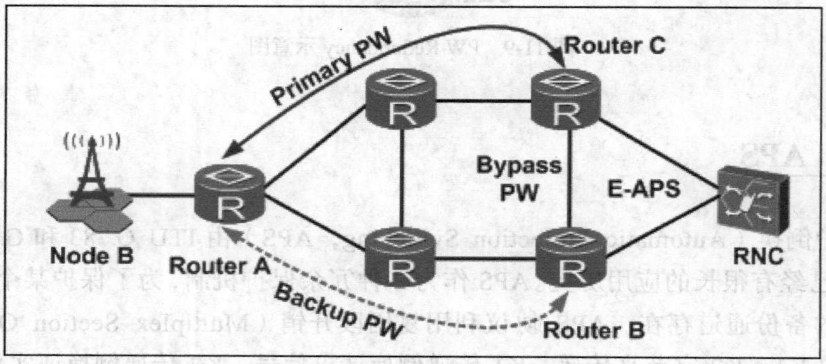

图 11-10　E-APS 示意图

运行 E-APS 的 Router B 和 Router C 在一条带外通道上运行 PGP 交换控制信息。PGP 会定期向对端路由器发送协商报文来查询与对端路由器之间的联通性，以确认 APS 的连接存在，如果在一定的时间内没有收到响应，将认为对端路由器出现故障。PGP 是基于 UDP 连接的三层协议，默认为无验证方式。由于非加密报文很容易受到非法攻击，为保证该私有协议的安全性，增加了认证字符串，采用明文传输。配置运行 E-APS 的两台路由器通过该认证字符串来进行安全性检查，只有在两端的认证字符串一致的情况下，才能建立正常的 PGP 协商，否则会协商失败。

11.3.3　LAG 技术

链路聚合组（Link Aggregation Group，LAG）技术是指将多个物理端口捆绑成一个逻辑接口，该逻辑接口即 Trunk 接口。Trunk 技术可以实现流量在各成员多接口中的分担，同时提供更高的可靠性。Trunk 接口分为 Eth-Trunk 接口、IP Trunk 接口和 CPOS-Trunk 接口。

以太网接口捆绑形成的逻辑接口称为 Eth-Trunk 接口。Eth-Trunk 是以太网链路聚合，使用链路聚合协议（Link Aggregation Control Protocol，LACP）。

IP Trunk 接口是指把链路层协议为 HDLC 的 POS 接口捆绑而形成的逻辑接口。

CPOS-Trunk 接口是把 CPOS 接口捆绑而形成的逻辑接口，一般应用于 APS 和 PW 联动的场景。CPOS 接口必须先配置 APS 再加入 CPOS-Trunk，否则 CPOS-Trunk 接口上的业务不能正常运行。

11.3.4　MC–LAG 技术

跨设备的链路聚合组（Multi-Chassis Link Aggregation Group，MC-LAG）也称增强干道（Enhance Trunk，E-Trunk），是一种实现跨设备的以太网链路聚合的技术，能够实现多台设备之间的链路聚合，从而将链路可靠性从单板级提高到设备级。

11.4　BFD 技术

FRR 和 VRRP 技术都是针对网络故障发生后采取的业务保护手段，关注点是在故障发生后如何快速使用保护路径或备份设备进行数据包转发，尽可能不影响业务。但是，如果能缩短故障检测时间，也将有利于对业务的保护。BFD 技术就是用于快速检测系统之间的通信故障，并在出现故障时通知上层应用的网络故障检测技术。它可以运行在许多类型的通道上，包括直接的物理链路、虚电路、隧道、MPLS LSP、多跳路由通道以及非直接通道。

11.4.1　BFD 技术概述

传统的故障检测方法主要有如下 3 类。

（1）硬件检测：其优点是可以很快发现故障，但并不是所有介质都能提供硬件检测。

（2）慢 Hello 机制：采用路由协议中的 Hello 报文机制，检测到故障所需时间为秒级。对于高速数据传输，如吉比特速率级传输，检测时间超过 1s 就会导致大量数据丢失；对于时延敏感的业务，如语音业务，超过 1s 的延迟也是不能接受的。

（3）其他检测机制：不同的协议有时会提供专用的检测机制，但在系统间互联互通时，这样的专用检测机制通常难以部署。

BFD 能够检测到与相邻设备的通信故障，缩短整个保护过程所需要的时间。BFD 与各种技术相结合应用，可以实现快速检测上层应用的故障。

BFD 作为一种更简单的 Hello 协议，与路由协议的邻居检测功能相似，双方系统在它们之间建立的会话通道上周期性地发送 BFD 检测报文，如果其中一方在设定的时间内没有收到对端的检测报文，则认为通道发生了故障。BFD 发送的检测报文是 UDP 报文，检测时间可以达到 50ms 以内。

11.4.2　BFD 的通信过程

BFD 在检测前，需要在通道两端建立对等的 UDP 会话，会话建立后通过协商的速率向对端发送 BFD 检测报文来实现故障检测。其会话检测的路径可以是标记交换路径，也可以是其他类型的隧道或者可交换以太网。

1. 会话初始化过程

会话初始化过程是 BFD 检测过程中的初始化阶段，两端是主动角色还是被动角色是由应用来决定的，但是至少有一端为主动角色。

2. 会话建立过程

会话建立过程是一个三次握手过程，经过此过程后两端的会话变为 UP 状态。在此过程中同时协商好相应参数，以后的状态变化就是根据检测结果来进行的，并做出相应的处理。

11.4.3 BFD 的应用

常见的 BFD 应用有 BFD for PW、BFD for TE、BFD for IGP、BFD for VRRP 及 BFD for LSP 等。

1. BFD for PW

BFD for PW 是一种快速故障检测机制，引导所承载业务的快速切换，达到业务保护的目的。BFD 能够对本地和远端 PE 之间的 PW 链路进行快速故障检测，以支持 PW FRR，减少链路故障给业务带来的影响。

（1）静态 BFD 检测 PW

BFD 检测报文通过 PW 封装后在 PW 链路上传输，PW 通过控制字来区分检测报文和数据报文，BFD 报文是采用 PW 的控制字封装的，被检测的 PW 必须使用 PW 模板创建。

（2）动态 BFD 检测 PW

① PW 的 UP 和 DOWN 会触发动态创建和删除 BFD 会话。当需要检测的 PW 的状态变为 UP 后，本端设备将邻居信息和检测参数通知给 BFD 模块，建立相应会话，检测邻居之间的链路。

② 通过对端发过来的 init 报文学习到对端描述符后协商 UP。

③ 会话建立成功后，BFD 快速发送检测报文。用 VCCV Ping 命令周期性地检测控制平面和数据平面之间的一致性。

2. BFD for TE

BFD for TE 是 MPLS TE 中的一种端到端的快速检测机制，用于快速检测隧道所经过的路径（包括链路和节点）中所发生的故障。

TE 传统的检测机制包括 RSVP Hello 或者 RSVP 刷新超时等检测，都具有检测速度缓慢的缺点。BFD 检测机制能很好地克服该缺点，它采用快速收发报文的机制，完成这些隧道路径故障的快速检测，从而触发承载业务的快速切换，达到保护业务的目的。

BFD 支持的 TE 类型如下。

（1）静态 BFD for CR-LSP

静态 BFD for CR-LSP 是指使用 BFD 检测 CR-LSP，以便快速发现 LSP 故障。BFD 会话需要手动配置。

（2）静态 BFD for TE

BFD for TE 使用 BFD 检测整条 TE 隧道，触发 VPN FRR、VLL FRR 等应用进行流量切换。

（3）动态 BFD for CR-LSP

动态 BFD for CR-LSP 的作用与静态 BFD for CR-LSP 相同。所不同的是建立 BFD 会话的方式，动态 BFD for CR-LSP 方式下，BFD 会话动态触发。

（4）动态 BFD for RSVP

动态 BFD for RSVP 使用 BFD 检测 RSVP 邻居关系，当 RSVP 相邻节点之间存在二层设备时，这两个节点只能根据 Hello 机制感知链路故障，感知故障时间为秒级，这将导致业务中断时间过长。动态 BFD for RSVP 可实现毫秒级故障监测，并配合 RSVP 快速地发现 RSVP 邻接故障。

静态 BFD for TE 与动态 BFD for CR-LSP 的区别是故障通告的对象不同。静态 BFD for TE 是向 VPN 等应用通告故障，触发业务流在不同隧道之间的切换；动态 BFD for CR-LSP 是向 TE 隧道通告故障，触发业务流在同一 TE 隧道内的不同 CR-LSP 上切换。

如图 11-11 所示，BFD 会话检测主用 CR-LSP 所经过的链路。当主用 CR-LSP 所经过的链路出现故障时，源端 BFD 会立即报告该故障信息，Ingress 就会立即做出决定，将流量切换至备份 CR-LSP。

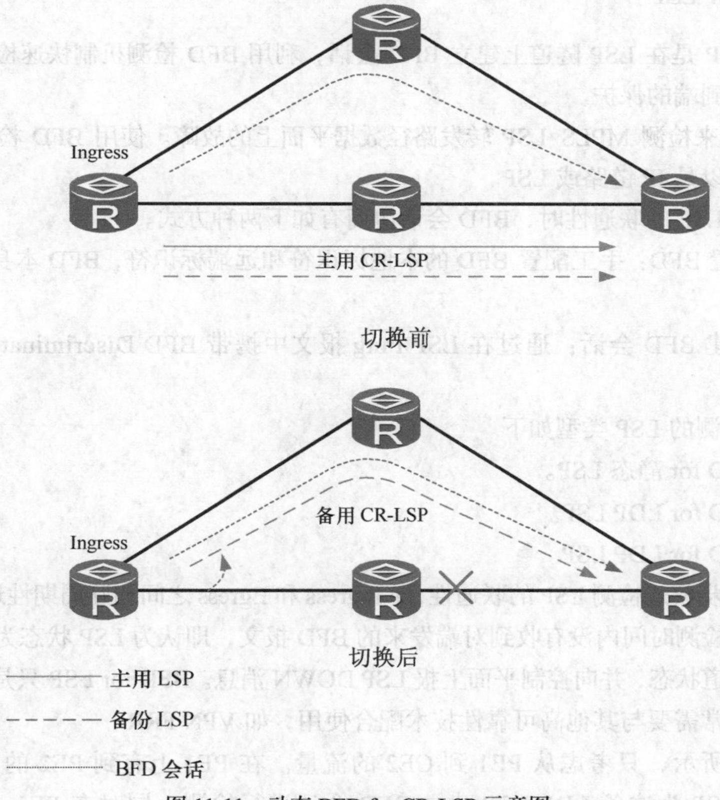

图 11-11　动态 BFD for CR-LSP 示意图

如图 11-12 所示，在 R1→P2→R2 之间建立一条主用 Tunnel，同时在 R1→P3→R2 之间建立一条备份 Tunnel；在路径 R1→P2→R2 上建立一个 BFD 会话，用于检测主用 Tunnel 的路径。当主链路出现故障时，BFD 会快速通知 R1。收到故障信息以后，R1 会立即将流量切换到备份 Tunnel

上，从而实现业务快速倒换。

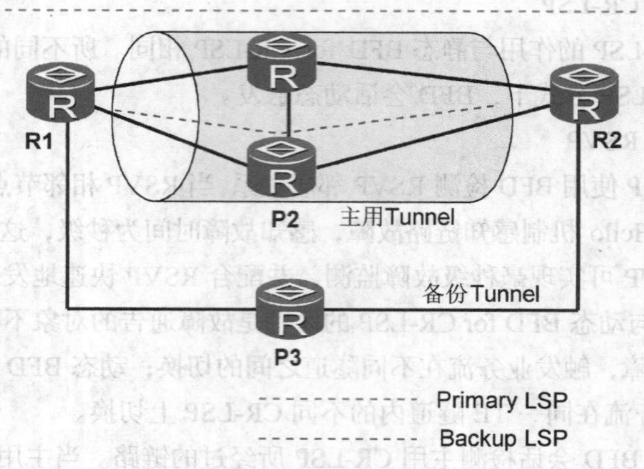

图 11-12　BFD for TE 示意图

3. BFD for LSP

BFD for LSP 是在 LSP 隧道上建立 BFD 会话，利用 BFD 检测机制快速检测 LSP 隧道的故障，可以提供端到端的保护。

BFD 可以用来检测 MPLS LSP 转发路径数据平面上的故障。使用 BFD 检测单向 LSP 路径时，反向链路可以是 IP 链路或 LSP。

检测 MPLS LSP 的联通性时，BFD 会话协商有如下两种方式。

- 静态配置 BFD：手工配置 BFD 的本地标识符和远端标识符，BFD 本身的协商机制建立会话。
- 动态创建 BFD 会话：通过在 LSP Ping 报文中携带 BFD Discriminator TLV 进行会话协商。

BFD 支持检测的 LSP 类型如下。

① 静态 BFD for 静态 LSP。

② 静态 BFD for LDP LSP。

③ 动态 BFD for LDP LSP。

BFD 使用异步模式检测 LSP 的联通性，即 Ingress 和 Egress 之间相互周期性地发送 BFD 报文。如果任何一端在检测时间内没有收到对端发来的 BFD 报文，即认为 LSP 状态为 DOWN，需要修改转发平面的隧道状态，并向控制平面上报 LSP DOWN 消息。BFD for LSP 只是一种 LSP 故障快速检测机制，通常需要与其他高可靠性技术配合使用，如 VPN FRR。

如图 11-13 所示，只考虑从 PE1 到 CE2 的流量。在 PE1 上有到 PE2 的 LDP LSP，配置 BFD For LDP LSP 为这条 LDP LSP 建立 BFD 会话进行检测，同时在 PE1 上配置 VPN FRR 的相关策略，指定保护路径为 PE1→PE3。当 PE1→P1 或者 P1→PE2 之间的链路发生故障时，PE1 上能迅速感知到 LSP 故障，并触发 VPN FRR 切换，使流量切换到 PE1→PE3→CE2，实现保护。

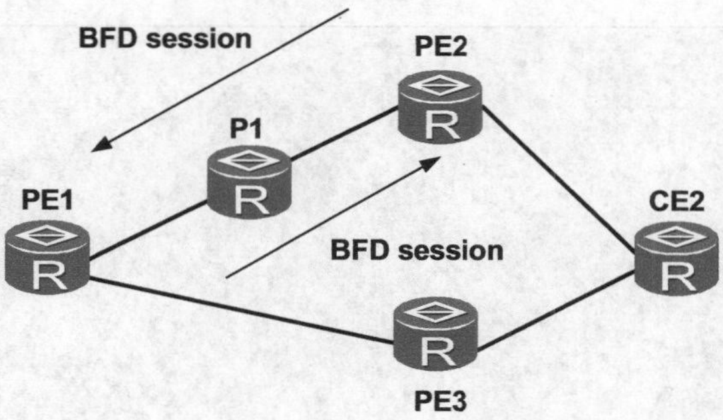

图 11-13　BFD for LDP LSP 示意图

练习与思考

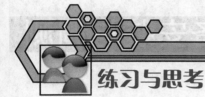

1．目前在 IPRAN 中部署的网络保护技术主要包括哪些？

2．简述 VRRP 技术原理。

3．FRR 是什么技术？其主要实现方式有哪些？

4．简述 VPN FRR 技术原理及应用场景。

5．BFD 技术主要实现什么功能？其通信过程包括哪些过程？

第12章 IPRAN 设备安装与调测

【学习目标】

- 熟悉 IPRAN 典型设备的类型及应用。
- 掌握设备安装的规范及技术要点。
- 掌握 IPRAN 设备调测的流程及方法。

12.1 IPRAN 典型设备

12.1.1 概述

IPRAN 网络通常分为接入层、汇聚层、核心层进行部署。华为接入层设备能够完成不同网络、不同业务的接入，可以采用环形、链形、树形等拓扑结构进行组网。汇聚层设备负责完成接入层流量的汇聚，多采用口字形、环形组网方式，能够减轻核心层的端口压力。核心层一般为当地 IP 城域网的骨干，负责接入汇聚层的流量，并把业务疏导到各个业务系统。其中，基站业务经由 IPRAN SR 设备送给 BSC，如图 12-1 所示。该解决方案的应用场景丰富，适合承载移动、固定综合业务等。

华为 IPRAN 组网综合接入设备有 ATN、CX600 系列产品，能够满足 2G、3G、LTE 等各种无线网络的统一承载需求，同时可以提供光纤、铜线等多种接入方式，统一接入 TDM、ATM、Ethernet、IP 等业务。

CX600 综合业务承载路由器（以下简称 CX600）是华为公司聚焦移动通信网络需求和发展开发的一款路由器产品，主要应用在移动通信网络的汇聚层，和华为公司的 NE40E 系列、ATN 系列配合组网，提供端到端的多业务综合承载解决方案。

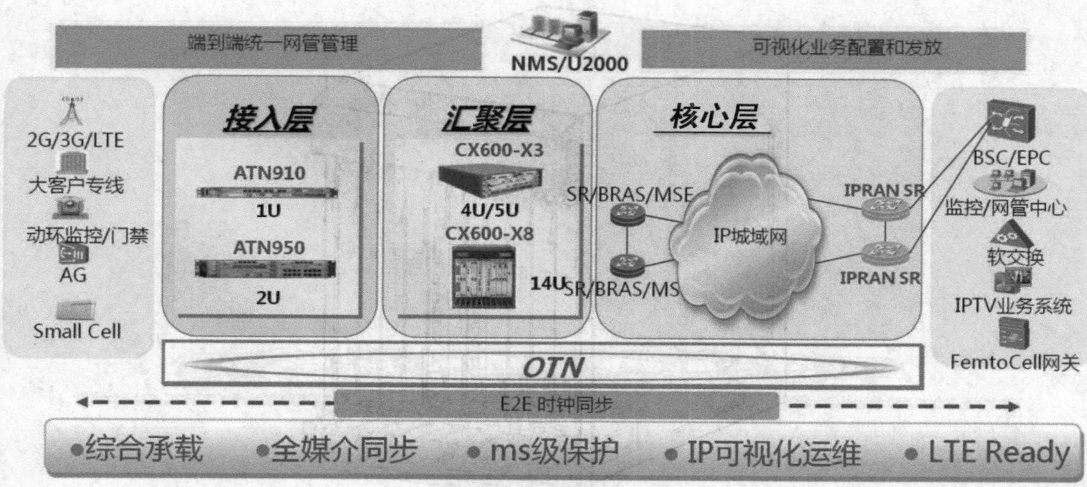

图 12-1　综合接入路由器产品

如图 12-2 所示，CX600 包括 CX600-X8、CX600-X3，满足不同规模的网络组网需要。CX600 系列设备均采用集中式路由引擎、分布式转发架构进行设计，在实现大容量转发的同时还可以提供丰富灵活的业务，可提供可升级、无阻塞的交换网；主控板 SRU（Switch Router Unit）采用 1∶1 冗余备份，交换网板 SFU 负荷分担冗余备份；电源、风扇、时钟、管理总线等关键器件实现冗余备份；单板、电源模块和风扇支持热插拔，提供了电压和环境温度告警提示、告警指示、运行状态和告警状态查询功能。

（a）CX600-X8　　（b）CX600-X3（直流）　　（c）CX600-X3（交流）

图 12-2　CX600 路由器

12.1.2　核心层 ER 路由器——CX600-X8

CX600-X8 作为 ER 路由器，采用一体化机箱设计，其主要组成部件都支持热插拔。CX600-X8 有 8 个业务槽位，每个槽位可以支持 100Gbit/s 的上行流量和 100Gbit/s 的下行流量，设备的交换容量为 3.54Tbit/s。CX600-X8 设备外观结构如图 12-3 所示。

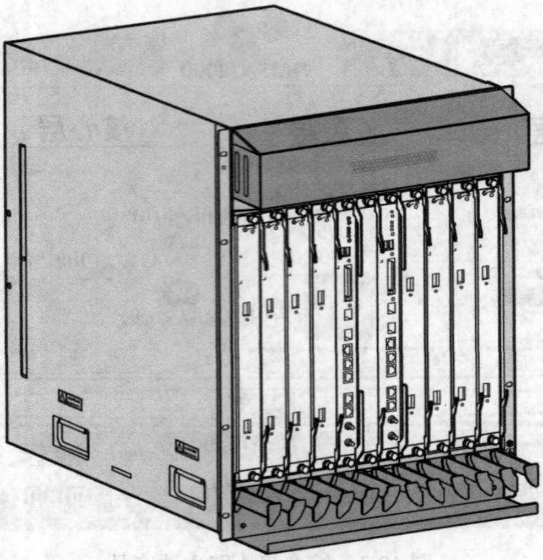

图 12-3　CX600-X8 设备外观结构

1. 系统架构

在 CX600-X8 的设计上，数据平面、管理和控制平面、监控平面相分离，体系结构逻辑框图如图 12-4 所示。这种设计方式不仅有利于提高系统的可靠性，而且方便各个平面单独升级。

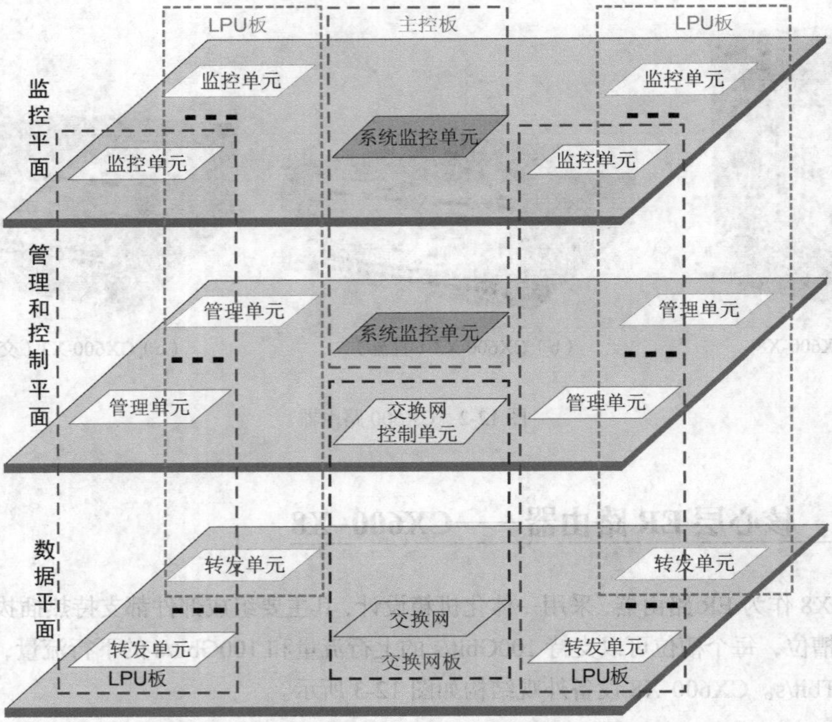

图 12-4　CX600-X8 体系结构逻辑框图

CX600-X8 完全兼容以前 CX600 平台上的所有 ISU 单板，只有主控板和交换网板不同。

2. 系统配置

（1）CX600-X8 的主要组成部件

CX600-X8 设备外观和部件图如图 12-5 和图 12-6 所示。

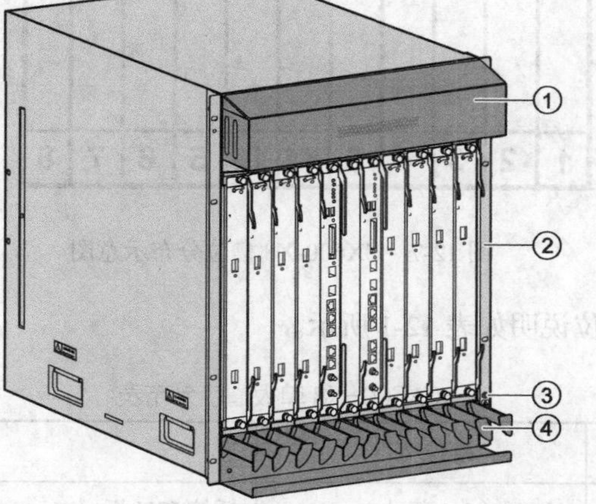

①—进风口；②—挂耳；③—ESD 插孔；④—走线槽

图 12-5　CX600-X8 设备外观和部件图（正面）

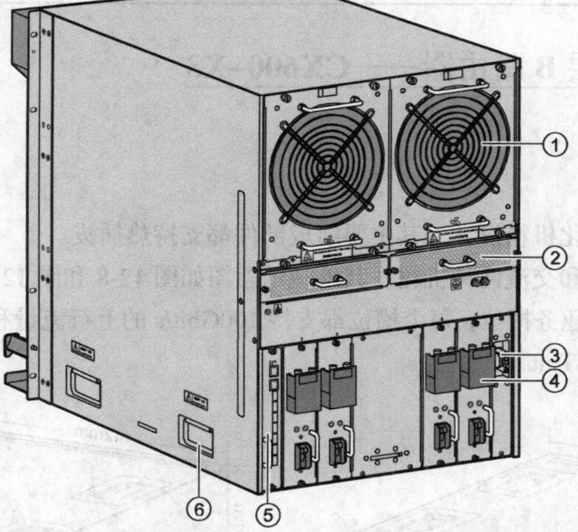

①—风扇；②—滤波盒；③—交流电源管理接口；④—直流电源模块；⑤—环境监控板；⑥—把手

图 12-6　CX600-X8 设备外观和部件图（背面）

（2）CX600-X8 单板的槽位分布

CX600-X8 的槽位分布示意如图 12-7 所示。

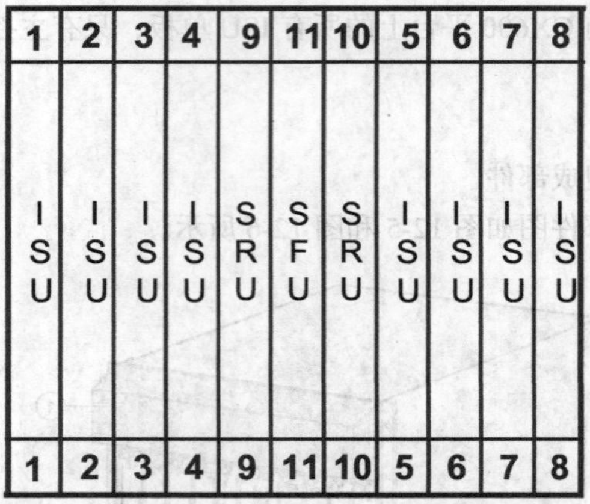

图 12-7　CX600-X8 槽位分布示意图

CX600-X8 单板的槽位说明如表 12-1 所示。

表 12-1　　CX600-X8 单板槽位分布表

单板槽位	数量	槽位宽度	备　注
1～8	8	41mm（1.6 英寸）	插接 ISU 板
9、10	2	36mm（1.4 英寸）	插接 SRU 板，1：1 备份
11	1	36mm（1.4 英寸）	插接 SFU 板，2+1 备份

12.1.3　汇聚层 B 路由器——CX600-X3

1. 系统架构

CX600-X3 为一体化机箱设计，其主要组成部件都支持热插拔。

CX600-X3 有直流和交流两种机箱，其外观示意图如图 12-8 和图 12-9 所示。

CX600-X3 有 3 个业务槽位，每个槽位都支持 100Gbit/s 的上行流量和 100Gbit/s 的下行流量，设备的交换容量为 1.08Tbit/s。

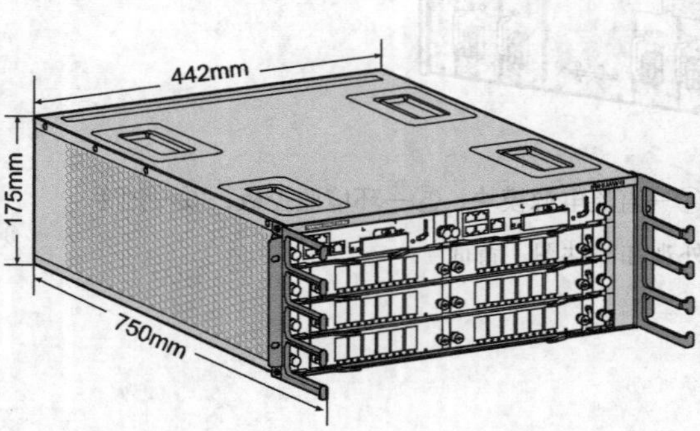

图 12-8　CX600-X3 直流机箱外观示意图

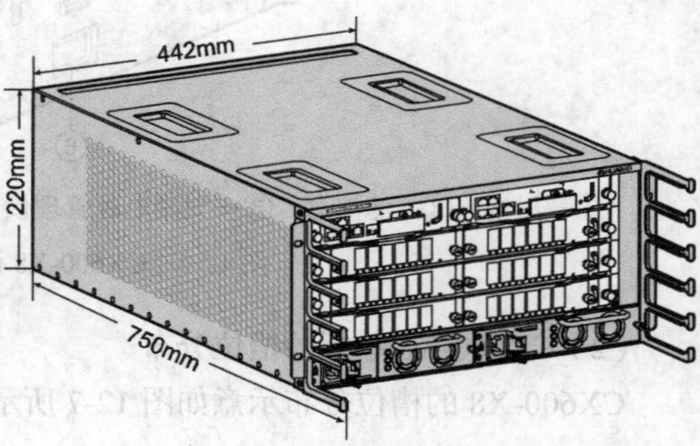

图 12-9　CX600-X3 交流机箱外观示意图

2. 系统配置

（1）CX600-X3 的主要组成部件

CX600-X3 直流机箱组成示意如图 12-10 所示，交流机箱组成示意图如图 12-11 所示。

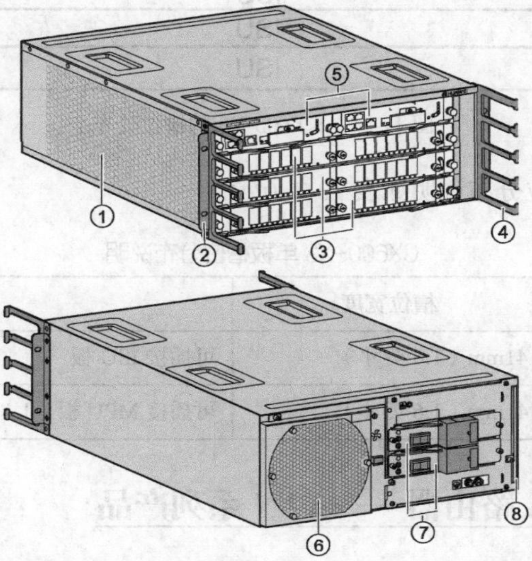

①—进风口；②—挂耳；③—ISU 板；④—走线架；⑤—主控板；⑥—风扇；⑦—电源模块；⑧—防尘网

图 12-10　CX600-X3 直流机箱组成示意图

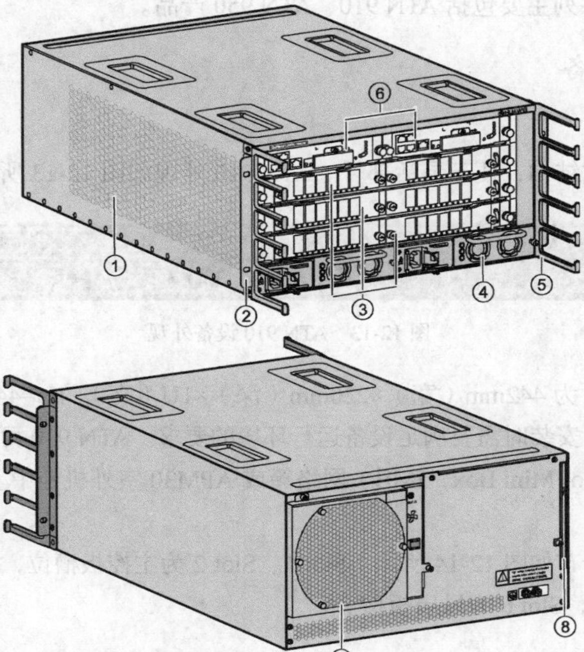

①—进风口；②—挂耳；③—ISU 板；④—电源模块；⑤—走线架；⑥—主控板；⑦—风扇；⑧—防尘网

图 12-11　CX600-X3 交流机箱组成示意图

(2)CX600-X3 单板槽位分布

CX600-X3 的槽位分布如图 12-12 所示。

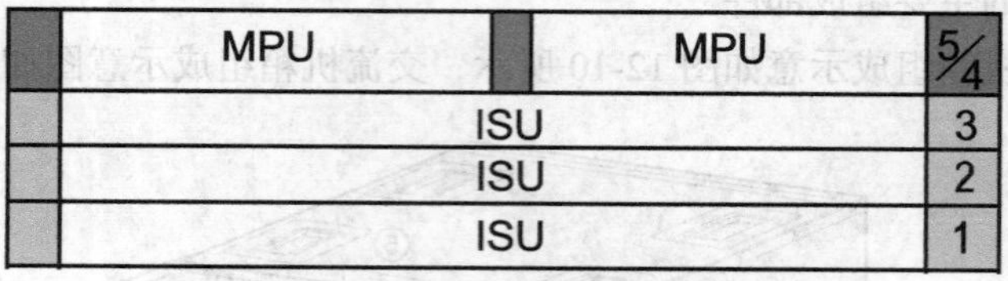

图 12-12　CX600-X3 的槽位分布

CX600-X3 单板的槽位分布说明如表 12-2 所示。

表 12-2　CX600-X3 单板槽位分布说明

单板槽位	数量	槽位宽度	备注
1 ~ 3	3	41mm(1.6 英寸)	可插接 ISU 板
4、5	2	41mm(1.6 英寸)	可插接 MPU 板，1：1 备份

12.1.4　接入层 A 路由器——ATN 系列产品

ATN 系列产品定位于移动通信网络边缘，是面向多业务接入的盒式设备，包括 ATN 910、ATN 950 等，与 CX600 和 NE 等系列产品共同构建端到端面向 FMC 综合承载的路由型城域网络。ATN 综合多业务接入设备系列主要包括 ATN 910、ATN 950 产品。

1. ATN 910 设备

(1)设备外观

ATN 910 采用盒式结构，便于灵活部署。ATN 910 外观如图 12-13 所示。

图 12-13　ATN 910 设备外观

ATN 910 盒体尺寸为 442mm(宽)×220mm(深)×1U(高)，1U=44.45mm。ATN 910 支持室内安装和室外安装，安装时需要满足设备运行环境的要求。ATN 910 可以安装在开放式机架、室内小容量机框(Indoor Mini Box，IMB)网络箱或 APM30 室外机柜中。

(2)槽位分布

ATN 910 的槽位分布如图 12-14 所示。Slot 1、Slot 2 为主控板槽位，Slot 3、Slot 4 为业务板槽位，Slot 5 为电源槽，Slot 6 为风扇板槽。

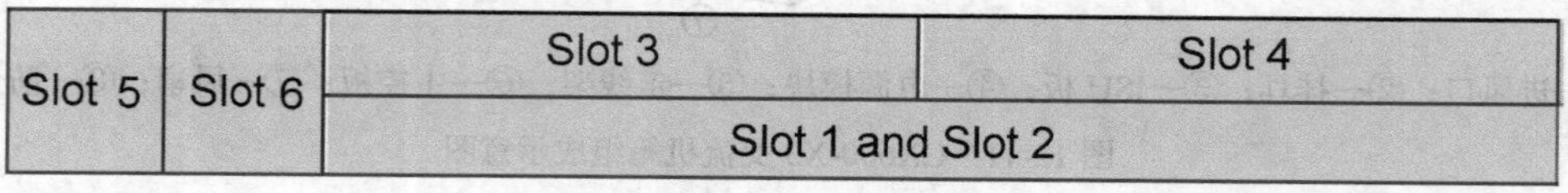

图 12-14　ATN 910 槽位分布

（3）系统架构

ATN 910 的各单板配合使用，完成设备的各种功能。ATN 910 的单板间关系如图 12-15 所示。

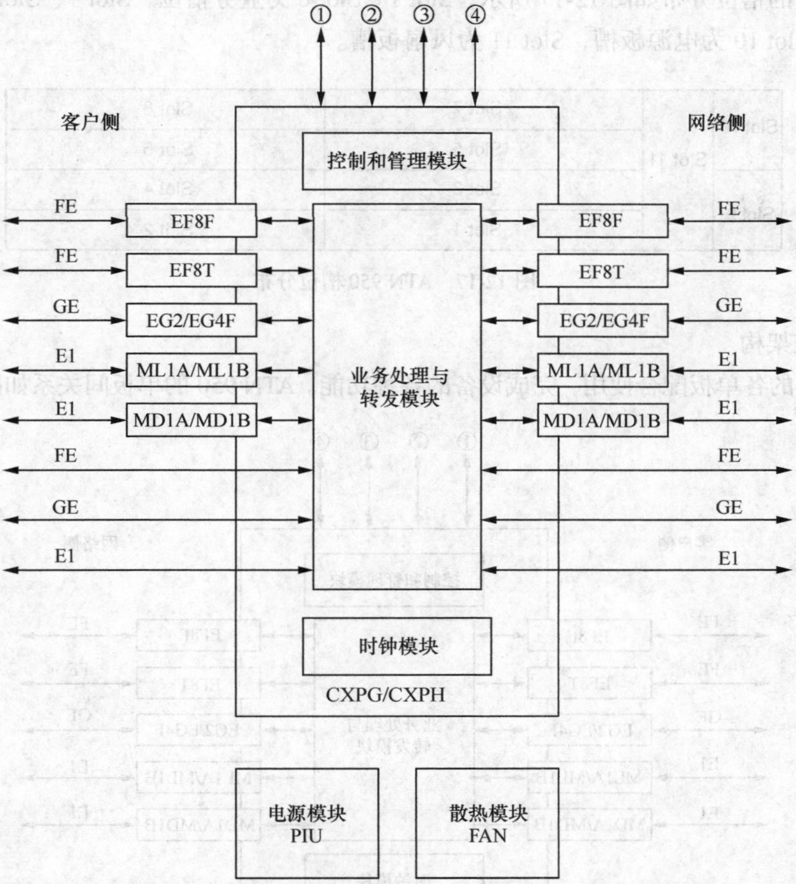

①—网管网口/Console 接口；②—外时钟/外时间接口 0；③—外时钟/外时钟接口 1；④—公务电话口

图 12-15　ATN 910 的单板间关系

说明：公务电话口预留，暂不使用。

2. ATN 950 设备

（1）设备外观

ATN 950 采用盒式结构，便于灵活部署。ATN 950 的外观如图 12-16 所示。

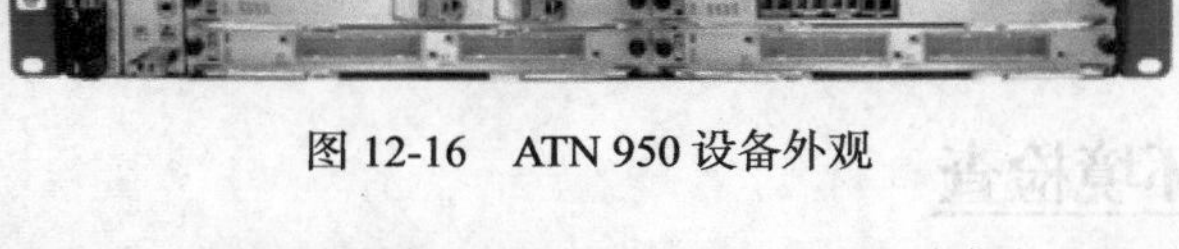

图 12-16　ATN 950 设备外观

ATN 950 的盒体尺寸为 442mm（宽）×220mm（深）×1U（高），1U=44.45mm。

ATN 950 支持室内安装和室外安装，安装时需要满足设备运行环境的要求。ATN 950 可以安装在开放式机架、IMB（Indoor Mini Box）网络箱或 APM30 室外机柜中。

（2）槽位分布

ATN 950 的槽位分布如图 12-17 所示，Slot 1 ~ Slot 6 为业务槽位，Slot 7、Slot 8 为主控板槽位，Slot 9、Slot 10 为电源板槽，Slot 11 为风扇板槽。

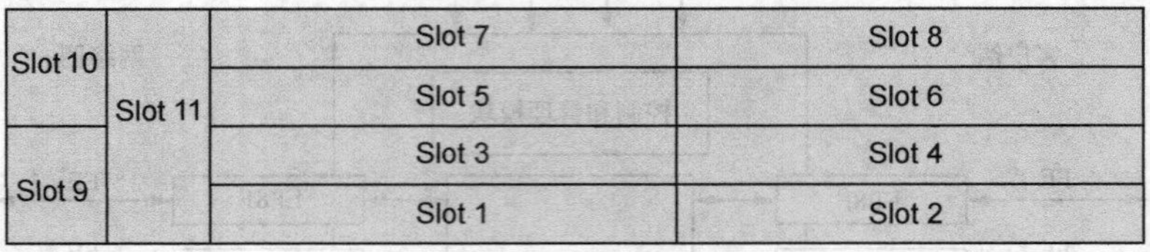

图 12-17　ATN 950 槽位分布

（3）系统架构

ATN 950 的各单板配合使用，完成设备的各种功能。ATN 950 的单板间关系如图 12-18 所示。

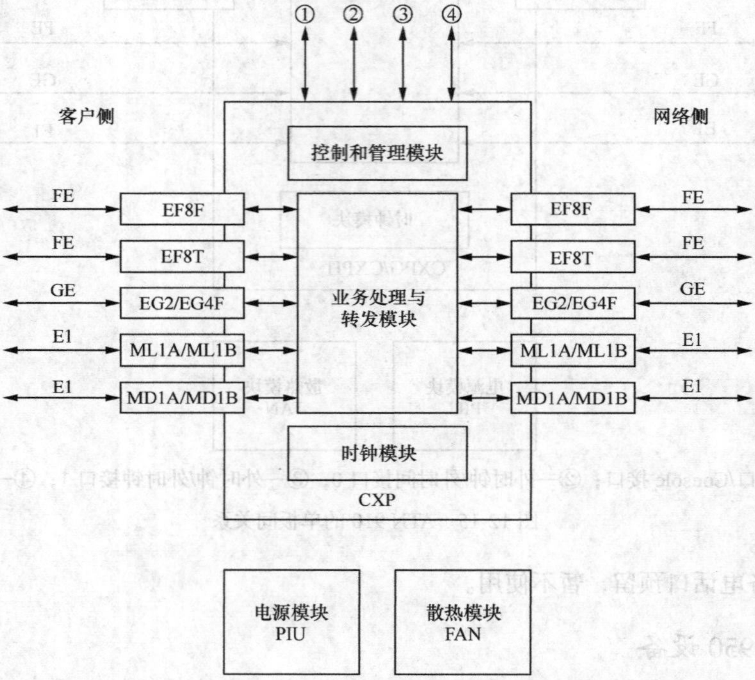

①—网管网口/Console 接口；②—外时钟/外时间接口 0；③—外时钟/外时钟接口 1；④—网管级联接口

图 12-18　ATN 950 的单板间关系

12.2　IPRAN 设备安装

12.2.1　安装环境检查

设备安装前，应该先按照设备运行环境的要求规划和建设安装空间，确认安装方法等，这是设备能顺利安装、调测和稳定运行的必要条件。针对设备安装环境的多样性，可将环境分为 A、B、C 三大类。在 A、B、C 这 3 类安装环境中，设备安装方式各有不同，设备安装方式的选择可参考表 12-3。

表 12-3　不同环境下的设备安装方式

环境分类	环境描述	安装环境举例	安装方式
A 类环境	温湿度可控的室内安装环境	标准中心机房或通信方舱	支持在 19 英寸（48.26cm）机柜、N63E 机柜、T63 机柜内安装
B 类环境	温湿度不可控的室内或一般室外环境（只有简单遮蔽，如遮阳棚，湿度偶尔会达到 100%的情况）	楼道挂墙安装	支持在符合标准的网络箱内安装
		非温控棚屋安装，如居民楼顶楼的阁楼	
		简易机房、平房或居民楼布放的机房等，此类环境的特点是有空调、使用市电，但密封条件较差	
		楼内公共区域，如楼梯间、清洁间	
C 类环境	• 污染源附近的陆地室外 • 污染源附近的只有简单遮蔽（如遮阳棚）的环境 • 海洋上环境	• 户外、居民楼楼顶 • 在 B 类环境中安装，但安装点靠近海边或其他污染源 • 地下停车库归入此类环境	APM30

说明：污染源附近是指距离盐水（如海洋、盐水湖）3.7km，距离冶炼厂、煤矿热电厂等重污染源 3km，距离化工、橡胶、电镀等中等污染源 2km，距离食品厂、采暖锅炉、皮革等轻污染源 1km。

1. A 类环境要求

传输设备的安全运行需要良好的运行环境，因此，传输机房不应设在温度高、有灰尘、有有害气体、易爆及电压不稳的环境中，应避开经常有大震动或强噪声以及靠近总降压变电所和牵引变电所的地方。在进行工程设计时，应根据通信网络规划和通信技术要求综合考虑，结合水文、地质、地震及交通等因素，选择符合工程环境设计要求的地址。

传输机房房屋建筑、结构、采暖通风、供电、照明及消防等项目的工程设计一般由建筑专业设计人员承担，但必须严格依据设备的环境设计要求设计。传输机房还应符合工企、环保、消防及人防等的有关规定，符合国家现行标准、规范以及特殊工艺设计中有关房屋建筑设计的规定和要求。

（1）机房选址要求

① 海拔高度要求为-60～4000m。

② 要远离污染源，对于冶炼厂、煤矿等重污染源，机房应远离 5km 以上；对化工、橡胶、电镀等中等污染源，机房应远离 3.7km 以上；对食品、皮革加工厂等轻污染源，机房应远离 2km 以上。如果无法避开这些污染源，则机房一定要选在污染源的常年上风向，使用高等级机房或选择高等级防护产品。

③ 机房进行空气交换的采风口一定要远离城市污水管的出气口、大型化粪池和污水处理池，并应保持机房处于正压状态，避免腐蚀性气体进入机房腐蚀元器件和电路板。

④ 机房要避开工业锅炉和采暖锅炉。

⑤ 机房最好位于二楼以上的楼层，如果无法满足，则机房的安装地面应该比当地历史记录的最高洪水水位高 600mm 以上。

⑥ 机房应避免选在禽畜饲养场附近，如果无法避开，则应选建于禽畜饲养场的常年上风向。

⑦ 避免在距离海边或盐湖边 3.7km 之内建设机房，如果无法避免，则应该建设密闭机房，空调降温，并且不可取盐渍土壤为建筑材料，否则就一定要选择能进行恶劣环境防护的设备。

⑧ 机房一定不能选择过去的禽畜饲养用房，也不能选用过去曾存放化肥的化肥仓库。

⑨ 机房应该牢固，无风灾及漏雨之虑。

⑩ 机房不宜选在尘土飞扬的路边或沙石场，如无法避免，则门窗一定要背离污染源。

（2）机房设备布局要求

通信机房主要用于安装通信传输设备、程控交换设备、电源等配套设备。为维护和管理上的方便，一般要求安排紧凑，总体布局的原则如下。

① 满足通信线、电源线布线及维护工作的要求。

② 使线路短捷，力避迂回，便于维护，既减少线路投资，又利于减少通信故障，提高工作效率。

③ 通常将传输设备装在靠近主配线架室的单独机房内，也可以放在交换机附近。

2. B 类环境要求

为保证设备能够长期稳定运行，在 B 类运行环境选址时应满足通信网络规划要求、通信技术要求，以及水文、地质、交通等要求。

（1）设备安装选址要求

① 设备应该尽量远离电磁干扰（大型雷达站、发射电台、变电站）、有害气体（化工厂、盐雾区）、灰尘、噪声、震动等。

② 设备应远离经常有大震动或强噪声的地方，远离变电所、工业锅炉、采暖锅炉。

③ 设备应该尽量远离树木和其他植物，避免昆虫被风扇吸入。

④ 设备距离海边要求大于 500m，如果网络箱或室外柜配有风扇，进风口不要正对海风吹来的方向。

⑤ 设备在多雪、多雨的地区使用时，要保证网络箱或室外柜的通风口至少高于可积水（雪）处 1m。

⑥ 设备应避开上面有滴水的地方（空调室外机、滴水檐）。

⑦ 交流电源系统供电稳定，周边无大型用电设备。交流电源系统额定电压为 220V，电网波动值不超过±10%。设备安装完成后，必须确保 L-N 之间的电压为 220V、L-PE 在 220V 以下、N-PE 在 5V 以下，否则可能引发设备漏电，甚至导致用户触电。

⑧ 设备安装时不能正对居民窗户，网络箱距离窗户至少大于 5m，室外柜距离窗户至少大于 10m。

⑨ 设备安装的位置，雨水应无法直接淋到，或大风大雨时被吹入淋到的位置。

⑩ 设备开门方向应背向居民，或者与其平行，不能正对居民。

⑪ 挂墙等安装时高度应大于 1m，保证设备不轻易被居民接触。

⑫ 通信设备进行空气交换的采风口应远离城市污水管的出气口、大型化粪池和污水处理池。保持通信设备处于正压状态，避免腐蚀性气体进入设备内部。

⑬ 地下室安装时，网络箱安装位置要考虑可能存在的水淹问题，要考虑建筑的市政排水情况。

⑭ 对于建筑物一楼比较低洼容易进水的楼道，设备避免安装在一楼的弱电井，或在楼道落地安装。

⑮ 禁止所有进设备电缆或光缆从网络箱上方走下来后直接从侧面或上面进入网络箱，所有进入网络箱的电缆需做好避水措施，防止雨水顺着电缆进入网络箱内。

⑯ 设备本身防护等级为 IP20。在室内或雨水未能淋到的楼道环境中安装的网络箱必须达到 IP31 等级及以上，在会被雨水淋到的楼道或户外环境中安装的网络箱必须达到 IP55 等级及以上。

（2）ATN 设备特别要求

ATN 设备在 B 类安装环境中安装时还需要考虑设备前出线空间、网络箱的安装空间等。

① ATN 设备安装在网络箱时，需满足 19 英寸（48.26cm）安装标准，最少 3U 安装空间，设备前面的走线空间不小于 75mm。

② ATN 设备安装在户外柜时，需满足 19 英寸（48.26cm）安装标准，最少 3U 安装空间，设备前面的走线空间不小于 75mm。

③ 网络箱在挂墙安装时需满足最少安装空间要求，网络箱的最少安装要求可参考 IMB 网络箱的外形尺寸及安装空间要求，即网络箱正面最少安装空间距离要求为 800mm，背面最少安装空间距离要求为 200mm，上面最少安装空间距离要求为 200mm，下面最少安装空间距离要求为 300mm。

ATN 设备支持-48V（-38.4～-57.6V）和-60V（-48～-72V）直流电压供电。当采用交流外置供电时，默认 AC/DC 电源为 EPS30-4815AF 电源系统；当采用交流内置直接供电时，供电电压支持 220V（100～240V）。

网络设备箱选型时主要考虑网络箱的容量、部件性能、防护性能、工程安装性能及通风散热等主要因素。室内网络箱一般用于地下室、楼道等地方。网络箱需要支持挂墙安装，支持 AC 配电，可以从大楼内部的供电系统取电。其 EMC、噪声需要符合标准，设备运行时能通过网络箱降低大于 5dB 的噪声，不扰民。

3. C 类环境要求

设备安装在 C 类环境时，必须与外部环境完全隔离，因此一般安装在 APM30 室外柜中。室外柜进风口温度为-40～50℃。ATN 设备安装在室外柜内时，建议不要与其他设备共同安装，如果与其他设备共同安装在室外柜，需保证能满足设备散热、防腐蚀等要求。

12.2.2 设备与工具检查

安装设备之前，应完成对所安装设备与所需工具的检查。

1. 安装工具准备和检查

设备安装过程中所需的工具如图 12-19 所示。

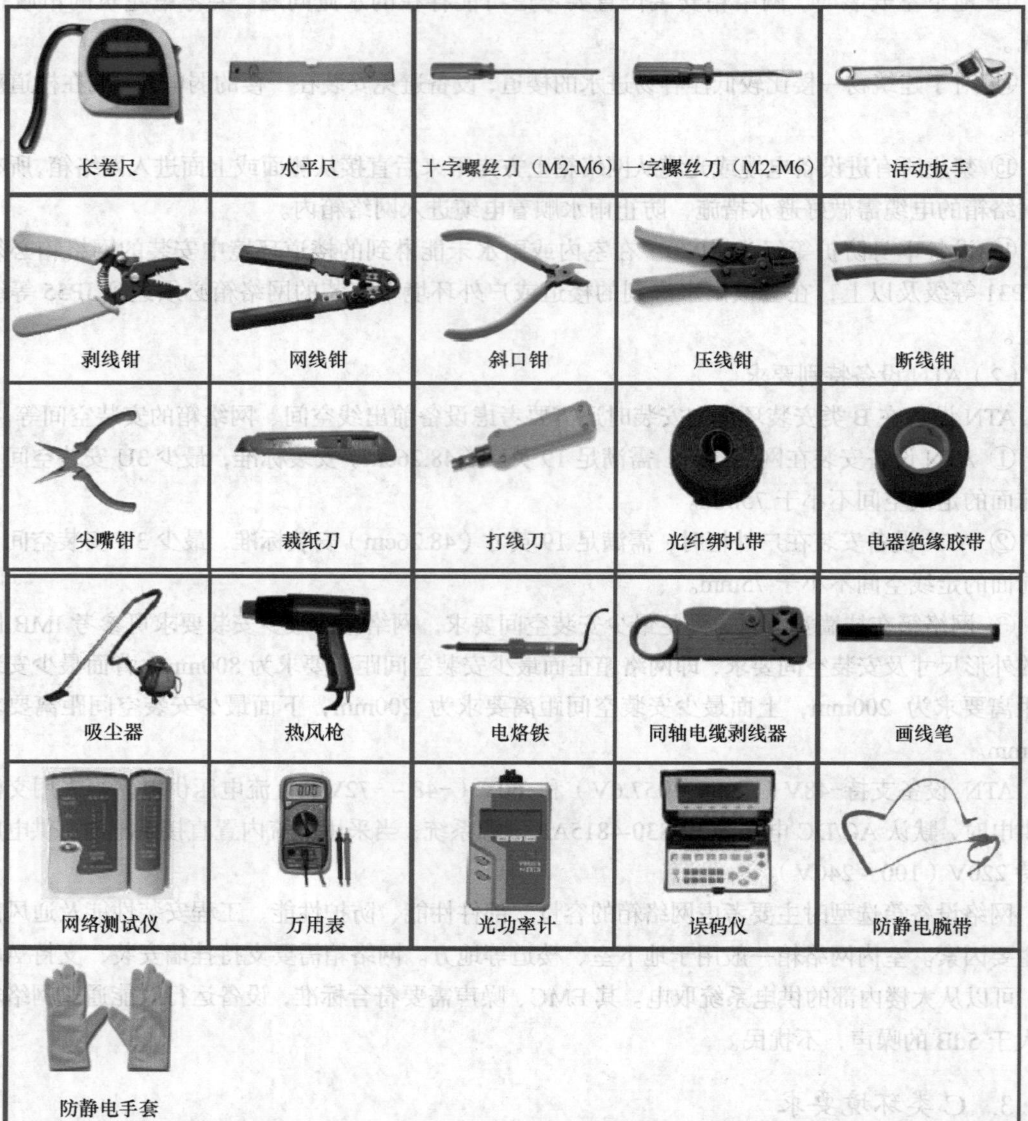

图 12-19 安装工具

2. 设备检查

（1）IMB 检查

如图 12-20 所示，IMB 检查的要点包括标签和安装槽位图是否规范、防护板和盖板是否完好。

（2）ATN 设备检查

对于直流场景，可以直接安装 ATN 设备；对于交流场景，安装的设备为 AC/DC 电源设备和

ATN 设备。ATN 设备外形如图 12-21 所示。

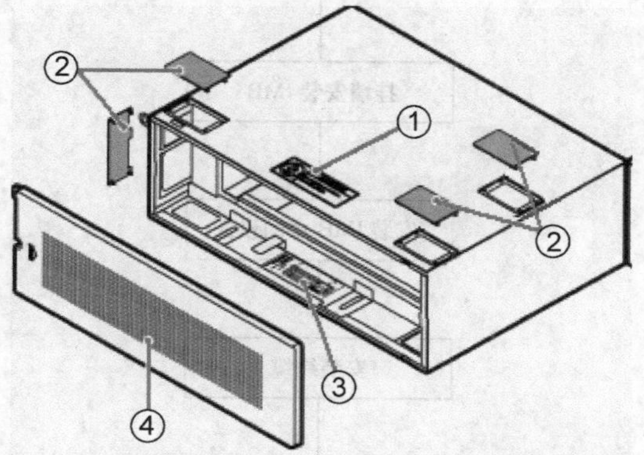

①—防踩踏标签；②—防护板；③—安装槽位图；④—盖板

图 12-20　IMB 检查要点示意图

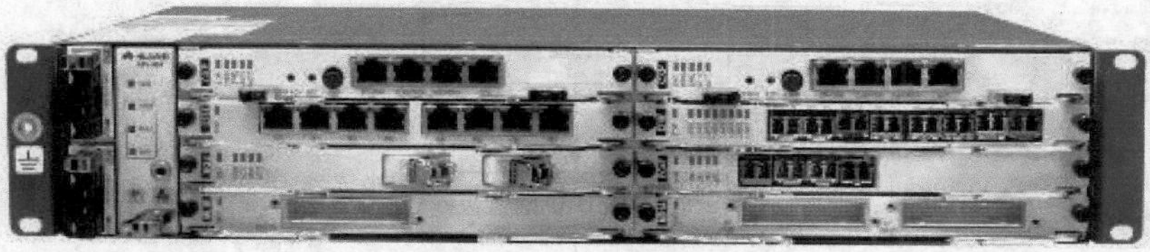

图 12-21　ATN 设备外形

（3）电源设备检查

对于交流场景，可以通过 EPS30-4815AF 电源系统将交流电转换成直流电为设备供电。为保证设备不断电，也可根据现场需求同时连接蓄电池，当市电中断时，转由蓄电池为设备供电。EPS30-4815AF 电源系统的外观如图 12-22 所示。

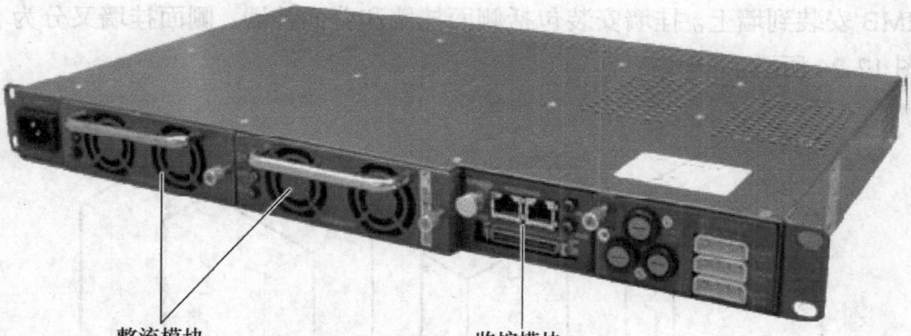

图 12-22　EPS30-4815AF 电源系统外观

12.2.3　设备安装

1. 设备安装流程

IPRAN 设备安装流程如图 12-23 所示。

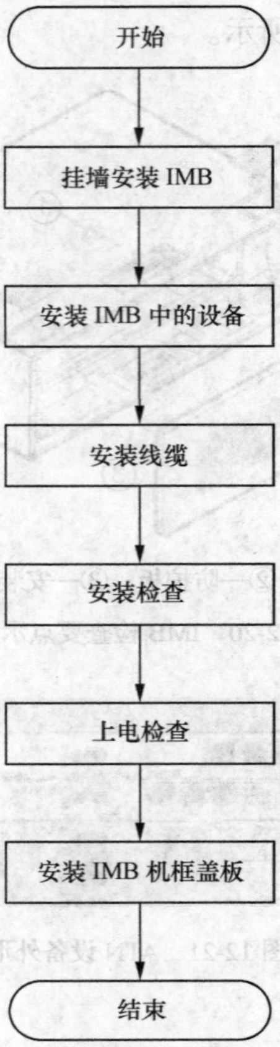

图 12-23　安装流程图

2. 安装 IMB

首先将 IMB 安装到墙上。挂墙安装包括侧面挂墙和背面挂墙，侧面挂墙又分为右侧挂墙和左侧挂墙，如图 12-24 所示。

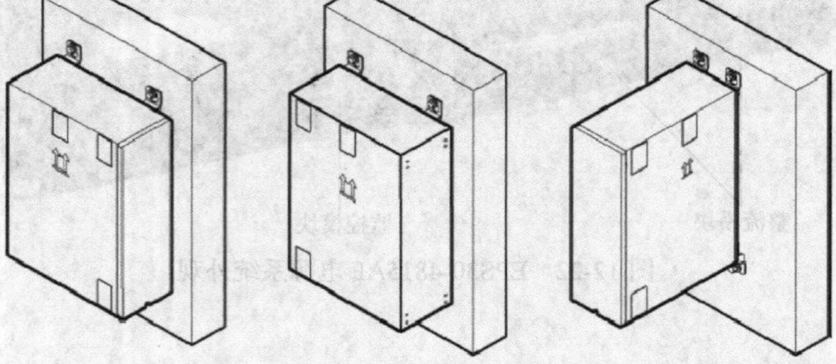

（a）右侧挂墙　　（b）左侧挂墙　　（c）背面挂墙

图 12-24　IMB 安装类型示意图

（1）右侧挂墙安装 IMB

步骤 1：拆除 IMB 底部防护板，具体操作如图 12-25 所示。

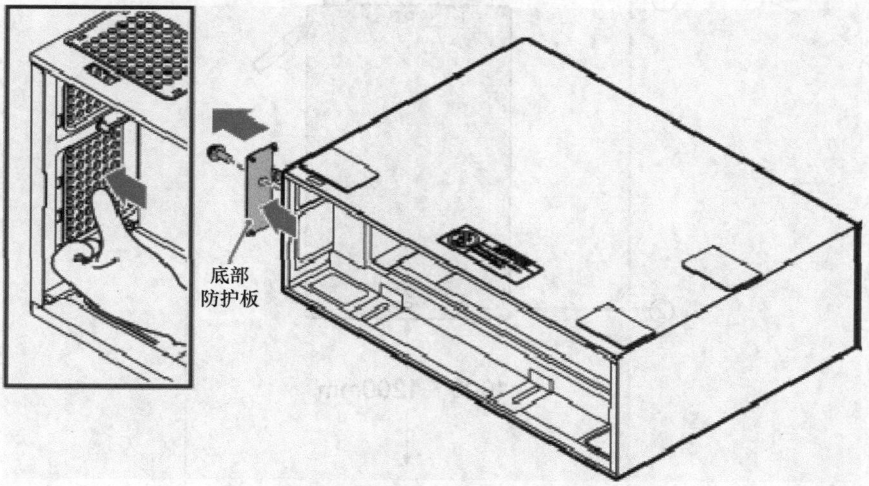

图 12-25　拆除底部防护板

步骤 2：安装 IMB 挂耳，具体操作如图 12-26 所示。

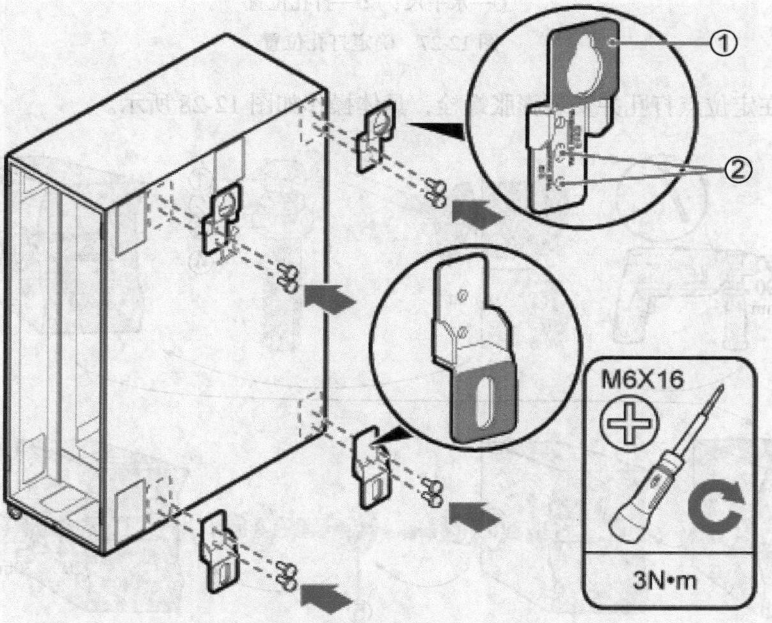

①—绝缘垫片；②—挂墙时螺钉的安装位置

图 12-26　安装 IMB 挂耳

步骤 3：用水平尺测量两个孔位是否在同一水平面上，将画线模板紧贴墙面，用画线笔标记定位点，具体操作如图 12-27 所示。

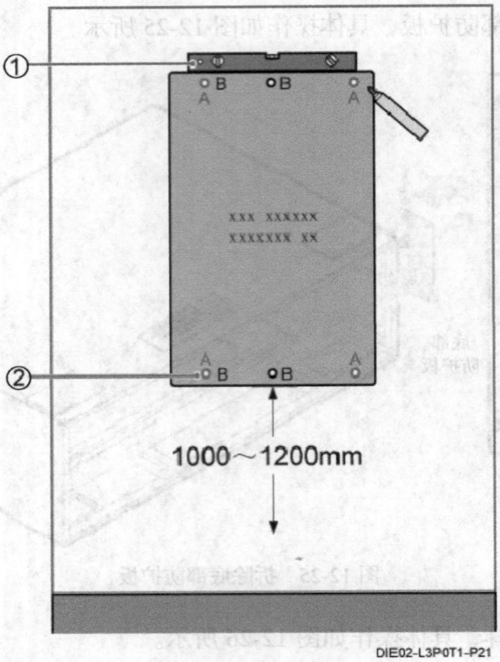

①—水平尺；②—打孔位置

图 12-27 确定打孔位置

步骤 4：在定位点打孔并安装膨胀螺栓，具体操作如图 12-28 所示。

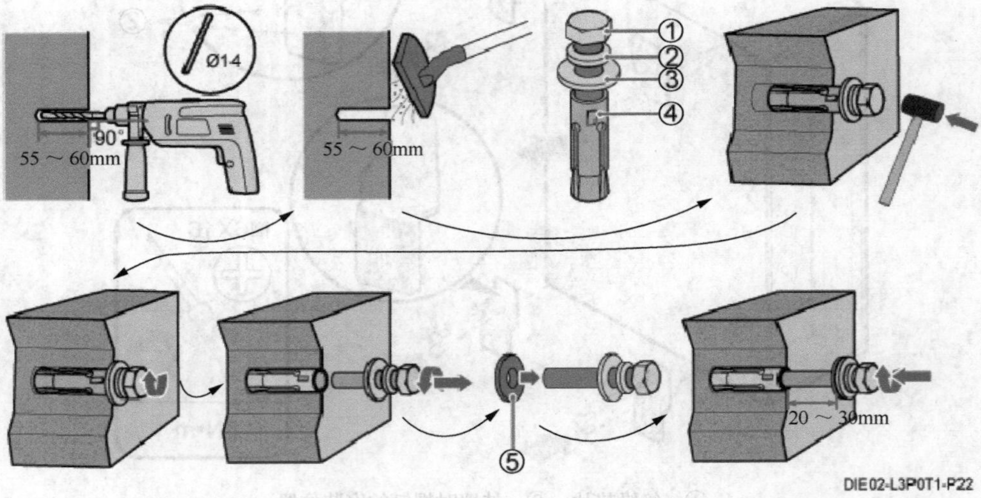

①—螺栓 M10×60；②—弹垫 10；③—平垫 10；④—膨胀管；⑤—绝缘垫片

图 12-28 定位点打孔并安装膨胀螺栓

步骤 5：将 IMB 机框挂到上部两颗螺栓上，用力矩扳手固定上部两颗螺栓，并预留 20 ~ 30mm 的长度，具体操作如图 12-29 所示。

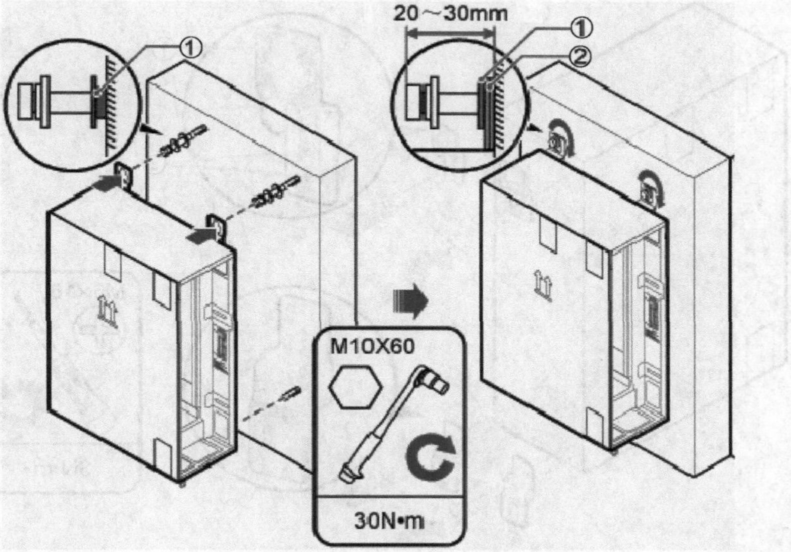

①—绝缘垫片；②—IMB 挂耳

图 12-29　将 IMB 机框挂到墙上

步骤 6：将 IMB 机框下部挂耳对准安装孔，用力矩扳手拧紧螺栓，具体操作如图 12-30 所示。

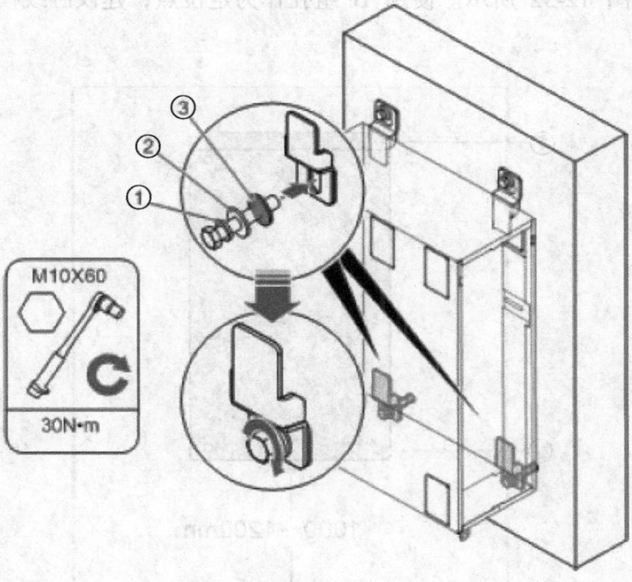

①—弹垫 10；②—平垫 10；③—绝缘垫片

图 12-30　拧紧螺栓

（2）背面挂墙安装 IMB

步骤 1：拆除 IMB 底部防护板。

步骤 2：安装 IMB 挂耳，具体操作如图 12-31 所示。

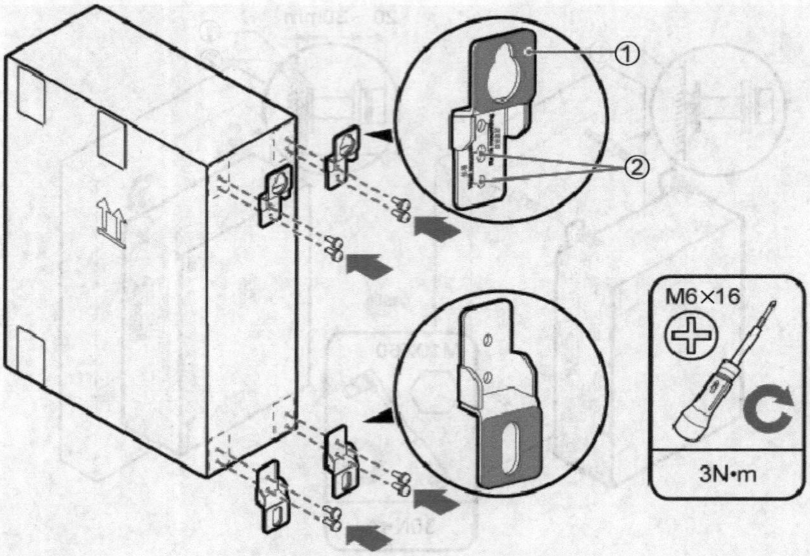

①—绝缘垫片；②—挂墙时螺钉的安装位置

图 12-31 安装 IMB 挂耳

步骤 3：用水平尺测量两个孔位是否在同一水平面上，将画线模板紧贴墙面，用画线笔标记定位点，具体操作如图 12-32 所示。使用 B 组孔作为定位点，建议画线模板距离地面的高度为 1000～1200mm。

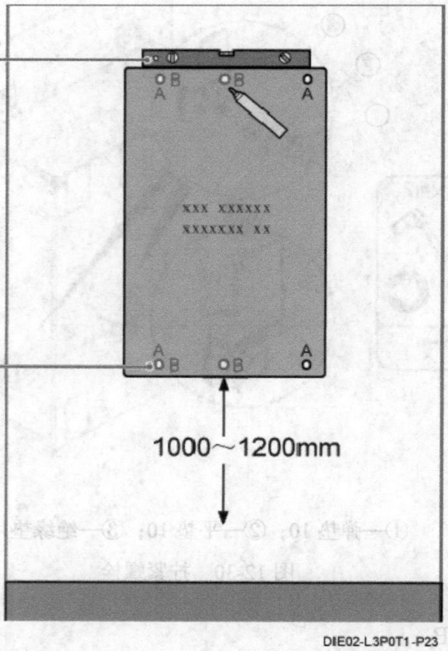

①—水平尺；②—打孔位置

图 12-32 标记定位点

步骤 4：在定位点打孔并安装膨胀螺栓。

步骤 5：将 IMB 机框挂到上部两颗螺栓上，用力矩扳手固定上部两颗螺栓，并预留 20～30mm 的长度，具体操作如图 12-33 所示。

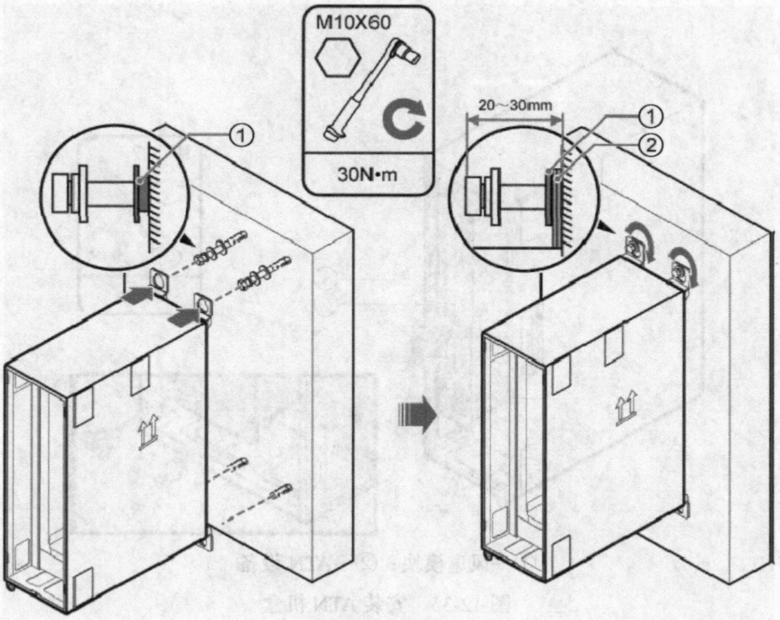

①—绝缘垫片；②—IMB 挂耳

图 12-33　将 IMB 机框挂到上部两颗螺栓上

步骤 6：将 IMB 机框下部挂耳对准安装孔，用力矩扳手拧紧螺栓，具体操作如图 12-34 所示。

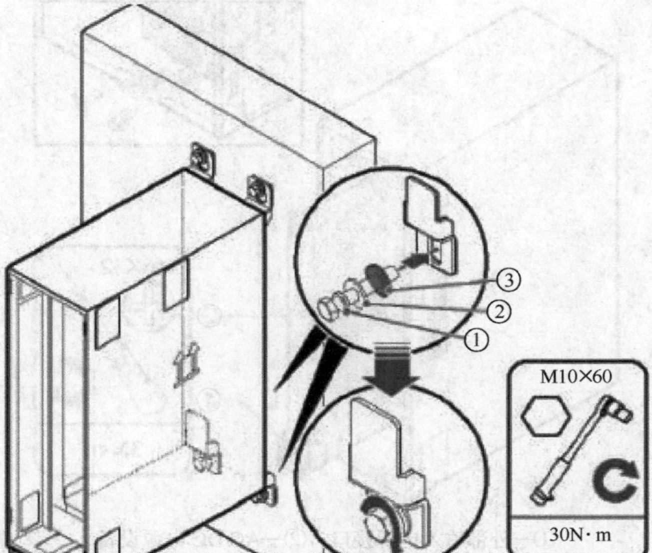

①—弹垫 10；②—平垫 10；③—绝缘垫片

图 12-34　固定 IMB 下部

（3）在 IMB 中安装 ATN 机盒

沿着导轨将 ATN 机盒慢慢滑入相应的槽位中，拧紧 4 颗 M6×12 的面板螺钉，具体操作如图 12-35 所示。

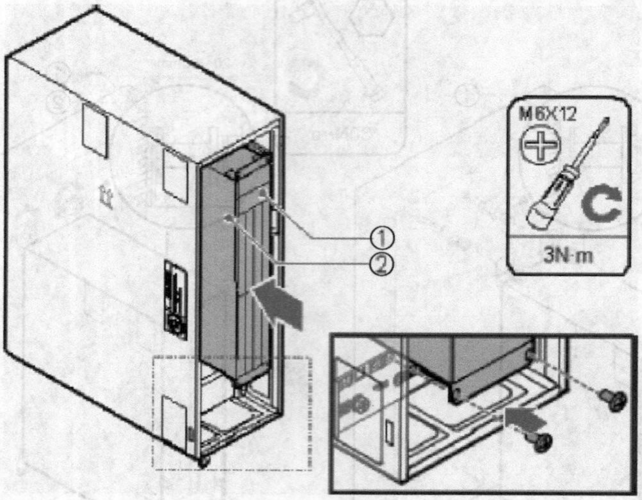

①—风扇模块；②—ATN 设备

图 12-35　安装 ATN 机盒

（4）安装电源设备

沿着导轨将电源设备慢慢滑入相应的槽位中，拧紧 4 颗 M6×12 的面板螺钉，具体操作如图 12-36 所示。

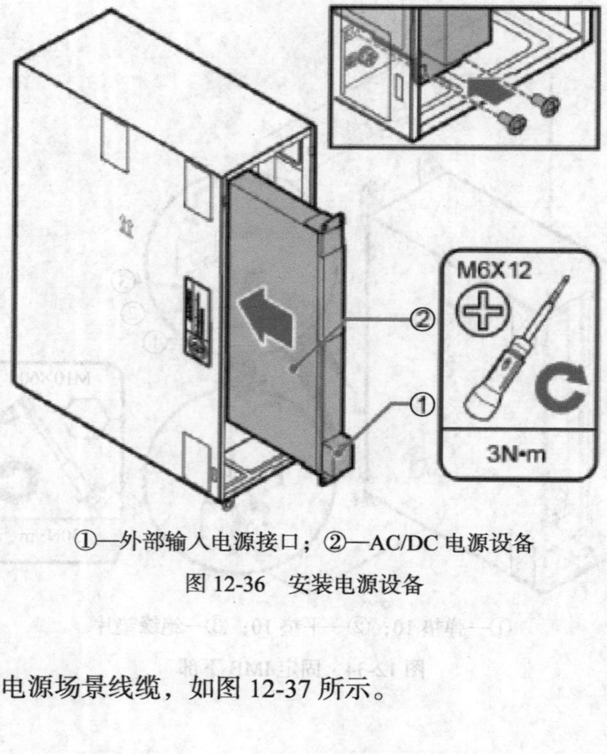

①—外部输入电源接口；②—AC/DC 电源设备

图 12-36　安装电源设备

（5）安装线缆

连接外置 AC/DC 电源场景线缆，如图 12-37 所示。

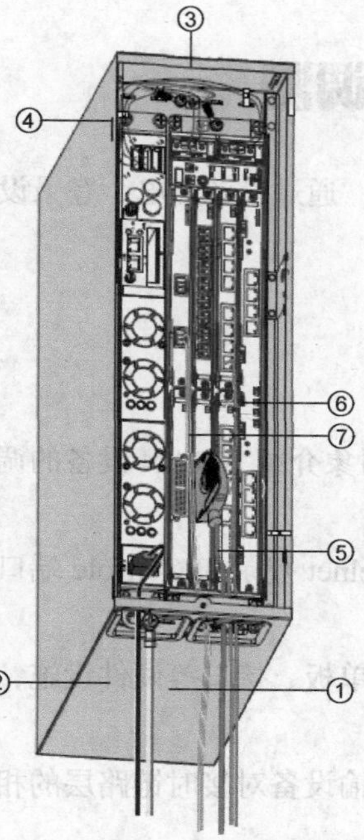

①—安装 IMB 网络箱接地线，然后安装电源盒接地线，再安装 ATN 设备接地线；②—电源盒外部电源线；③—电源盒与 ATN 设备之间的电源线；④—E1 电缆；⑤—网线；⑥—xDSL 线缆；⑦—光纤

图 12-37　连接外置 AC/DC 电源场景线缆

12.2.4　硬件检查和上电检查

机框安装完成后，需要进行硬件安装检查。硬件安装检查项目如表 12-4 所示。检查完成后，还需要进行上电检查。

表 12-4　　硬件安装检查项目

序　号	检查项目
1	设备的安装位置严格遵循设计图纸，满足安装空间要求，预留维护空间
2	安装可靠牢固：所有螺钉全部拧紧
3	所有电源线、保护地线不得短路、不得反接，且无破损、无断裂
4	电源线、保护地线一定要用整段材料，中间不能有接头
5	制作电源线、保护地线的 OT 端子时，必须压接牢固
6	接线端子处的裸线和 OT 端子应缠紧绝缘胶带，或装配热缩套管，不得外露
7	基站的工作接地、保护接地、建筑物防雷接地应共用一组接地体
8	信号线连接器必须完好无损，不得有破损、断裂
9	为避免与门干涉，光纤尾纤绑扎后与 IPRAN 设备面板之间的距离不大于 70mm，不小于 40mm
10	标签正确、清晰、齐全，各种线缆两端标签的标志正确

12.3 IPRAN 设备调测

在设备完成硬件安装的基础上，通过设备加电、登录设备对设备进行硬件调测和链路调测，为后续的业务配置做好准备工作。

12.3.1 调测流程

本书以 ATN 950 设备为主要对象介绍 IPRAN 设备的调测流程，指导用户进行设备调测。调测的总体流程如图 12-38 所示。

登录设备：通过 SSH 登录、Telnet 登录和 Console 端口登录 3 种方法登录被调测设备。

硬件调测：检查电源、风扇、单板、接口等硬件设施，确保设备硬件具备调测条件。

链路调测：ATN 950 与其他传输设备对接时链路层的相关调测内容。

业务及协议调测：ATN 950 与其他传输设备对接时路由协议、隧道业务、VPN 业务和 BFD 的相关调测内容。

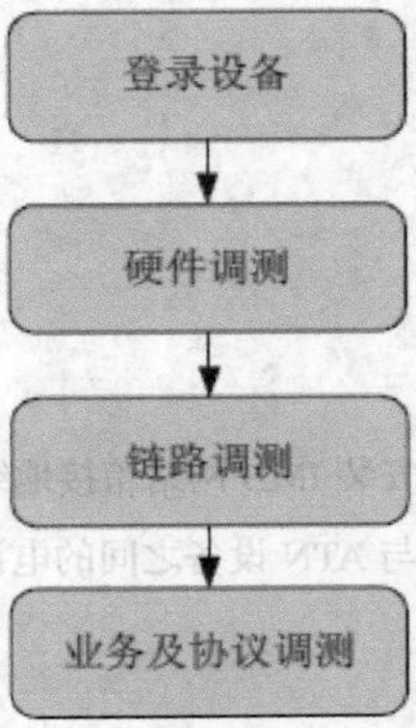

图 12-38 IPRAN 设备调测总体流程

12.3.2 登录设备

本节介绍通过 Tlenet 登录设备的方法。

首先在完成硬件安装且待调测设备运行正常的前提下，完成登录设备的组网连接，并通过 Console 端口方式预先正确配置待调测设备接口的 IP 地址。

步骤 1：开启 Telnet 服务器功能。

① 执行命令 system-view，进入系统视图。

② 执行命令 telnet server enable，启动 Telnet 服务器，允许 Telnet 用户登录。

步骤 2：配置可同时登录的最大用户数。

① 执行命令 system-view，进入系统视图。

② 执行命令 user-interface maximum-vty number，配置可以同时登录到 ATN 的 VTY 类型用户界面的最大个数。

步骤 3：配置登录用户的验证方式。用户的验证方式包括密码方式、AAA 方式，用户可以根据需要自行选择。

配置验证用户方式为密码方式的操作如下所述。

① 执行命令 system-view，进入系统视图。

② 执行命令 user-interface [ui-type] first-ui-number [last-uinumber]，进入用户界面视图。

③ 执行命令 set authentication password [cipher password]，设置密码验证的口令。

配置验证用户方式为 AAA 方式的操作如下所述。

① 执行命令 system-view，进入系统视图。

② 执行命令 user-interface [ui-type] first-ui-number [last-uinumber]，进入用户界面视图。

③ 执行命令 authentication-mode aaa，设置用户验证方式为 AAA 验证。

④ 执行命令 aaa，进入 AAA 视图。

⑤ 执行命令 local-user user-name password，配置本地用户名及密码。

⑥ 执行命令 quit，退出 AAA 视图。

步骤 4：在用户界面视图下执行命令 user privilege level level，配置登录用户的权限。

步骤 5：配置完成后，执行以下操作查看配置是否正确。

① 在 PC 上运行 Telnet 客户端程序，输入目标设备提供 Telnet 服务的接口 IP 地址。

② 在登录窗口输入用户名和口令，验证通过后，出现用户视图的命令行提示符，如 <HUAWEI>，则表示用户正确进入了用户视图配置环境。

12.3.3 硬件调测

本小节介绍在已经完成登录设备的基础上进行硬件调测，检查当前运行的软件版本和硬件信息是否符合现场开局的要求。

1. 检查软件版本情况

步骤 1：执行命令 display version [slot slot-id]，查看并记录版本信息。

步骤 2：执行命令 display startup，查看并记录与本次及下次启动相关的系统软件、配置文件名。

2. 检查设备健康情况

执行命令 display health，查看设备的当前 CPU/内存利用率并做记录，判断是否具备开局条件。

3. 检查各单板的运行状态

执行命令 display device [pic-status | slot-id]，查看并记录在位设备的信息，检查是否所有单板在位并正常运行。

4. 检查风扇状态

执行命令 display fan，查看并记录风扇状态，判断风扇工作是否正常。

5. 检查电源状态

执行命令 display power，查看并记录电源工作状态，判断电源是否正常工作。

6. 检查设备时间

执行命令 display clock，查看并记录系统时间。如果通过命令 display clock 查询的设备当前时间及时区与当地时间及时区不一致，则需要重新配置系统时间，操作步骤如下。

步骤 1：用户视图下执行命令 clock datetime [utc] HH:MM:SS YYYY-MM-DD，设置 UTC 标

准时间。

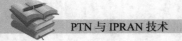

步骤 2：用户视图下执行命令 clock timezone time-zone-name { add | minus } offset，设置所在时区（相对于 UTC 标准时间的偏移量）。

7. 检查接口状态

执行命令 display interface brief [main]，查看设备上当前所有接口的简要信息并做记录。

8. 检查告警信息

登录设备，检查设备是否出现故障以及近期是否有重要的告警信息并做记录。操作步骤如下。

执行命令 display alarm { slot-id | all }，查看当前所有告警信息并做记录，以判断设备是否发生故障。

12.3.4 链路调测

本小节介绍链路层调试的方法，主要包括 ATN 950 与其他传输设备对接时链路层的相关调测内容。

1. 检查以太网接口

在已完成硬件测试，设备正常运行的前提下，检查设备是否出现故障以及近期是否有重要的告警信息，操作步骤如下。

步骤 1：执行命令 display interface ethernet brief，查看并记录以太网接口的物理状态、自协商方式、双工模式、接口速率、接口接收方向和发送方向最近一段时间的平均带宽利用率。

步骤 2：执行命令 display interface，查看并记录以太网接口的 MTU、IP 地址和掩码、工作速率、工作模式等参数。

步骤 3：使用 ping 命令测试以太网链路的联通性。假设对端设备的 IP 为 192.168.1.2，正常情况下应该能够 ping 通，如果不能 ping 通，则进行故障处理并记录处理过程及结果。

2. 检查 E1 接口

在已完成硬件测试，设备正常运行的前提下，检查 E1 接口状态是否正常，操作步骤如下。

步骤 1：执行命令 display controller e1，查看并记录 E1 接口的状态信息。

步骤 2：执行命令 display interface serial，查看并记录串口当前运行状态和接口统计信息。

步骤 3：使用 ping 命令测试 E1 接口所连接链路的联通性，正常情况下应该能够 ping 通，如果不能 ping 通，进行故障处理并记录处理过程及结果。

3. 检查接口光功率

在已完成硬件测试，设备正常运行的前提下，检查调测设备单板光模块的光功率是否达到要求，操作步骤如下。

执行命令 display interface interface-type interface-number，查看并记录接口当前运行状态和接口统计信息，并判断两端光模块的最大传输距离和中心波长是否一致、收发光功率值是否在正常范围内。

练习与思考

1．按照在网络中的应用，IPRAN 的设备分为哪些类型？

2．IPRAN 设备中主控板的作用是什么？与其他 IPRAN 设备连接的接口主要类型是什么？

3．IPRAN 设备安装环境分为哪些类型？应分别采用的什么安装方式？

4．IPRAN 设备安装的主要流程有哪些？

5．外置 AC/DC 电源场景和内置 AC/DC 电源场景线缆连接分别应按照怎样的顺序进行？

6．画图说明 IPRAN 设备调测的主要流程。

第13章 IPRAN组网建设

【学习目标】

- 了解 IPRAN 组网方案。
- 掌握 IPRAN 网络组建的原则。
- 掌握 IPRAN 的 IGP 和 BGP 部署方案。
- 掌握 IPRAN 对不同业务的承载方案。

13.1 组网方案

IPRAN 网络是城域网的一部分，上连接入城域骨干网业务控制层的 SR/MSE，下连接入移动基站和政企客户。如图 13-1 所示，核心层综合业务接入网以地市为单位，依托城域骨干网进行搭建，网络纵向可以分成接入层、汇聚层和核心层等 3 个层面。

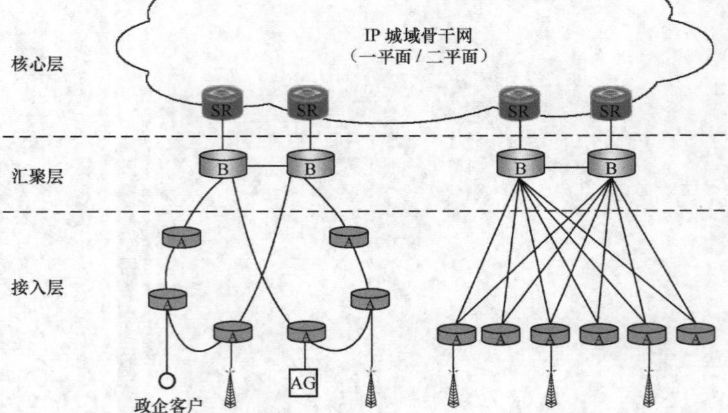

图 13-1　IPRAN 组网示意图

接入层由接入层路由器（A 设备）组成，用于政企业务以及基站等自营业务或者系统的接入。A 设备一般通过 GE 链路呈环状组网，连接到一对汇聚层的 B 设备上。只在某些特殊情况下，才可以采用 A 设备双上行到 B 设备的组网结构。

汇聚层由汇聚层路由器（B 设备）组成，用于汇聚接入层设备的流量，同时用于接入政企和基站等自营业务。B 设备之间由一对光纤直连构成 10GE 保护链路。

核心层由 B 设备和核心路由器 ER、连接 BSC 设备的 RAN CE 组成。IPRAN 通过 RAN CE 和 BSC 对接，收容 CDMA 的 1x 和 DO 业务，通过 ER、CN2 网络和 LTE 核心网连接，通过 ER 连接动环和安防平台，实现汇聚设备间的互访。

IPRAN 网络横向上可以分成许多物理上不直接互连的接入子网，接入子网由多个 A 设备和一对 B 设备组成。在环形组网的情况下，接入子网同时会有多个接入环，接入环上接入多台 A 设备。在树形组网情况下，A 设备直接与 B 设备进行互连。

13.2 建设原则

1. A 设备–B 设备组网

A 设备与 B 设备间有 3 种互连方式，第一种是环形互连方式，第二种是树形互连方式，第三种是 PON 互连方式。根据光纤组网的实际情况，可灵活选择环形互连和树形互连方式，PON 互连方式作为环形互连和树形互连方式的补充，如图 13-2 所示。

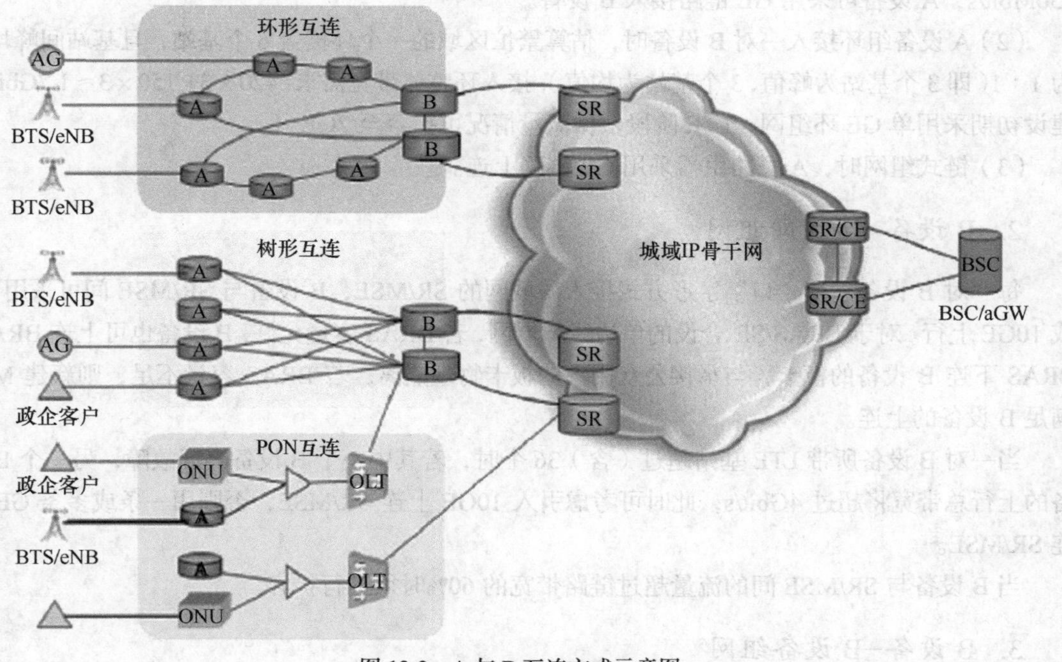

图 13-2　A 与 B 互连方式示意图

对于宏基站，A 设备与基站一一对应，即一台 A 设备接入一个宏基站，一个宏基站的 1x、DO、动环监控及后续的 LTE 业务均接入同一台 A 设备；对于室内分布系统，当同一站址有多套室分系统信源（BBU）时，可接入同一台 A 设备。

B 设备一般设置在一般机楼或核心机楼，一对 B 设备原则上要求部署在不同的机房。在光纤条件不具备的区域，B 设备也可成对布放在同一机房。在选择同一机房布放时，建议优先选用具备不同出局光缆路由的机房。

BSC 侧汇聚路由器一般与 BSC 同机房成对设置。在 LTE 阶段，如果 EPC 网元（P-GW/S-GW）在本地网集中设置，则 3G、LTE 合用汇聚路由器。

对于业务流量较大的基站，承载基站的 A 设备应环形或双归接入一对 B 设备。对于业务流量不大的基站，根据光纤资源情况，A 设备可灵活采用环形、双归或链式组网方式上连 B 设备。

一对 B 设备建议接入 20 ~ 60 台 A 设备，现网实际部署时，各省可根据光缆网分布、资源情况及基站带宽情况适当调整。

若干台 A 设备与一对 B 设备组成多个接入环，实现基站回传的双路由保护。

（1）每对 B 设备一般覆盖 3 ~ 10 个接入环。

（2）3G 阶段，每个接入环上的基站一般不超过 8 个（含该环所带链状接入基站）。

（3）LTE 阶段，繁忙区域单个接入环上的基站不超过 6 个（含该环所带链状接入基站），非繁忙区域单个接入环上的基站不超过 8 个（含该环所带链状接入基站）。

（4）链式接入时，级联层数原则上不超过 2 级。

A 设备与 B 设备间的带宽按以下原则考虑。

（1）A 设备双归接入一对 B 设备时，估算 LTE 基站流量峰值为 420Mbit/s，均值为 100 ~ 150Mbit/s，A 设备可采用 GE 链路接入 B 设备。

（2）A 设备组环接入一对 B 设备时，估算繁忙区域的一个环覆盖 6 个基站，且基站间峰均比为 1：1（即 3 个基站为峰值，3 个基站为均值），接入环整体带宽需求=420 × 3+ 150 × 3 ≈ 1.7Gbit/s。建设初期采用单 GE 环组网，LTE 阶段根据流量情况可扩容至 2GE 环。

（3）链式组网时，A 类路由器采用 GE 链路上连。

2. B 设备–城域网组网

每一对 B 设备采用“口”字形方式接入城域网的 SR/MSE，B 设备与 SR/MSE 间可采用 GE 或 10GE 上行。对于 BRAS/SR 合设的单边缘城域网，若 BRAS 容量允许，B 设备也可上连 BRAS，BRAS 下连 B 设备的板卡，与承接公众用户的板卡物理隔离；若 BRAS 容量不足，则新建 MSE 满足 B 设备的上连。

当一对 B 设备所带 LTE 基站超过（含）36 个时，若其中一个 B 设备出现故障，另一个 B 设备的上行总带宽将超过 4Gbit/s，此时可考虑引入 10GE 上连 SR/MSE，否则用一条或多条 GE 上连 SR/MSE。

当 B 设备与 SR/MSE 间的流量超过链路带宽的 60%时须进行扩容。

3. B 设备–B 设备组网

B 设备间的链路主要用于在故障时提供备用路径。正常情况下，B 设备间无流量；B 与 SR 间发生故障时，B 设备承载的基站流量经另一台 B 设备转发；B 设备间带宽预留为 B 设备与 SR 间带宽的 50%。

13.3 全业务承载解决方案

13.3.1　网络总体建设思路与承载方案汇总

1. IPRAN 总体建设思路

如图 13-3 所示，IPRAN 依托于 IP 城域网进行建设，下挂到 SR/BRAS/MSE 设备上，通常分为汇聚层和接入层。作为 IP 城域网的延伸，IPRAN 定位于封闭型高价值业务的综合承载，包括 2G、3G、LTE、大客户、专线、NGN 等业务，基于统一的承载架构与维护体制，全面降低网络 CAPEX（资本性支出）及 OPEX（管理支出），提升用户体验，以实现真正意义上的 FMC（固网和移动网融合）。

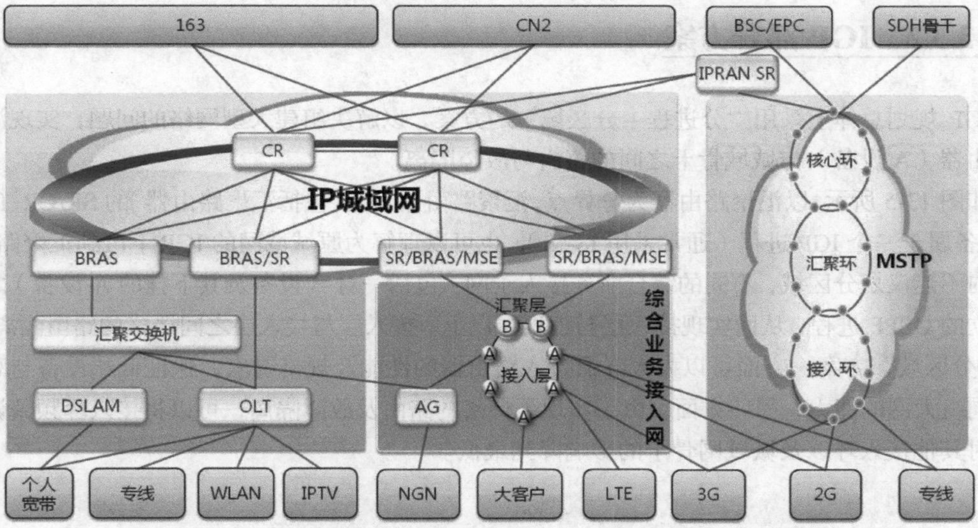

图 13-3　基于城域网建设 IPRAN

2. 全业务承载方案汇总

图 13-4 所示为 IPRAN 实现全业务承载的方案汇总示意图，图中对于 2G、3G、LTE 基站回传业务和政企专线业务的承载提出了多种方案。

IPRAN 利用路由器实现综合业务承载，具有灵活、扩展性强的优势，相应的承载方案也比较多。从 IP 化基站业务承载的角度，目前主流的承载方案包括 PW+L3VPN、CE+L3VPN 等。

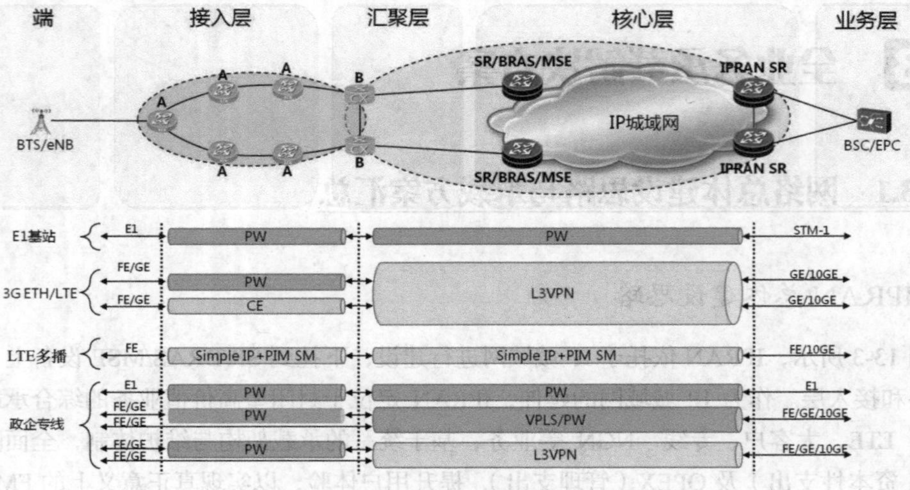

图 13-4　IPRAN 实现全业务承载方案汇总示意图

13.3.2　IGP 部署方案

IGP 规划总体上采用“分进程+分区域”的方案，以解决组建大型网络的问题，实现海量接入路由器（A 设备）与城域骨干之间的路由与故障隔离。

如图 13-5 所示，以汇聚路由器为分界点，汇聚路由器以上（包括汇聚路由器）的 SR/CR、IPRAN SR 设备属于一个 IGP 进程（通常采用 IS-IS），也可以理解为原城域网的 IGP 下沉到汇聚路由器，进程内不建议划分区域，不同的综合业务接入子网（包括一对 B 设备及其下挂的 A 设备）之间采用独立的 OSPF 进程，从而实现接入层与汇聚层以上、接入层与接入层之间严格的路由隔离。“分进程+分区域”方案一方面可以大大降低接入路由器的性能及规格要求，保证低端设备与高端设备共同组大网的能力；另一方面，由于实现了严格的路由及故障隔离，可以将接入环频繁调整、割接对其他接入环以及城域网骨干的影响降到最低。

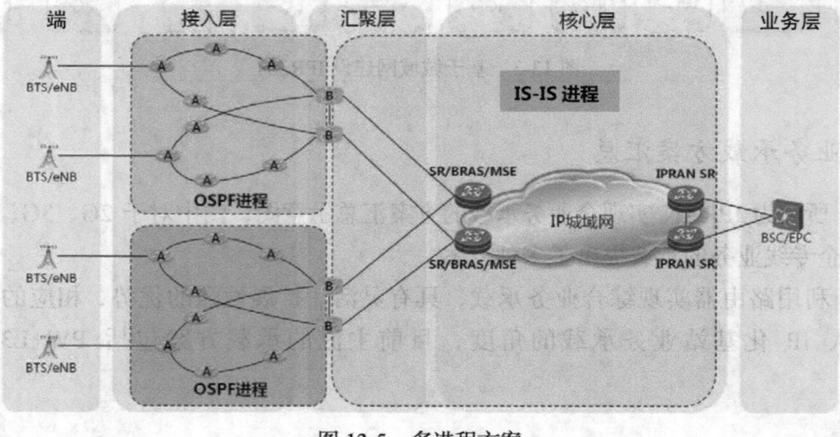

图 13-5　多进程方案

综合业务接入子网通常包括业务 OSPF 进程和网管 OSPF 进程，分别划分在 Vlan 31 和 Vlan 32。业务 OSPF 进程实现基础网络的路由打通，网管 OSPF 进程实现设备网管业务的路由打通。

在综合业务接入子网内部，可以在进程的基础上进一步划分区域，实现不同接入环之间的路由隔离，具体方案如图 13-6 所示。

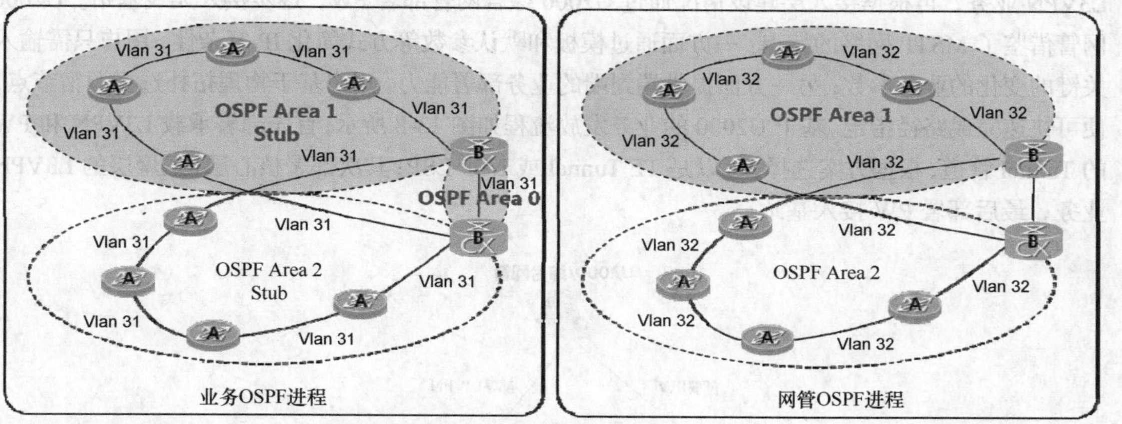

图 13-6　多区域方案

针对业务 OSPF 进程，以接入环为单位设置非骨干 Area，属性为 Stub，实现不同接入环之间的路由隔离，同时接入层 A 设备上将产生默认路由，汇聚层 B 设备之间的子接口属于骨干 Area 0；针对网管 OSPF 进程，以接入环为单位设置非骨干 Area，属性为普通，不设置骨干 Area 0，此时接入层 A 设备上不会产生默认路由，同时由于没有骨干 Area 0，各接入环同样可以实现路由隔离。在实际部署时，也可以考虑不划分 Area，降低方案复杂度。

13.3.3 BGP 部署方案

1. 方案部署

BGP 方案如图 13-7 所示。

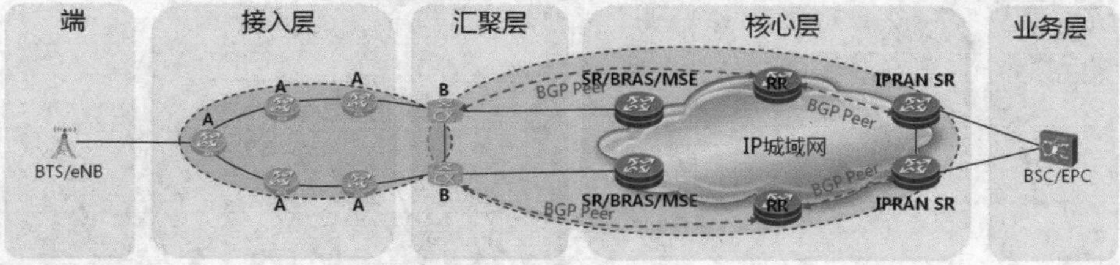

图 13-7　BGP 方案

汇聚层 B 设备需启动 BGP，用于实现 B 设备与 IPRAN SR 设备、B 设备与 B 设备之间传递 L3VPN 路由信息。为降低 FULL-MESH 场景下 BGP Peer 的数量压力，通常会引入反射路由器设备（Reflect Router，RR）。RR 可考虑由 IPRAN SR 兼做，所有 B 设备及 IPRAN SR 设备只需与 RR 设备建立 BGP Peer，路由信息通过 RR 反射给其他 Peer。为提升路由收敛性能，引入双 RD 设计，IPRAN 网络承载基站到基站控制器之间的业务，需要建立端到端的承载管道，跨越核心层、汇聚层、接入层多个层次。在较大的本地网中，业务路径途径 20 多个节点，并需考虑保护、OAM

等要求。因此，部署过程要求降低复杂性，提高效率。

对于 PW+L3VPN 方案，当核心层、汇聚层网络部署好后，可以通过 U2000 综合网管先部署 L3VPN 业务，再根据接入层建设情况通过 U2000 综合网管部署 PW，逐步接入无线基站。U2000 网管借鉴了 MSTP 网络的特点：一方面通过模板和默认参数等方式简化 IP 复杂性，用户只需输入关键的变化的业务参数；另一方面提供端到端的业务部署能力，用户基于物理拓扑选择源宿节点，便可快速完成路径指定。基于 U2000 的业务发放流程如图 13-8 所示，首先部署承载 L3VPN 和 PW 的 Tunnel 管道，根据方案选择，可以是 TE Tunnel 或 LDP LSP；其次部署核心层、汇聚层的 L3VPN 业务；最后部署 PW 接入基站。

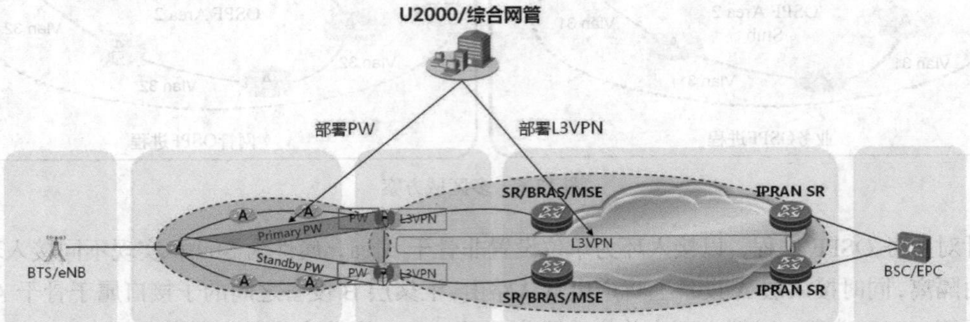

图 13-8　基于 U2000 的业务发放流程

2. 配置 Tunnel 管道

在 IPRAN 中可以使用的 Tunnel 包括 LDP LSP 和 TE Tunnel。LDP LSP 只要使能节点的 LDP 能力即可，无所谓 E2E 的业务发放，所以这里主要介绍 TE Tunnel 的发放。在 IP RAN 解决方案中，TE Tunnel 经常会配置保护，主要以 Hot standby 保护和 APS 保护组居多。

如图 13-9 所示，U2000 提供 TE Tunnel 的端到端发放，用户只需指定源宿信息以及路由约束；

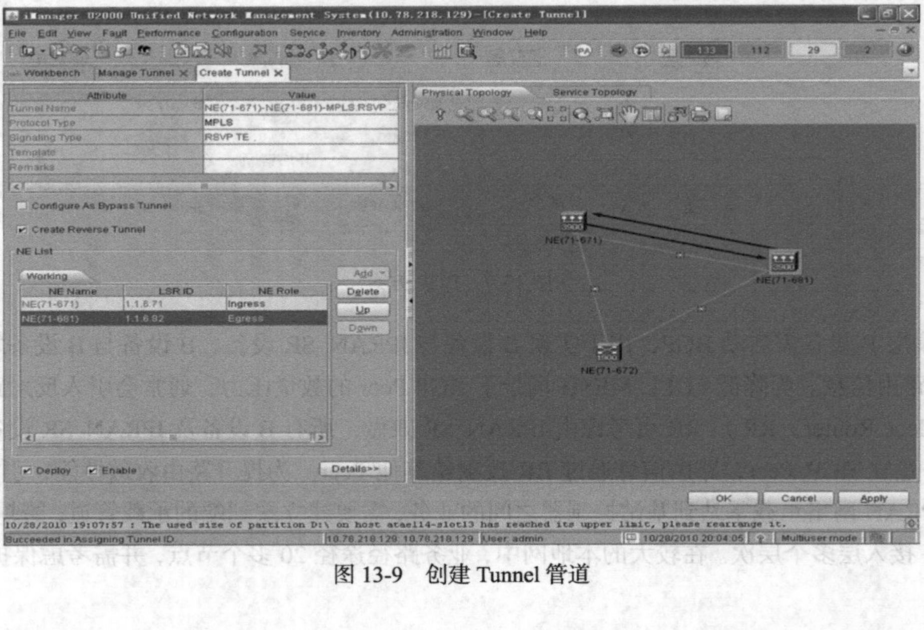

图 13-9　创建 Tunnel 管道

U2000 在一个界面中同时创建正向、反向 Tunnel；在创建 Tunnel 的界面中，能够同时配置 BFD For Tunnel；在创建 Tunnel 时，U2000 系统提供 Tunnel 接口自动创建功能，无须用户手工指定；U2000 提供 TE Tunnel 模板功能，基于模板创建 Tunnel，Tunnel 继承模板中的属性，可大大减少手工输入工作量。

说明：U2000 系统提供默认的 Tunnel 模板，并且模板根据移动承载的特点固化了 Tunnel 的部分参数；通过 U2000 发放 Tunnel 完成后，可以基于端到端 Tunnel 执行联通性检测。

3. 配置 L3VPN 业务

根据 PW+L3VPN 组网特点，网络中 L3VPN 的数量不多，但一个 L3VPN 的 PE 节点较多，在网络较大的时候将达到上百个。在日常运维过程中，一方面新建 L3VPN 业务发放（开通三层政企专线业务），另一方面增加已有 PE 节点或增加 PE 节点上的业务接入接口以及相关的路由配置。

- U2000 支持 L3VPN 的端到端配置，在创建界面支持 VPN FRR 配置。
- U2000 支持为端到端 L3VPN 增加 PE。
- U2000 支持为端到端 L3VPN 增加 CE。
- U2000 提供 L3VPN 模板，基于模板创建 L3VPN，或者为 VPN 增加 PE 节点，能够大大减少手工输入工作量。
- U2000 系统提供默认的 L3VPN 模板，并且模板根据移动承载的特点固化了 L3VPN 的部分参数。
- U2000 基于 L3VPN 在 PE 节点之间和业务接入接口之间执行联通性检测。
- 针对 Hierarchy VPN 场景，U2000 的 L3VPN 增加了组网类型，可根据设备类型和角色设置参数；提供了 BGP 批量配置能力，支持在 TOPO 中指定反射器（如果已配置好，则自动关联），自动计算设备间的 Peer 关系。

4. 配置 PW 业务

用户在 GUI 界面选择和输入参数，发放效率 5min/条左右。通过业务配置模板可进一步提升效率，配置过程为选择基本参数→选择源宿节点→修改 PW 参数→修改高级参数。

- U2000 支持 PWE3 业务和 MS-PW 的端到端配置。
- U2000 支持在创建 PWE3 业务的时候，同时配置 PW 保护，系统能够根据选择的 PW 保护类型自动生成主 PW、备 PW 和 Bypass PW，并且 Bypass PW 关联 Admin PW。
- U2000 支持在创建 PWE3 的界面上同时配置 BFD For PW。
- U2000 提供 PWE3 业务模板，通过模板创建 PWE3 业务，业务继承模板中的属性，可以大大减少手工输入工作量。
- U2000 系统提供默认的 PWE3 模板，并且模板根据移动承载的特点固化了 PWE3 的部分参数。
- 通过 U2000 发放完成 PWE3 业务后，可以基于端到端 PWE3 业务执行联通性检测。

5. 通过 OSS 发放业务

完成 U2000 与运营支撑系统（Operating Support System，OSS）之间的接口对接后，就可以直接在 OSS 上进行业务发放，而不需要操作 U2000。可扩展标记语言（Extensible Makeup Language，XML）北向接口支持基于单站的业务发放能力，适用于 OSS 建设完善并通过 OSS 进行网络运维的运营商。

练习与思考

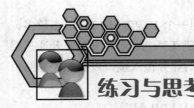

1. 简述 IPRAN 的组网结构及设备配置。
2. IPRAN 在网络中怎么部署 IGP?
3. IPRAN 在网络中怎么部署 BGP?
4. IPRAN 业务配置的主要步骤包括哪些?

第14章 IPRAN 运维管理

【学习目标】

- 了解 IPRAN 日常维护操作内容。
- 掌握 IPRAN 故障处理流程。
- 掌握网络及业务调整的项目。
- 掌握 IPRAN 性能监测项目及方法。
- 了解时钟管理和网元升级管理的主要内容及方法。

14.1 IPRAN 网管运维方案

针对移动通信网络的特点，IPRAN 运维解决方案全景图如图 14-1 所示。

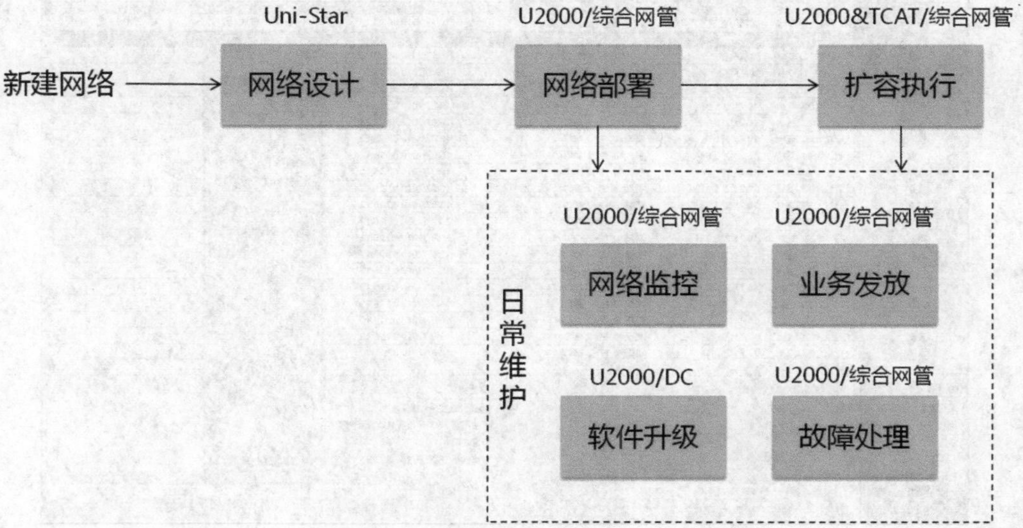

图 14-1 IPRAN 运维解决方案全景图

在新建网络的时候，首先完成网络设计工作，设计输出表格能够快速指导 U2000/综合网管完成网络部署。网络部署完成后进入日常维护，采用 U2000/综合网管做日常的维护操作，包括网络监控、业务发放、软件升级、故障处理等。

14.2 故障监控及处理

故障监控方式主要有两种：一种是通过拓扑监控设备、链路的状态；另一种是通过告警集中处理、监控全网设备告警。

1. 拓扑监控

拓扑监控是移动通信网络的基本管理要求，以图形化方式展示拓扑对象（如被管网元、连接）及对象的状态（如告警状态）。用户可以通过拓扑管理实时监控拓扑对象的状态。

U2000 提供的拓扑监控功能如下。

（1）在拓扑上展示所有设备、物理链路及逻辑链路。

（2）针对大网情况，把设备划分到不同的子网，提高拓扑界面的可观性。

（3）在拓扑上展示对象的运行状态和告警状态。当设备呈现为告警状态时，可以直接跳转至告警管理界面以查看详细的告警信息。拓扑上的设备图标颜色分别标识设备的不同状态，例如，红色表示设备有严重告警，灰色表示设备脱管，等等。拓扑上的链路颜色分别表示链路的不同状态，例如，红色表示链路端口上有严重告警。

2. 告警集中监控及处理

告警集中监控是网络主动运维的重要环节，当网络运行异常时，设备上报告警，网管系统需要及时收集全网设备的告警状态，及时通知维护人员采取有效措施，恢复网络故障。

U2000 提供的告警集中监控及处理功能如图 14-2 所示。

图 14-2　告警集中监控与处理功能

（1）告警集中监控：提供全网设备告警监控功能。

（2）告警同步：当网管与网元通信中断恢复后或者网管重新启动后，网元侧的告警未及时上报到网管，告警同步功能保证网管侧真实地反映网元当前的运行状态。

（3）告警屏蔽：对不关注的设备提供告警屏蔽功能，被屏蔽了的设备不再上报告警。

（4）第三方告警定制：快速的脚本定制可以统一监控第三方设备的告警，可以在利用旧城域网络的情况下统一监控华为和现网的其他厂商设备的告警。

（5）告警短信通知：为了及时通知维护人员网络出现了重大故障，提供了告警短信通知功能。用户可以针对具体设备和具体告警定制告警短信通知服务。

（6）告警经验库：提供告警维护经验库，用户可以以文字的方式输入及导出指定告警或事件的维护经验。

（7）减少无效告警，提升告警有效性：在 IP 领域，告警的普遍问题是告警数量很多，用户面对大量告警无所适从。U2000 提供了如下多种减少无效告警、提高告警有效性的方案。

- 告警防抖：告警抖动即同一告警在短时间内反复上报，反复上报的告警只展示一条。
- 工程告警：针对移动通信网络频繁扩容割接的情况，设备会大量上报告警，维护人员并不关注这些工程阶段的告警，却干扰了有效告警的监控。利用工程告警功能，维护人员标识某些对象在某段时间处于工程阶段，这些对象在该时间段的告警可以选择不显示。
- 告警相关性分析：如果端口故障，承载在该端口上的 Tunnel、PWE3 等都会上报告警，大量告警使得运维人员无所适从。告警相关性分析功能默认给维护人员展示根源告警，衍生告警收缩在根源告警下，维护人员可直接处理根源告警。

3. 故障处理

针对故障定位的总体流程，移动通信网络的典型故障排查流程如图 14-3 所示。

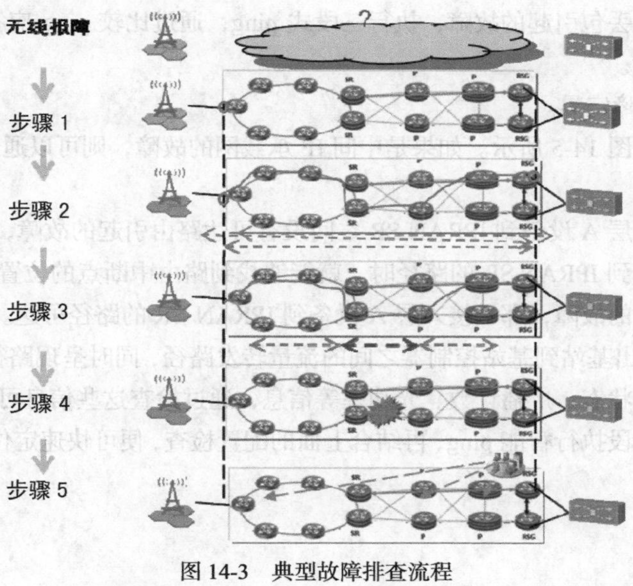

图 14-3　典型故障排查流程

步骤 1：根据无线报障，排查告警定位故障。

① 根据无线报障单，根据受影响基站的情况，初步锁定相关的承载管道或者网元。

② 查看嫌疑网元的告警情况，如果有告警，根据告警处理指导排除故障。典型的网元告警包括设备软硬件告警、传输链路、光功率相关告警等，目前 U2000 已经支持一键式告警快速诊断，由系统对引起告警的可能故障点进行自动排查，快速给出故障原因。

③ 在 U2000 的业务管理中找到嫌疑管道业务，查看该业务上的告警情况，如果有告警，根据告警处理指导排除故障。典型的管道告警包括 Tunnel 中断告警、PW 中断告警等。

④ 如果没有找到告警，则进入步骤 2。

步骤 2：网间故障定界。

网间故障定界如图 14-4 所示。U2000 通过执行三段式 ping（三段式联通性检测）找出故障区段，依次执行接入层 A 设备到基站控制器的 ping 检测、接入层 A 设备到 IPRAN SR 的 ping 检测、IPRAN SR 到基站控制器的 ping 检测。

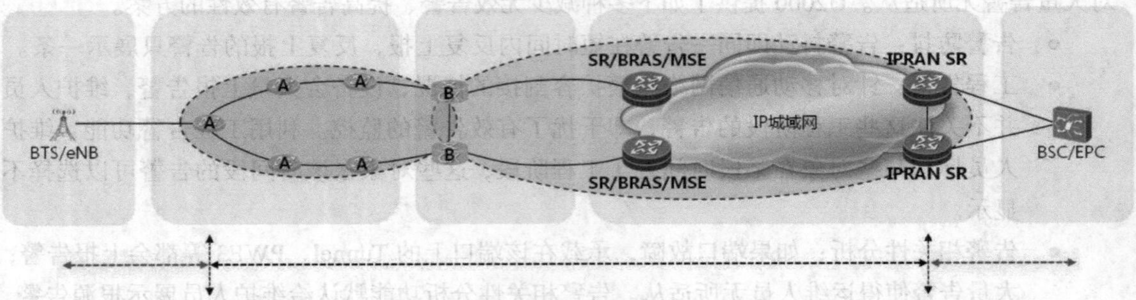

图 14-4 网间故障定界

① 如果故障出在接入层 A 设备到基站区段或者 IPRAN SR 到基站控制器区段，检查移动通信网络和无线设备的连接配置，以及连接端口的流量情况和无线联合定位故障。

② 如果故障出在接入层 A 设备到 IPRAN SR 承载网区段，进入步骤 3。

说明：对于由于丢包引起的故障，执行三段式 ping，通过比较 ping 应答包数和 ping 发包数也能确定出故障区段。

步骤 3：网内故障定界。

网内故障定界如图 14-5 所示。如果是中间 IP 承载网的故障，则可以通过 U2000 的路径可视化功能找出故障点。

如果是因为接入层 A 设备到 IPRAN SR 之间没有可达路由引起的故障，U2000 路径可视化功能在计算接入层设备到 IPRAN SR 的路径时，就能够找到路由中断点的位置，也就是故障位置。

如果是丢包引起的故障，那么接入层 A 设备到 IPRAN SR 的路径可达。针对 MBB 所有组网方案，U2000 能够找出基站到基站控制器之间的流量转发路径，同时呈现路径上所有设备的 CPU/内存使用率和接口的状态、广播计数、光功率等信息，通过检查这些信息可以确定故障点。另外也可以基于该路径逐段执行智能 ping，再结合上面的配置检查，便可快速定位到承载网络中的“两点一线”。

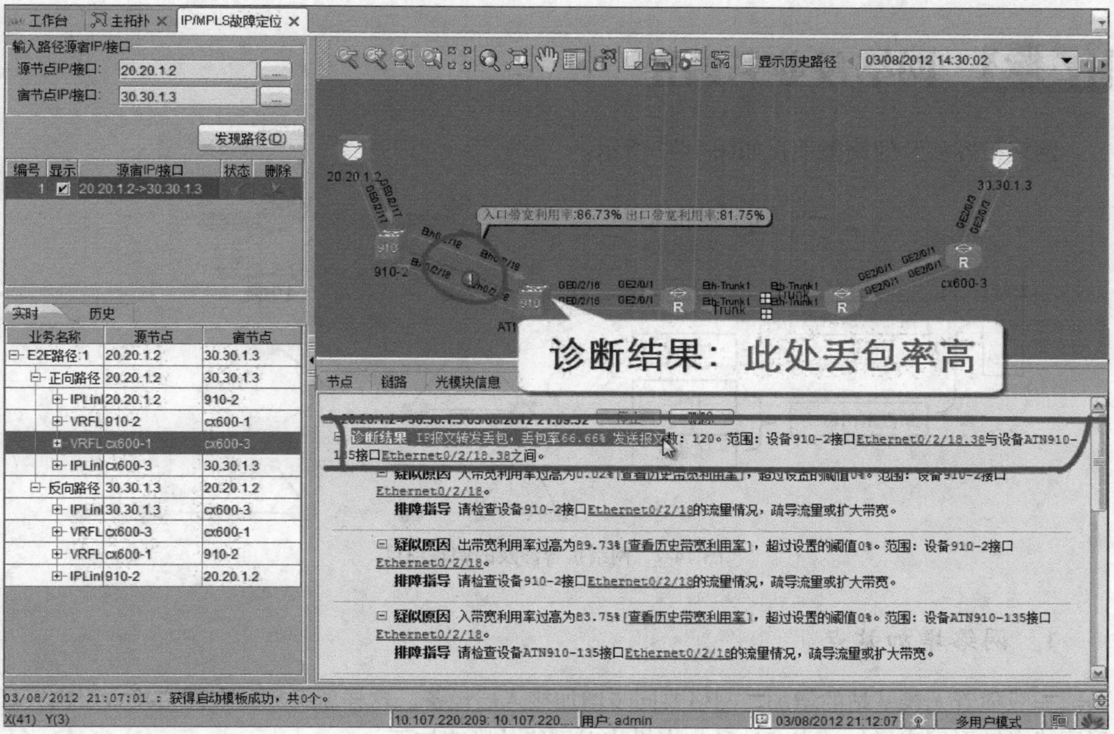

图 14-5 网内故障定界

步骤 4：故障定位。

一线或二线工程师使用 U2000 工具对“两点一线”上的设备及中间的链路进行设备配置检查、设备状态检查、重点链路的流量对账，确定故障单板或链路，针对疑难问题，通过 E2E 远程抓包分析确定发生丢包、错包、改包的故障设备。

步骤 5：问题升级。

如图 14-6 所示，如果问题仍无法定位，或者已经定位到网元，但需要进一步分析原因，二线工程师会通过 SmartKit 工具一键式自动采集可疑设备的故障信息，并打包提交到研发部门进行故障原因的分析。

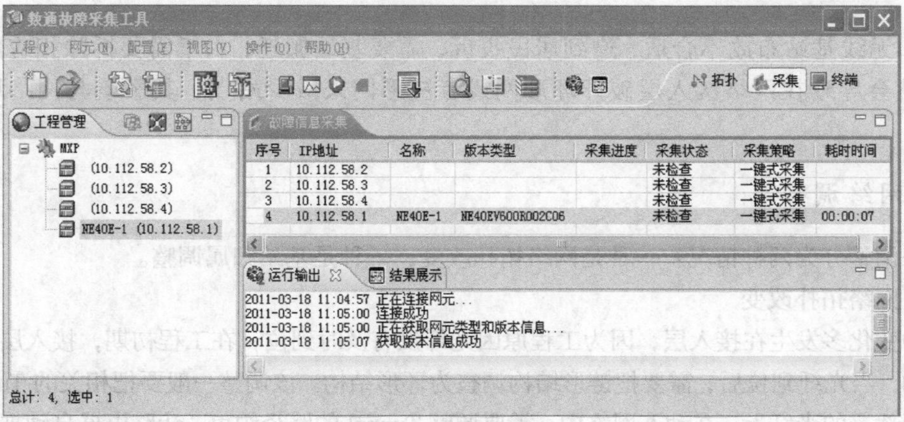

图 14-6 数据采集

14.3 网络及业务调整

网络扩容涉及的调整项目如图 14-7 所示。

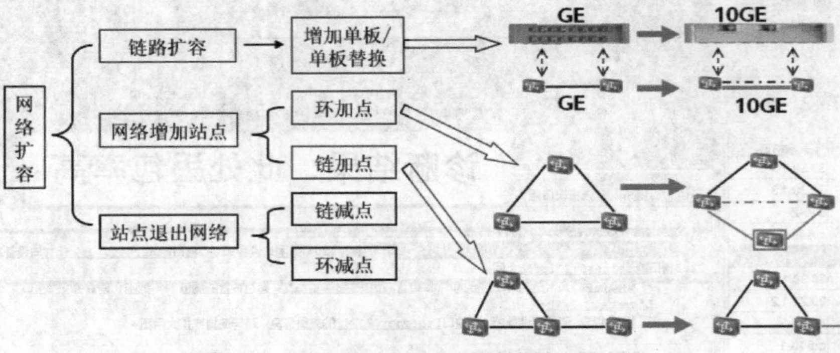

图 14-7 网络扩容涉及的调整项目

1. 网络增加站点

一般随着无线基站的增加，网络要同步增加接入层设备。这样就会导致在网络接入层破开环形网或者链形网来增加站点，这种加点操作对网络的影响如下。

① 硬件安装（设备、纤缆）：需要重新连接光纤，并且修改新增节点上下游端口的 IP 地址。目前，U2000 提供删除和新增光纤以及修改相关端口 IP 地址的功能，能够支持用户完成扩容操作。

② 相应 Tunnel 的调整：在静态网络中需要调整经过该段光纤上的所有 Tunnel 路径，而动态网络因为 Tunnel 路径都是协议自动计算的，所以无须人工干预，配置好端口 IP 地址后，路由器控制平面会自动调整 Tunnel 路径。

这里推荐使用动态方案将 Tunnel 部署为松散路径约束，因为如果将 Tunnel 部署成严格路径约束，则 Tunnel 路径调整类似于静态，需要修改该光纤上承载的所有 Tunnel。

2. 网络删除站点

例如无线基站布放不合适，遭到居民投诉，需要基站搬迁，由于需要拆除相应的接入层设备，就会导致在网络接入层破开环形网或者链形网来减少站点，其影响与网络增加站点相同。

3. 网络调整

网络调整分为两种情况：一种是网络拓扑改变；一种是基站归属调整。

（1）网络拓扑改变

这种变化多发生在接入层，因为工程原因光纤没有及时到位，在工程初期，接入层采用链形网络结构，当光纤到位后，需要把链形结构调整为环形结构。该调整一般要把相关的 Tunnel 路径调整到新部署的光纤上。在动态网络中，需要调整 Tunnel 的路径约束，让路由器自动把路径计算到新部署的光纤上。U2000 提供了 Tunnel 修改路径约束的功能。

（2）基站归属调整

根据无线基站控制器的负载情况，可能需要把基站归属从一个基站控制器调整到另外一个基站控制器上，同样需要承载网络把承载管道的宿调整到新的基站控制器上。

对于 E1 基站，承载管道是 PW，如果调整基站到新的基站控制器上，需要调整 PW 的宿节点端口，目前 U2000 提供了 PW 业务端口迁移方案。

对于 ETH 基站，承载管道是 PW+L3VPN，如果调整基站归属到新的基站控制器上，因为核心层的 L3VPN 会根据报文中的目的 IP 地址自动调整，所以无须人工处理。

14.4 时钟管理

1. 全网时钟跟踪状态监控

通过时钟拓扑管理功能界面，可以快速展现当前设备的时钟整体跟踪关系，以便快速确认时钟同步结果。例如，IEEE 1588v2 和同步以太混合组网的跟踪状态如图 14-8 所示，通过时钟类型进行过滤，仅显示 IEEE 1588v2 时钟跟踪关系和同步以太时钟跟踪关系。

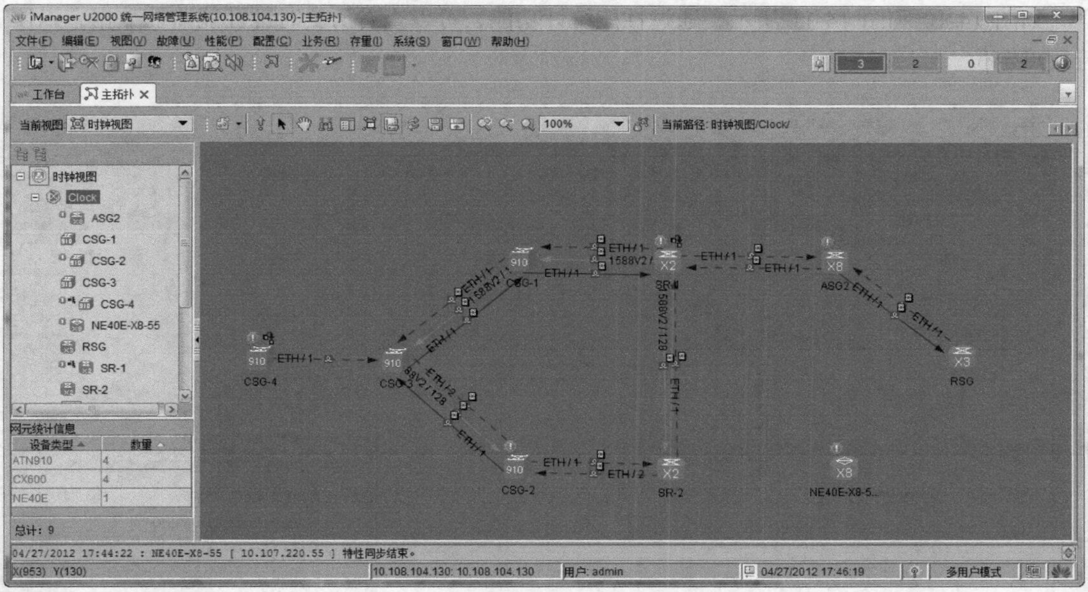

图 14-8　全网时钟跟踪状态监控

2. 时钟故障快速查看

如图 14-9 所示，通过时钟拓扑界面，可以快速定位出异常节点，右击故障网元，选择命令可查看对应的时钟告警，以便快速确认时钟故障原因。

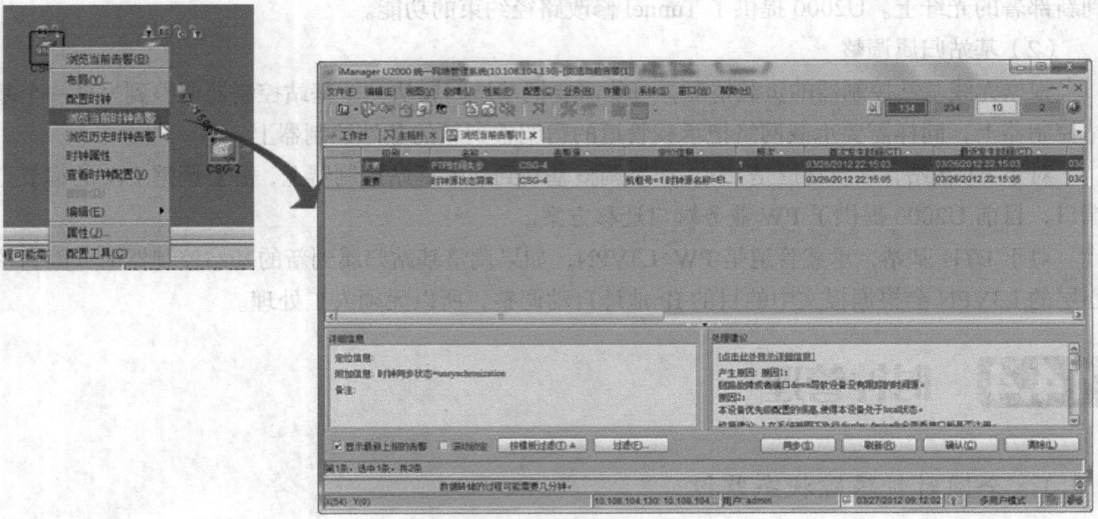

图 14-9　时钟故障快速查看

3. 时钟性能监控

如图 14-10 和图 14-11 所示，通过性能统计功能，可以查看历史时钟性能监控数据，以便进行故障定位。

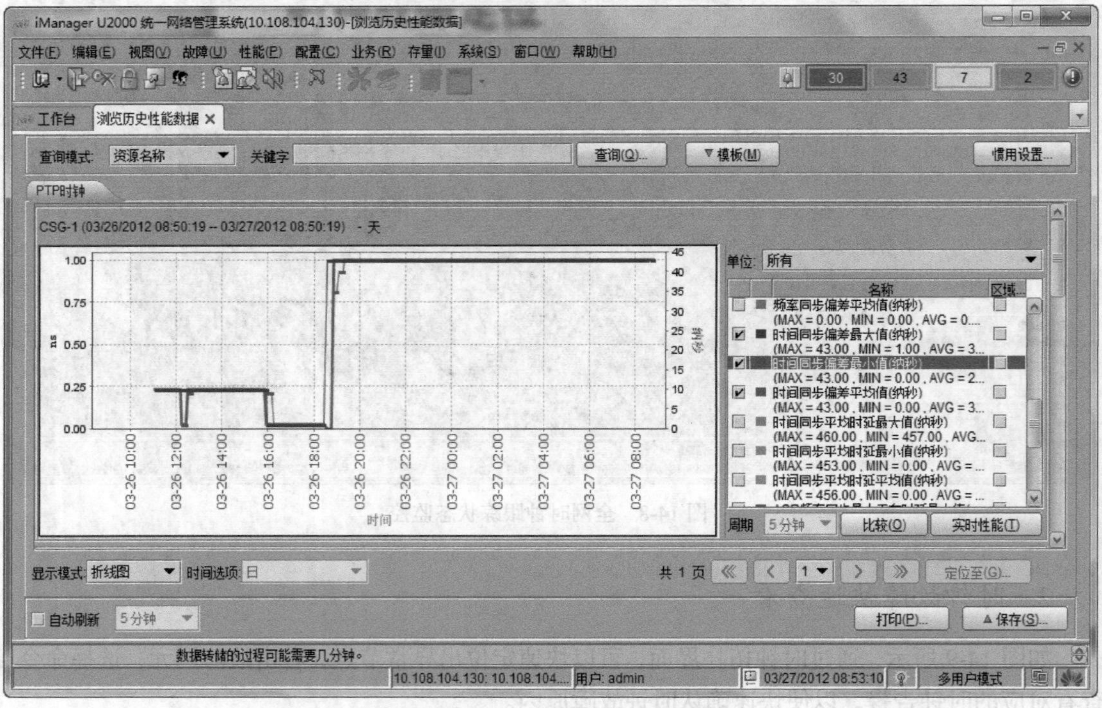

图 14-10　基于 1588v2 的性能统计

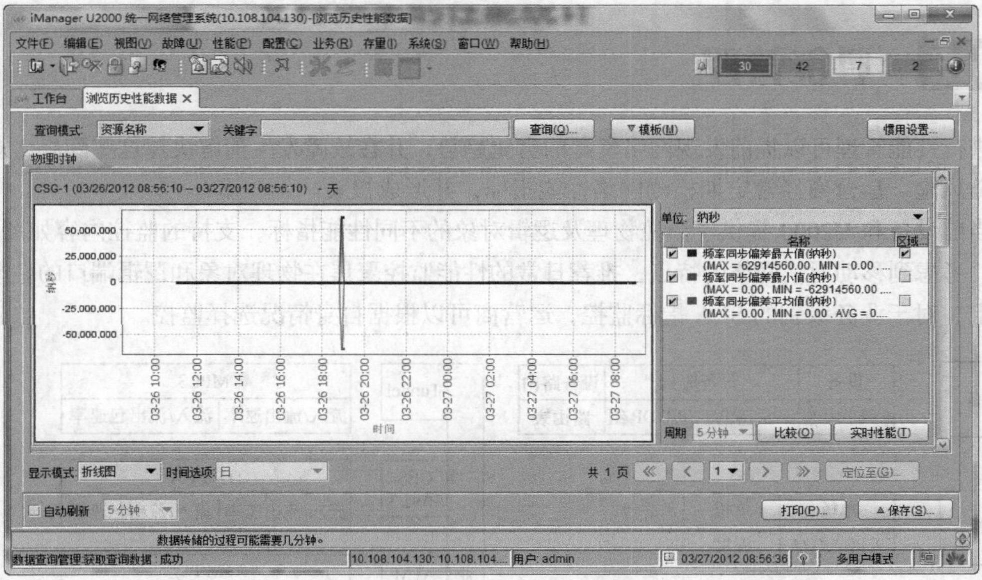

图 14-11　基于同步以太网的性能统计

4. 环网光纤不对称自动测量

如图 14-12 所示，在光纤发生变化时，网管会收到对应网元重新测量后的光纤性能数值告警，然后到对应的网元管理器界面选中光纤变化的告警端口，获取设置的不对称值并进行下发。下发成功后，网元会主动上报光纤变化告警清除。

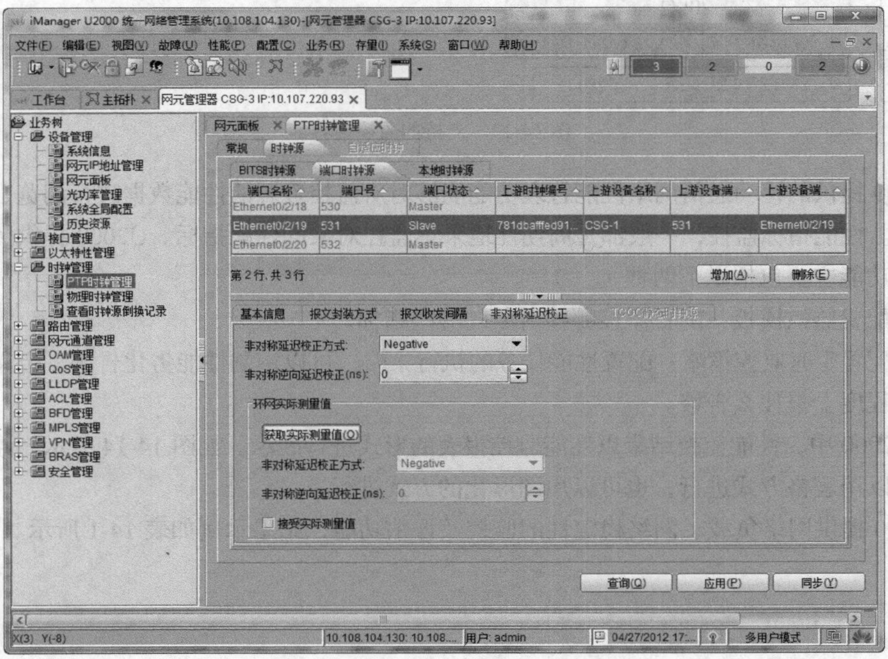

图 14-12　环网光纤变化恢复

14.5 性能管理

进行性能管理可以提前发现网络资源的劣化趋势，并在故障发生前解决掉这些隐患，规避网络故障风险。运营商经常定期检测网络性能指标，并形成报表。

当前设备和 U2000 提供了监控物理及逻辑对象的不同性能指标，支持的监控内容如图 14-13 所示。考虑到移动通信网络的特点，推荐日常的性能监控聚焦在物理对象和逻辑端口的性能指标监控上，对于业务级别的 SLA 指标监控，运营商可以根据自身情况选择监控。

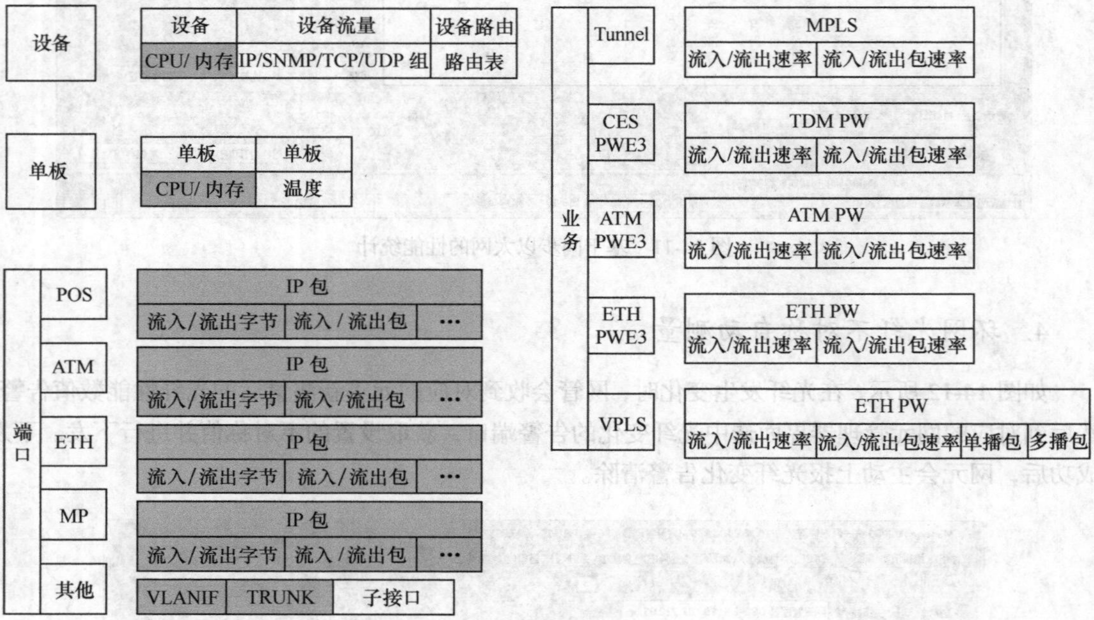

图 14-13 支持的监控内容

U2000 提供的移动通信网络性能管理功能能够对所监控资源的性能数据进行浏览、比较、查看及保存。性能指标监控，一般都是周期性地采集监控对象的性能指标。U2000 提供的性能监控任务定制功能主要包括以下两种。

（1）配置监控模板：配置监控哪些对象的哪些指标。

（2）配置定时监控策略：配置性能任务的执行策略；可以定制性能劣化告警，定义某指标劣化到什么程度上报什么告警。

在 U2000 中，性能监控结果以性能监控报表的形式进行展示。如图 14-14 所示，性能监控报表浏览可以用表格方式进行，也可以用图形化的方式进行。

U2000 提供网络负载、网络稳定性的监控及评估功能，结果示例如表 14-1 所示。

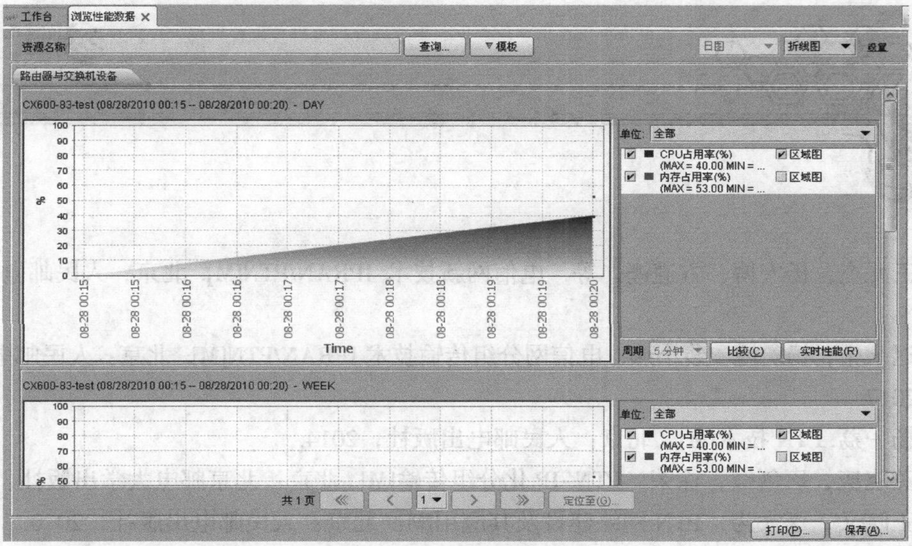

图 14-14　性能监控浏览

表 14-1　监控及评估结果

Category	KPI Metric
网络负载	物理端口入流量带宽占用率
	物理端口出流量带宽占用率
	板卡 CPU 占用率
	板卡内存占用率
网络稳定性	物理端口入流量丢包率
	物理端口出流量丢包率

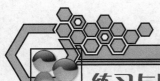

练习与思考

1．故障处理主要包括____________和__________。主要的故障监控方式有两种：一种是通过_________监控设备、链路的状态；一种是通过____________集中管理，监控全网设备告警。

2．简述故障排查流程的基本步骤。

3．网络调整分为两种情况：一种是网络__________改变；一种是__________调整。

4．通过 _________管理功能界面，可以快速展现当前设备时钟整体跟踪关系，以便用户快速确认时钟同步结果。

5．U2000 在配置备份方面可以实现哪些功能?

参考文献

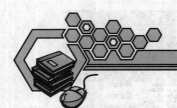

[1] 王元杰，杨宏博，方遒铿，等．电信网新技术 IPRAN/PTN[M]. 北京：人民邮电出版社，2014.

[2] 迟永生，杨宏博，裴小燕．电信网分组传输技术 IPRAN/PTN[M]. 北京：人民邮电出版社，2017.

[3] 杨一荔. PTN 技术[M]. 北京：人民邮电出版社，2014.

[4] 黄晓庆，唐剑锋，徐荣．PTN–IP 化分组传输[M]. 北京：北京邮电大学出版社，2009.

[5] 王晓义，李大为．PTN 网络建设及其应用[M]. 北京：人民邮电出版社，2010.

[6] 龚倩，邓春胜，王强，等．PTN 规划建设与运维实战[M]. 北京：人民邮电出版社，2010.